基本 電気・電子回路

アナログ・デジタル
エレクトロニクスの基礎

藤田泰弘

第2版

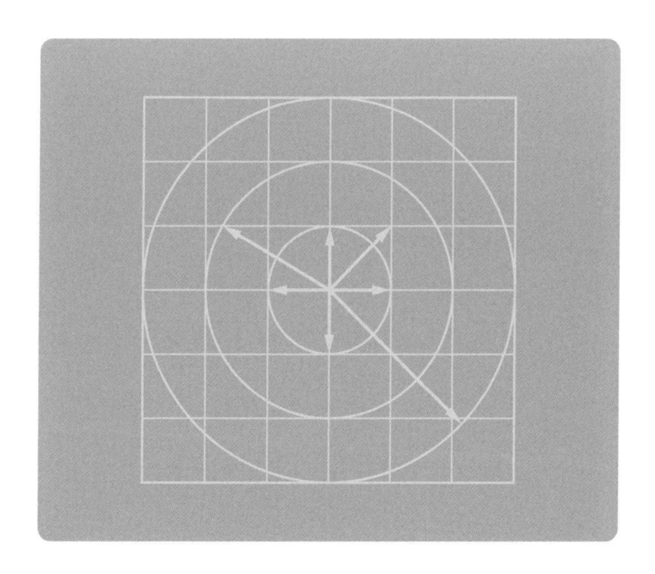

BASIC ELECTRONICS

誠文堂新光社

まえがき

世の中，こんなにデジタル機器であふれてくると，教養人たらんとするには多少とも電気の知識が必要になってくる．しかし，勉強しようにも余りにも範囲が広すぎて，どこから始めてよいかわからない．これは社会人だけでなく，文系の学生でも同じであり，また専門が電気でない理系の学生もしかりである．それでは専門が電気の学生の場合は大丈夫かというと必ずしも万全ではない．というのは，大学の講義は必ずしも順序立ててやさしい概念から入り，そこで必要な数学を説明して次に進むというようにはなっていないからである．すなわちこれは，ある学年で習得すべきものをほぼ同時並行に１週間単位で進めて行くからである．

本書は教養書スタイルで，専門家の卵でも，理系以外の一般の方でも予備知識なしでエレクトロニクスの全体像を楽しみながら把握できるように，可能な限り簡単な題材を用い，大幅な近似を導入してわかりやすくし，図式を多く用いて直感的把握も容易になることを目指した．

本書の構成は以下の通りである．

「第１部 基本事項」においては，導入でアナログとデジタルの感覚的な比較に始まり，お小遣いを例にとってたたみ込み加算が日常的現象であることを学ぶ．以下，電気の基本である電荷と電流や電圧･電流の図式表現により，ややもすれば数式に偏りがちな従来の手法を脱却するよう努めた．

「第２部 基本電気回路」では，コンデンサの電荷が自然放電する過程から自然対数の底 e を導き，微分方程式における違和感を取り除く．また，複素数の性質，計算に慣れた後にインピーダンスを学ぶ．このときたたみ込み加算を用いて，フーリエ変換が身近な概念であることを知る．ここで，整流回路の原理や共振回路である RLC 直列回路も扱う．

「第３部 半導体素子」では，エレクトロニクスの主役である半導体素子の勉強に移る．ここでは量子力学まで遡ることなく，理論や実験で確認されたいくつかの法則のみを用いて，半導体の中の電子と正孔の濃度比率と内部電位差を軸に，PN 接合とバイポーラトランジスタの動作原理を学ぶ．この内部電位差は MOS トランジスタの動作原理でも大きな役割を果たしている．

「第 4 部 アナログ回路」では，バイポーラトランジスタ回路でエミッタ電流，MOS トランジスタ回路ではソース電流を求めることが回路解析の第一歩なのでそれを学び，基本回路として電流を次段に伝えるカレントミラーや差動増幅回路，応用としてオペアンプ回路を学ぶ．

「第 5 部 デジタル回路」では，入力信号を反転するインバータ回路 NAND 回路，基本論理回路を学ぶ．また，カルノーマップなどによる論理回路の簡略化を学び，最後に履歴によって変化するデジタル回路，すなわち順序論理回路を学び，一応の締めくくりにする．

以上により，電気回路や半導体素子からなるエレクトロニクスの基本はマスターしたことになる．さらに本書で扱っていない事項を学ぶ場合もできるだけ基本から理解することをお薦めする．

とはいっても浅学菲才の身，もとより完璧は期し難く，多くの不備や間違いがあることは否定できない．読者諸賢からのご意見ご叱正をいただければ幸いである．

2008 年 9 月　著者しるす

目　次

*印の項目はやや専門的なので，読み飛ばしていただいてもよい．

記号一覧

A　：アンペア(電流の単位)
A　：フェーザ，増幅度，論理入力
a　：アット $=10^{-18}$
B　：ベース
B　：サセプタンス〔S〕，$Y=G+jB$，論理入力
C　：クーロン(電荷の単位)，コレクタ
C　：コンデンサの容量〔F〕，クロック
C_{OX}：酸化膜容量
D　：ドレイン
D_n　：電子の拡散定数
D_p　：正孔の拡散定数
d　：距離〔m〕，コンデンサの厚み
E　：エミッタ
E　：電界強度〔V/m〕
F　：ファラッド(容量の単位)
f　：フェムト $=10^{-15}$
f　：周波数，論理関数
f_0　：遮断周波数，共振周波数〔Hz〕
G　：ギガ $=10^9$，ゲート
G　：コンダクタンス〔S〕，$Y=G+jB$
g_m　：相互コンダクタンス(バイポーラトランジスタ)
g_s　：相互コンダクタンス(MOS トランジスタ)
H　：ヘンリー(インダクタンスの単位)
Hz　：ヘルツ(周波数の単位)
h_{FE}　：順方向電流増幅率
$H(j\omega)$，$H(s)$：伝達関数
$h(n)$：システム応答関数，インパルス応答(離散，デジタル)
$h(t)$：システム応答関数，インパルス応答(連続，アナログ)
I，$i(t)$：電流〔A〕
I_B　：ベース電流
I_C　：コレクタ電流
I_{DS}　：ドレイン電流
I_E　：エミッタ電流
I_n　：電子電流
I_p　：正孔電流
j　：虚数の単位，$j^2=-1$
K　：絶対温度の単位(ケルビン)
k　：キロ $=10^3$
k　：ボルツマン定数 $=1.38\times10^{-23}$〔J/K〕
k　：$\frac{1}{2}\mu C_{OX}\frac{W}{L'}$
L　：コイルのインダクタンス〔H〕
L'　：実効ゲート長
L_n　：電子の拡散長
L_p　：正孔の拡散長
M　：メガ $=10^6$
M　：カレントミラー係数
m　：メートル(長さの単位)，ミリ $=10^{-3}$
N　：コイルの巻数
n　：ナノ $=10^{-9}$
n　：離散(デジタル)時刻(アナログの t に対応)，電子濃度
N_A　：P 形不純物濃度
N_D　：N 形不純物濃度
NM_H：ハイ側ノイズマージン
NM_L：ロー側ノイズマージン
n_C　：ベース領域中のコレクタ空乏層端における電子濃度
n_E　：ベース領域中のエミッタ空乏層端における電子濃度
n_i　：シリコン真性半導体の電子濃度
n_N　：N 形領域の電子濃度
n_P　：P 形領域の電子濃度
n_S　：P 形表面の電子濃度
P　：電力〔W〕，$P=I\cdot V$
p　：ピコ $=10^{-12}$
p　：正孔濃度
p_N　：N 形領域の正孔濃度
p_P　：P 形領域の正孔濃度
Q　：電荷量〔C〕，選択度
q　：電子の電荷量 $=1.6\times10^{-19}$〔C〕
Q_B　：基板空乏層の電荷量
Q_n　：現在の状態

Q_{n+1}：次の状態
R，r：抵抗〔Ω〕
r_e　：バイポーラトランジスタ微分抵抗
r_s　：MOSトランジスタ微分抵抗
S　：ジーメンス（コンダクタンスの単位），ソース
s　：複素角周波数〔rad/s〕，$s=\sigma+j\omega$
s，sec：秒（時間の単位）
T　：テラ $=10^{12}$
T　：周期〔sec〕，絶対温度〔K〕
t　：時間〔sec〕
t_{OX}：酸化膜厚
V　：ボルト（電圧の単位）
V_{BE}：ベース・エミッタ間電圧
V_{DS}：ドレイン・ソース間電圧
V_{GS}：ゲート・ソース間電圧
V_{INH}：ゲインが -1 になるハイ側入力電圧
V_{INL}：ゲインが -1 になるロー側入力電圧
V_t　：$\frac{kT}{q}=26$〔mV〕($T=300$K)
V_T　：しきい値電圧（ソース基準）
V_{TH}：しきい値電圧（基板基準）
V_-　：オペアンプ負側入力電圧
V_+　：オペアンプ正側入力電圧
W　：ワット（電力の単位）
W　：ゲート幅
$\mathrm{W_b}$：ウェーバ（磁束の単位）
W_B：ベース幅
V，$v(t)$：電圧〔V〕
X　：リアクタンス〔Ω〕，$Z=R+jX$
$x(t)$，$x(n)$：入力信号
Y　：アドミッタンス〔S〕，$Y=G+jB$
$y(t)$，$y(n)$：出力信号
Z　：インピーダンス〔Ω〕，$Z=R+jX$

α　：$\frac{h_{FE}}{1+h_{FE}}$
ε_0：真空の誘電率〔F/m〕
ϕ　：磁束〔Wb〕，ビルトイン電圧
Ψ　：全鎖交磁束〔Wb〕，$\Psi=N\phi$
ϕ，θ：位相角〔rad，°〕
κ　：比誘電率
κ_{Si}：シリコンの比誘電率
κ_{SiO2}：シリコン酸化膜の比誘電率
μ　：マイクロ $=10^{-6}$
μ_n：電子の移動度
μ_p：正孔の移動度
ρ　：電荷密度〔C/m^3〕
σ　：s の実数部，$s=\sigma+j\omega$
τ　：時間，時定数〔sec〕
Ω　：オーム（抵抗の単位）
ω　：角周波数($2\pi f$)
ω_0：遮断角周波数，共振角周波数〔rad/s〕

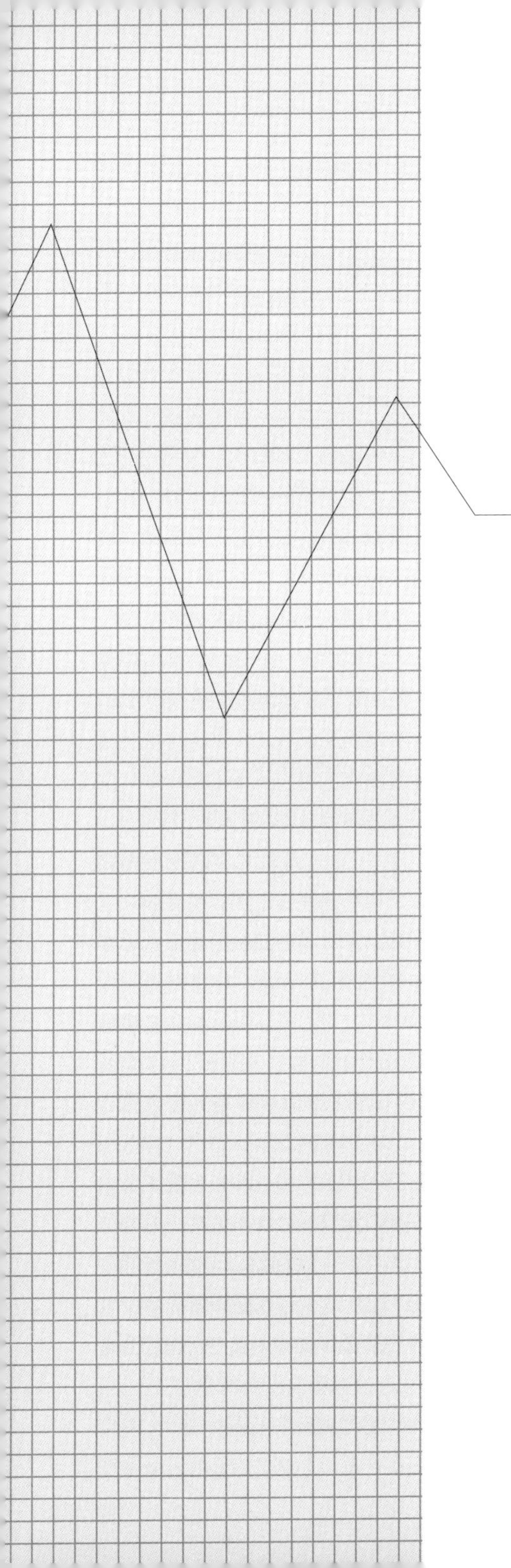

第1部
基本事項

第1章　アナログとデジタル

1.1　アナログ表現とデジタル表現

よく「彼女はアナログ人間だ」,「彼はデジタル人間だ」などと，日常会話でもアナログやデジタルという言葉が使われています．この場合，どのような意味が込められているかを考えます．アナログ人間の場合，一言では言いにくい性格の人，割り切りが悪い人，決断のつかない人，こまやかな対応をする人などの意味が含まれていそうです．一方，デジタル人間の場合は，はっきりした性格の人，割り切りが良い人，切り替わりの早い人，正確な対応をする人という響きがあります．

電子回路(電気の回路ですが，ダイオード，トランジスタ，半導体集積回路などが含まれているもの)でもアナログ回路とデジタル回路の違いは，やはり上に述べたような性質の違いが感じられます．

技術的な表現の一つとして，入力と出力の関係を示す入出力特性で見ると，アナログ回路は**図1.1**のような特性です．

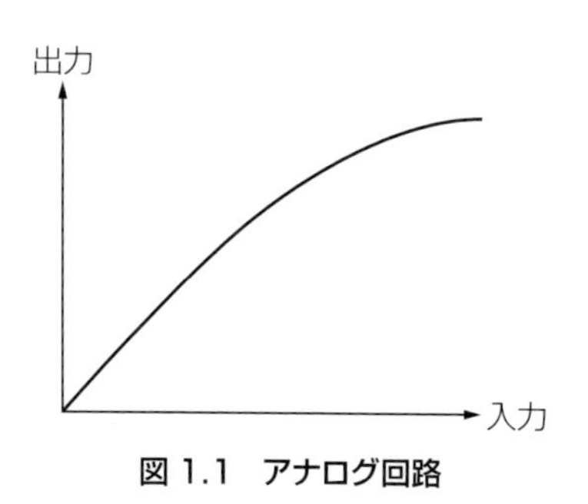

図1.1　アナログ回路

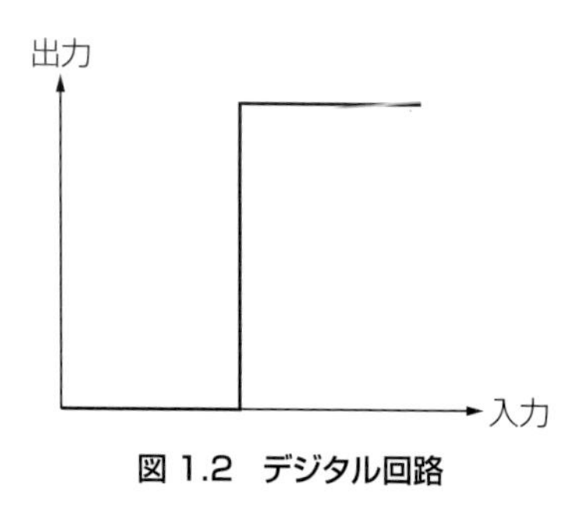

図1.2　デジタル回路

これに対して，デジタル回路では**図1.2**のようになります．アナログ回路は入力と出力が相似的(analogous)ですが，デジタル回路では入力と出力に断絶があります．指(digit)のようにはっきり分かれています．

デジタル回路で切り替わり点の入力をスレッショルド(threshold)，閾(しきい)値といいます．しかし，**図1.3**のような入出力特性を持つ回路があります．これもデジタル回路の仲間です．

図1.3のような入出力特性を持つ回路はAD変換器(Analog to Digital Converter)と呼ばれます．

入力が0.5までは出力は0，入力が0.5以上1.5までは出力は1，入力が

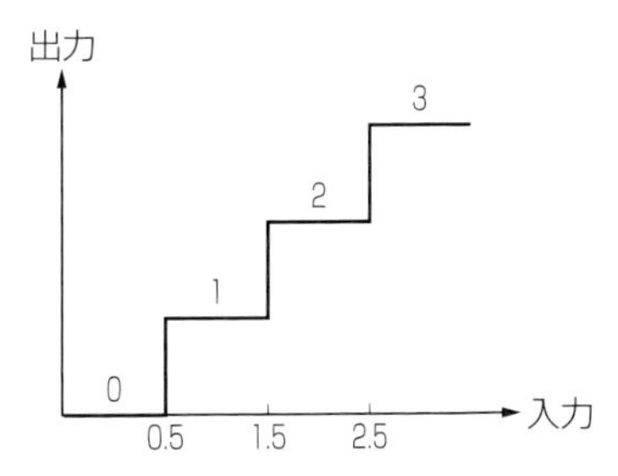

図 1.3　別のデジタル回路

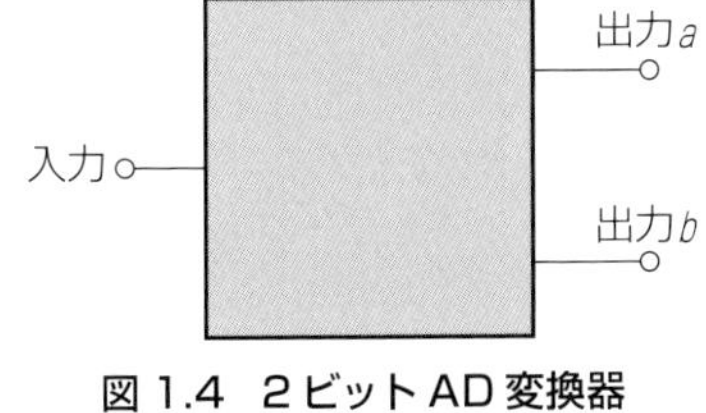

図 1.4　2 ビット AD 変換器

表 1.1　2 ビット AD 変換器の入出力表

入力値	出力 a	出力 b
～0.5	0	0
0.5～1.5	0	1
1.5～2.5	1	0
2.5～	1	1

1.5 以上 2.5 までは出力は 2，入力が 2.5 以上は出力は 3 となります．

入力は連続した範囲の数値ですが，出力は飛び飛びの値です．この出力の 0，1，2，3 は 2 進数によって表現することができます．すなわち 00，01，10，11 となります．

図 1.4 はアナログ 1 入力に対してデジタル 2 出力を持つ AD 変換器です．この変換器の入出力の関係を**表 1.1** に示します．

出力 a に 2^1 を，出力 b に 2^0 を対応させると，

入力値～ 0.5 は，　$0 \cdot 2^1 + 0 \cdot 2^0$

入力値 0.5 ～ 1.5 は，　$0 \cdot 2^1 + 1 \cdot 2^0$

入力値 1.5 ～ 2.5 は，　$1 \cdot 2^1 + 0 \cdot 2^0$

入力値 2.5 ～は，　$1 \cdot 2^1 + 1 \cdot 2^0$

にそれぞれ対応します．2 進数の 1 桁をビット(bit)といいますが，これは binary digit を略したものです．上の場合は 2 進数で 2 桁，すなわち，2 つの桁数を使っているので 2 ビットといいます．2 進数の 10 桁を使用する 10 ビット AD 変換器の場合は，**図 1.5** のようになります．

たとえば入力が 1000.2 の場合，これは 999.5 ～ 1000.5 の範囲なので出力は 1000 になります．これを 2 進数で表すと，

$2^0 = 1$

$2^1 = 2$

$2^2 = 4$

$2^3 = 8$

$2^4 = 16$

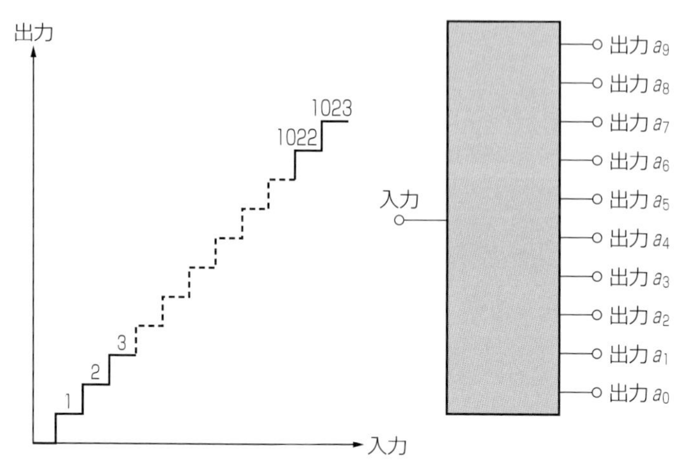

図 1.5　10 ビット AD 変換器

$2^5=32$

$2^6=64$

$2^7=128$

$2^8=256$

$2^9=512$

を用いて，

$1000-512=488$

$488-256=232$

$232-128=104$

$104-64=40$

$40-32=8$

$8-8=0$

したがって，

$$\begin{aligned}1000&=512+256+128+64+32+8\\&=2^9+2^8+2^7+2^6+2^5+2^3\\&=1\cdot 2^9+1\cdot 2^8+1\cdot 2^7+1\cdot 2^6+1\cdot 2^5+0\cdot 2^4+1\cdot 2^3+0\cdot 2^2+0\cdot 2^1+0\cdot 2^0\end{aligned}$$

これより，

$$1000|_{10\text{進}}=1111101000|_{2\text{進}} \quad \cdots\cdots (1.1)$$

のように変換されました．この方法では 2 進数の上位の桁から順々に決定できました．これに対して，次項に示すように，下位の桁から順に決定する方法があります．

1.2　Mod 2 演算による方法

Mod 2 演算はモデュロ 2 演算といい，任意の整数値を 2 で割算したときの余り(剰余という)を表します．たとえば，5 を 2 で割り算すれば余りは 1 です．したがって，

$$5 \bmod 2 = 1$$

と表します．また，4 を 2 で割ると余りは 0 です．したがって，

$$4 \bmod 2 = 0$$

と表現します．どのような整数であっても，2 で割り算すると余りは 0 か 1 になります．これを用いて 10 進数 D_0 を 2 進数に変換する方法があります．たとえば 4 桁の 1 または 0 を取る係数

$$a_0,\ a_1,\ a_2,\ a_3$$

によって，10 進数 D_0 が，

$$D_0 = a_3 \cdot 2^3 + a_2 \cdot 2^2 + a_1 \cdot 2^1 + a_0 \cdot 2^0 \quad \cdots\cdots (1.2)$$

と表されると考えます．D_0 から a_0 を除いた

$$G_0 = D_0 - a_0 = a_3 \cdot 2^3 + a_2 \cdot 2^2 + a_1 \cdot 2^1 \quad \cdots\cdots (1.3)$$

は 2 の倍数です．ゆえに，D_0 が奇数か偶数かは，a_0 が 1 か 0 かで決まります．逆に D_0 が奇数か偶数かによって，a_0 が 1 か 0 かが決まります．したがって，

$$a_0 = D_0 \bmod 2 \quad \cdots\cdots (1.4)$$

として a_0 が求まります．たとえば，

$$D_0 = 9$$

の場合は，

$$a_0 = 9 \bmod 2 = 1$$

として a_0 がわかります．また，

$$D_0 = 8$$

の場合は，

$$a_0 = 8 \bmod 2 = 0$$

として，$a_0 = 0$ であることがわかります．

次に a_1 が 1 か 0 かは(1.3)式の G_0 を 2 で割った

$$D_1 = \frac{G_0}{2} = a_3 \cdot 2^2 + a_2 \cdot 2^1 + a_1 \cdot 2^0 \quad \cdots\cdots (1.5)$$

が奇数か偶数かによって決まります．したがって，

$$a_1 = D_1 \bmod 2 \quad \cdots\cdots (1.6)$$

となります．$D_0=9$ の場合は，

$$G_0 = D_0 - a_0 = 9 - 1 = 8$$

$$D_1 = \frac{G_0}{2} = \frac{8}{2} = 4$$

$$a_1 = D_1 \bmod 2 = 4 \bmod 2 = 0$$

となります．次に D_1 から a_1 を除いた

$$G_1 = D_1 - a_1 = a_3 \cdot 2^2 + a_2 \cdot 2^1 \quad \cdots\cdots (1.7)$$

を 2 で割った

$$D_2 = \frac{G_1}{2} = a_3 \cdot 2^1 + a_2 \cdot 2^0 \quad \cdots\cdots (1.8)$$

が奇数か偶数かによって a_2 が決まります．すなわち，

$$a_2 = D_2 \bmod 2 \quad \cdots\cdots (1.9)$$

$D_0=9$ の場合は，

$$G_1 = D_1 - a_1 = 4 - 0 = 4$$

$$D_2 = \frac{G_1}{2} = \frac{4}{2} = 2$$

$$a_2 = D_2 \bmod 2 = 2 \bmod 2 = 0$$

となります．さらに D_2 から a_2 を除いた

$$G_2 = D_2 - a_2 = a_3 \cdot 2^1 \quad \cdots\cdots (1.10)$$

を 2 で割った

$$D_3 = \frac{G_2}{2} = a_3 \cdot 2^0 \quad \cdots\cdots (1.11)$$

より，

$$a_3 = D_3 \bmod 2 \quad \cdots\cdots (1.12)$$

が求まります．

$D_0=9$ の場合は，

$$G_2 = D_2 - a_2 = 2 - 0 = 2$$

$$D_3 = \frac{G_2}{2} = \frac{2}{2} = 1$$

$$a_3 = D_3 \bmod 2 = 1 \bmod 2 = 1$$

となり，

$$a_0 = 1,\ a_1 = 0,\ a_2 = 0,\ a_3 = 1$$

が決定されました．最終的に10進数9は，

$$D_0=9=a_3\cdot 2^3+a_2\cdot 2^2+a_1\cdot 2^1+a_0\cdot 2^0=1\cdot 2^3+0\cdot 2^2+0\cdot 2^1+1\cdot 2^0$$

のように，下位の桁から順に1001という2進数に変換されました．

同様に，

$D_0=1000$ の場合は，

$$a_0=D_0 \bmod 2=1000 \bmod 2=0$$

$$G_0=D_0-a_0=1000-0=1000$$

$$D_1=\frac{G_0}{2}=\frac{1000}{2}=500$$

$$a_1=D_1 \bmod 2=500 \bmod 2=0$$

$$G_1=D_1-a_1=500-0=500$$

$$D_2=\frac{G_1}{2}=\frac{500}{2}=250$$

$$a_2=D_2 \bmod 2=250 \bmod 2=0$$

$$G_2=D_2-a_2=250-0=250$$

$$D_3=\frac{G_2}{2}=\frac{250}{2}=125$$

$$a_3=D_3 \bmod 2=125 \bmod 2=1$$

$$G_3=D_3-a_3=125-1=124$$

$$D_4=\frac{G_3}{2}=\frac{124}{2}=62$$

$$a_4=D_4 \bmod 2=62 \bmod 2=0$$

$$G_4=D_4-a_4=62-0=62$$

$$D_5=\frac{G_4}{2}=\frac{62}{2}=31$$

$$a_5=D_5 \bmod 2=31 \bmod 2=1$$

$$G_5=D_5-a_5=31-1=30$$

$$D_6=\frac{G_5}{2}=\frac{30}{2}=15$$

$$a_6=D_6 \bmod 2=15 \bmod 2=1$$

$$G_6=D_6-a_6=15-1=14$$

$$D_7=\frac{G_6}{2}=\frac{14}{2}=7$$

$$a_7 = D_7 \bmod 2 = 7 \bmod 2 = 1$$
$$G_7 = D_7 - a_7 = 7 - 1 = 6$$
$$D_8 = \frac{G_7}{2} = \frac{6}{2} = 3$$
$$a_8 = D_8 \bmod 2 = 3 \bmod 2 = 1$$
$$G_8 = D_8 - a_8 = 3 - 1 = 2$$
$$D_9 = \frac{G_8}{2} = \frac{2}{2} = 1$$
$$a_9 = D_9 \bmod 2 = 1 \bmod 2 = 1$$
$$G_9 = D_9 - a_9 = 1 - 1 = 0$$

となり，これより上位の桁は 0 になります．この結果，

$$a_9 = 1$$
$$a_8 = 1$$
$$a_7 = 1$$
$$a_6 = 1$$
$$a_5 = 1$$
$$a_4 = 0$$
$$a_3 = 1$$
$$a_2 = 0$$
$$a_1 = 0$$
$$a_0 = 0$$

となって，(1.1)式の形式で $1000|_{10\,進数}$ は $1111101000|_{2\,進数}$ に変換されました．なお，mod 2 演算においては，

$$1 \bmod 2 + 1 \bmod 2 = 2 \bmod 2 = 0$$

となりますが，これは，

$$1 + 1 = 0 \quad (\bmod 2)$$

と表記されます．そして，

$$0 + 1 = 1 \quad (\bmod 2)$$
$$1 + 0 = 1 \quad (\bmod 2)$$
$$0 + 0 = 0 \quad (\bmod 2)$$

が成立します．これは後の**第 28 章**で学ぶ基本論理回路の一つである排他的論理和 f_6(EXCLUSIVE-OR)になっています．

第2章　たたみ込み加算

2.1　収入と消費(入力と出力)

第1章で扱った回路では，入力に対して出力が瞬時に応答するものとしました．しかし，入力に対して出力の応答が遅れたり長引いたりする回路がほとんどです．入力が次々に入ってくると，それらの影響が積み重なってきます．これをたたみ込みといいます．このたたみ込み加算を収入，消費という身近かな例で考えます．

私たちは毎日お金を消費しています．その源泉は，仕事をして稼いだものや，学生の場合には親が仕送りをしてくれるものもあります．話を簡単にするため，まとめて毎月の収入ということにします．そしてそれは1か月ごとにあり，収入額は変動するものとします．

たとえばスタート時点の月(0か月目)10万円，次の月(1か月目)30万円，その次(2か月目)20万円などとします．これをグラフに表すと，**図2.1**のようになります．

消費の仕方は，各人さまざまですが，A君は次のように決めました．

①その月の収入のうち，50%はその月内に消費する(瞬時応答出力)．

②その月の収入のうち，30%はその次の月内に消費する(遅延出力1)．

③その月の収入のうち，20%はその次の次の月内に消費する(遅延出力2)．

というわけです．このような場合は，0か月目の収入の10万円は0か月目に5万円，1か月目に3万円，2か月目に2万円という形で消費されます．グラフに

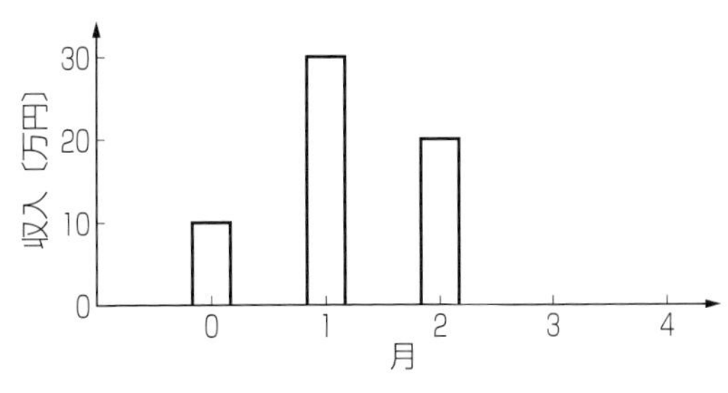

図2.1　月々の収入

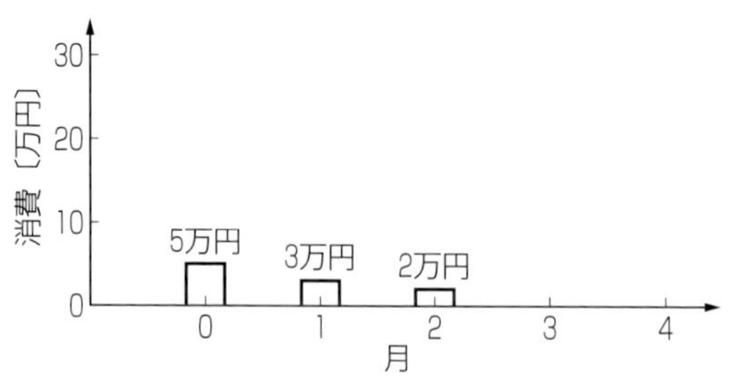

図 2.2　月々の消費(0 か月目の収入分から)

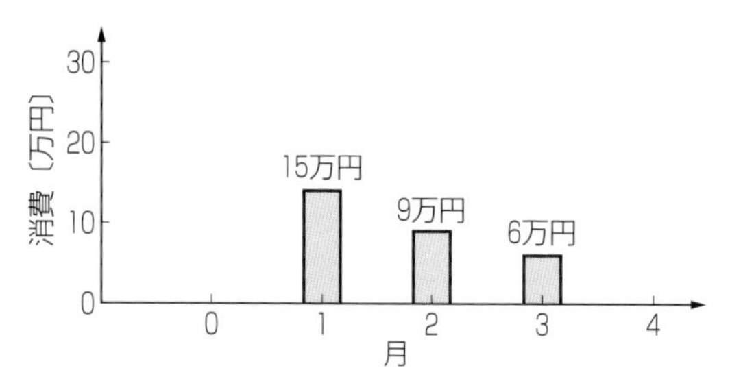

図 2.3　月々の消費(1 か月目の収入分から)

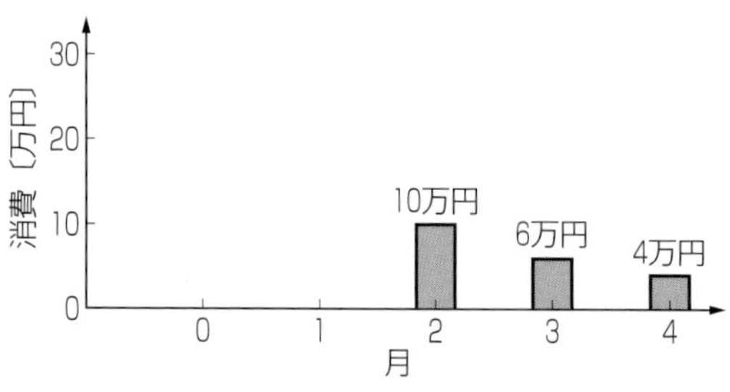

図 2.4　月々の消費(2 か月目の収入分から)

すると，**図 2.2** のようになります．

同じように 1 か月目の収入の 30 万円は 1 か月目 15 万円，2 か月目 9 万円，3 か月目 6 万円という形で消費されます．グラフにすると，**図 2.3** のようになります．**図 2.2** のグラフと比較すると，高さは違うけれど形は相似形です．横軸(時間軸)に対して，1 か月右に平行移動したものになっていることがわかります．同じように，2 か月目の収入の 20 万円は，2 か月目 10 万円，3 か月目 6 万円，4 か月目 4 万円という形で消費されます．グラフにすると，**図 2.4** のようになります．**図 2.2** のグラフと比較すると，やはり形は相似形で，横軸(時間軸)に対し

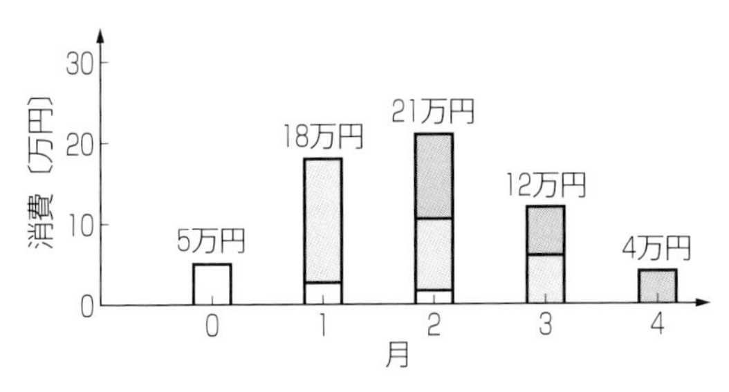

図 2.5　月々の消費(全収入分から)

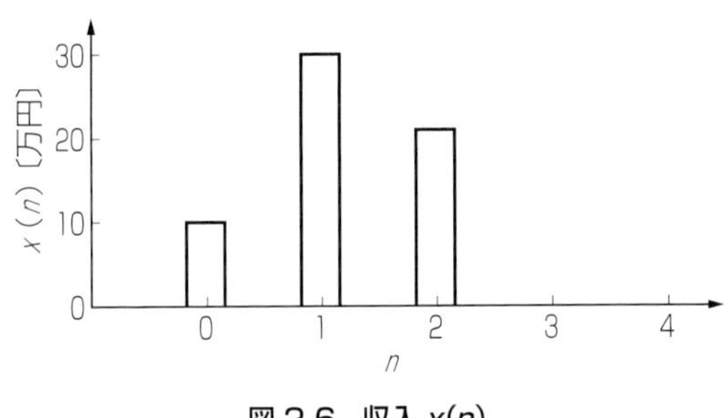

図 2.6　収入 $x(n)$

て 2 か月右に平行移動したものになっているということがわかります.

これらの収入に対する消費を合計したものは，**図 2.2** から**図 2.4** までのグラフを縦方向に足し算すれば出てきます．すなわち**図 2.5** のようになります．**図 2.5** では，各月の収入分が積み重なっています．これを各月の成分がたたみ込まれているといいます.

以上のことを数式を用いて整理してみます.

横軸は月ですがこれを n とします．収入を $x(n)$ で表します．消費の仕方すなわち，収入から消費する割合をシステムの応答関数 $h(n)$ で表します.

今の場合は,

$$x(0)=10 \qquad x(1)=30 \qquad x(2)=20$$

$$h(0)=0.5 \qquad h(1)=0.3 \qquad h(2)=0.2$$

となります.

また，ここでは $x(-1)$，$x(-2)$ や $h(-1)$，$h(-2)$ などは 0 とします．$x(n)$ と $h(n)$ を改めて**図 2.6** と**図 2.7** に示します.

ここで $h(n)$ を時間軸で 1 つ右に平行移動した関数を $h(n-1)$ として示します(**図 2.8**).

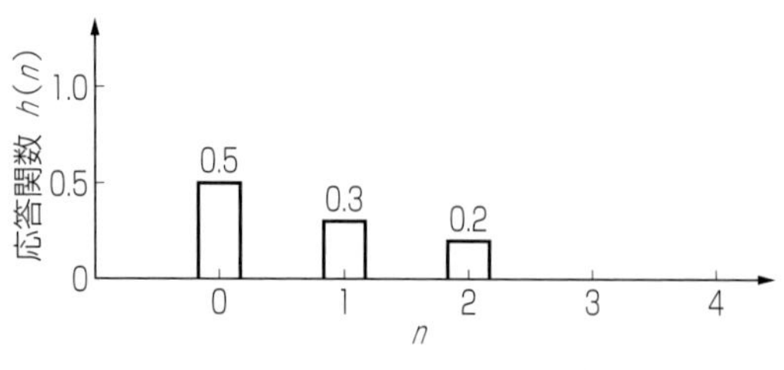

図 2.7　システムの応答 $h(n)$

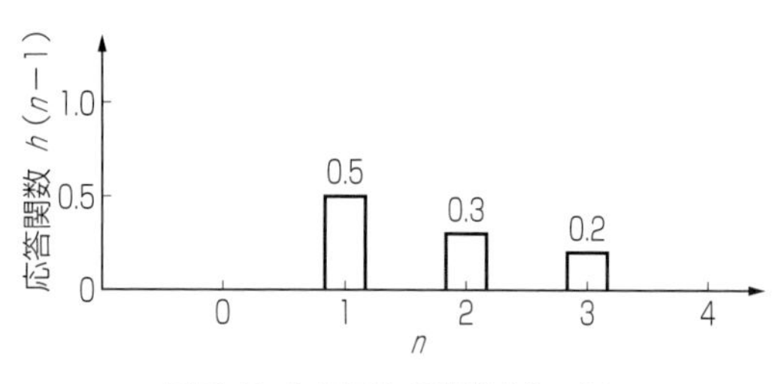

図 2.8　システムの応答 $h(n-1)$

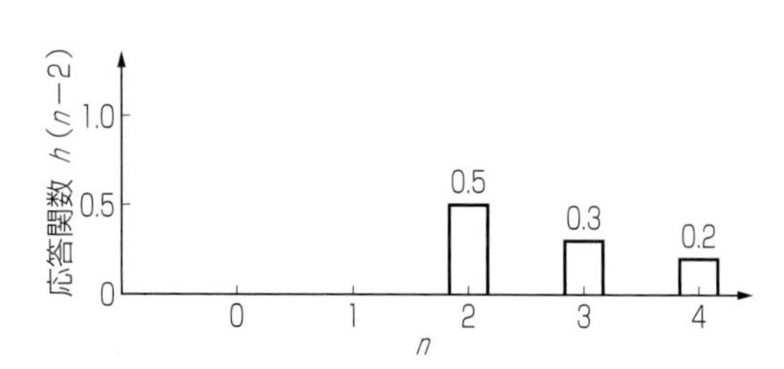

図 2.9　システムの応答 $h(n-2)$

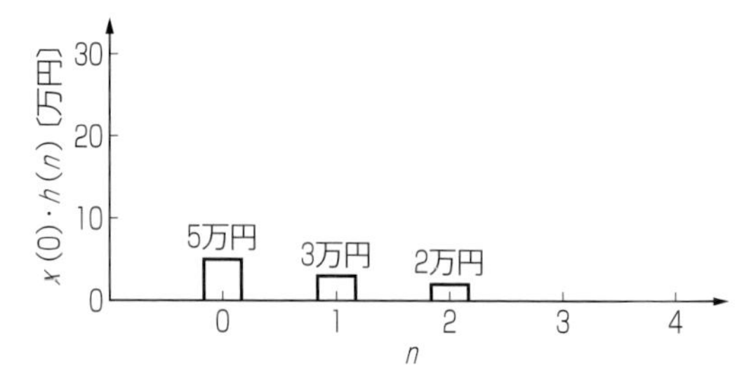

図 2.10　月々の消費(0 か月目の収入分から)

これは $n=1$ において，入力されたものに対する応答関数です．また，$h(n)$を時間軸で 2 つ右に平行移動した関数を $h(n-2)$として示します(**図 2.9**)．

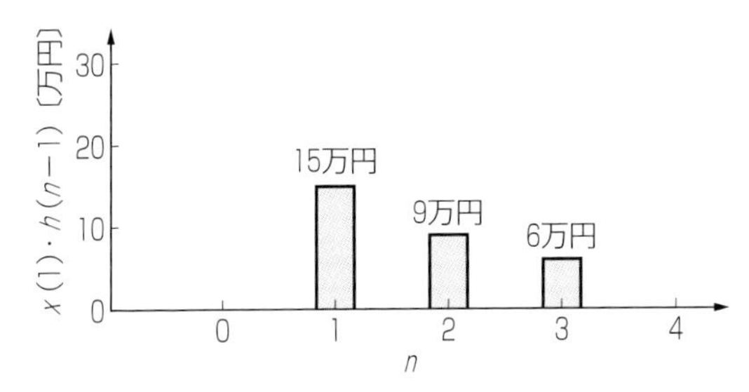

図 2.11　月々の消費(1 か月目の収入分から)

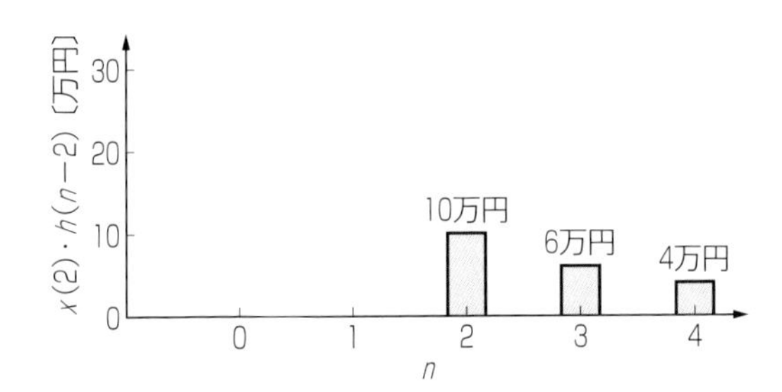

図 2.12　月々の消費(2 か月目の収入分から)

これは $n=2$ において，入力されたものに対する応答関数です．

したがって，**図 2.2** は $x(0)\cdot h(n)$ のグラフです(**図 2.10**)．また，**図 2.3** は $x(1)\cdot h(n-1)$ のグラフです(**図 2.11**)．

そして，**図 2.4** は $x(2)\cdot h(n-2)$ のグラフです(**図 2.12**)．

これらの 3 つのグラフを足し算した**図 2.5** は，

$$y(n)=x(0)\cdot h(n)+x(1)\cdot h(n-1)+x(2)\cdot h(n-2) \quad \cdots\cdots\cdots (2.1)$$

を表しています(**図 2.13**)．

(2.1)式の n に数値を代入して値を求めます．

$n=0$

$$y(n)=x(0)\cdot h(n)+x(1)\cdot h(n-1)+x(2)\cdot h(n-2)$$

$$y(0)=x(0)\cdot h(0)+x(1)\cdot h(0-1)+x(2)\cdot h(0-2)$$

ここで，

$$h(0-1)=h(-1)=0,\ \ h(0-2)=h(-2)=0$$

なので，

$$y(0)=x(0)\cdot h(0)=0.5\cdot 10=5$$

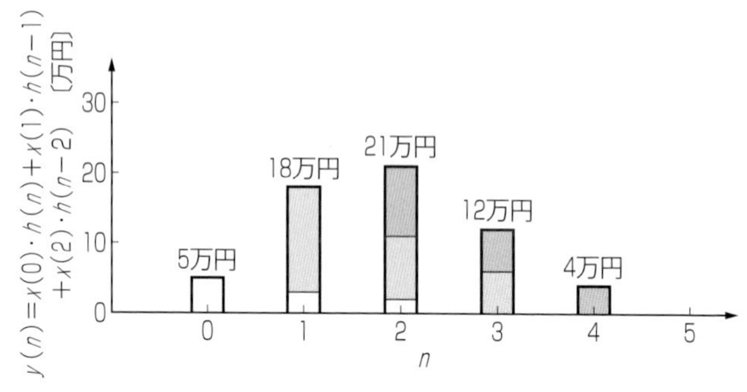

図2.13　月々の消費(全収入分から)

$$
\begin{aligned}
&n=1\\
&y(n)=x(0)\cdot h(n)+x(1)\cdot h(n-1)+x(2)\cdot h(n-2)\\
&y(1)=x(0)\cdot h(1)+x(1)\cdot h(1-1)+x(2)\cdot h(1-2)\\
&\quad=x(0)\cdot h(1)+x(1)\cdot h(0)+x(2)\cdot h(-1)\\
&\quad=x(0)\cdot h(1)+x(1)\cdot h(0)\\
&\quad=10\cdot 0.3+30\cdot 0.5=3+15=18
\end{aligned}
$$

同様に,

$$
\begin{aligned}
&n=2\\
&y(2)=x(0)\cdot h(2)+x(1)\cdot h(2-1)+x(2)\cdot h(2-2)\\
&\quad=x(0)\cdot h(2)+x(1)\cdot h(1)+x(2)\cdot h(0)\\
&\quad=10\cdot 0.2+30\cdot 0.3+20\cdot 0.5\\
&\quad=2+9+10=21\\
&n=3\\
&y(3)=x(0)\cdot h(3)+x(1)\cdot h(3-1)+x(2)\cdot h(3-2)\\
&\quad=x(1)\cdot h(2)+x(2)\cdot h(1)\\
&\quad=30\cdot 0.2+20\cdot 0.3=6+6=12\\
&n=4\\
&y(4)=x(0)\cdot h(4)+x(1)\cdot h(4-1)+x(2)\cdot h(4-2)\\
&\quad=x(2)\cdot h(2)=20\cdot 0.2=4\\
&n=5\\
&y(5)=x(0)\cdot h(5)+x(1)\cdot h(5-1)+x(2)\cdot h(5-2)=0
\end{aligned}
$$

となって**図2.5**と合致します．このようにおのおのの n の出力 $y(n)$ の中には，$x(0)$によるもの，$x(1)$によるもの，$x(2)$によるものがたたみ込まれています．こ

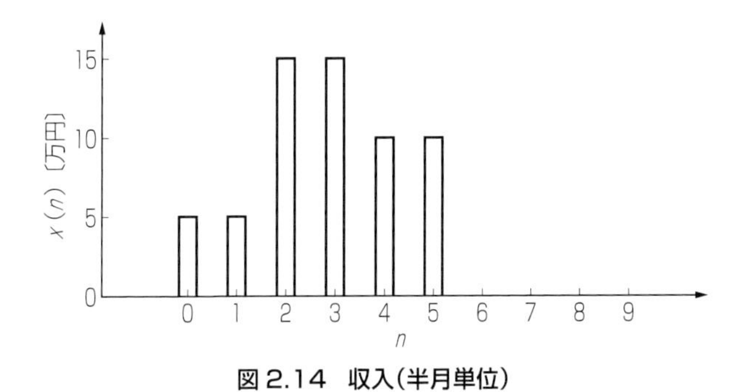

図 2.14　収入(半月単位)

図 2.15　システムの応答(半月単位)

れを「重畳加算」,「たたみ込み加算」といいます．英語ではコンボリューション(convolution)といいます．

2.2　たたみ込み加算(コンボリューション)の一般的表現

また，(2.1)式は，次のように書くことができます．

$$y(n) = x(0) \cdot h(n) + x(1) \cdot h(n-1) + x(2) \cdot h(n-2)$$
$$= \sum_{k=0}^{2} x(k) \cdot h(n-k)$$

一般的には，$h(n)$も$x(n)$ももっと$(n > 2)$長く続くことがあり，

$$y(n) = \sum_{k=0}^{\infty} x(k) \cdot h(n-k) = x(n) * h(n) \quad \cdots\cdots (2.2)$$

のように表記します．これがコンボリューション(convolution)演算の一般的表現です．名前は難しいですが内容は日常の出来事を表現したものに過ぎません．

これまでは収入は1か月単位，消費も1か月単位で計算をしてきました．もし収入が半月ごとであり，消費も半月単位で計算すればどうなるでしょうか．結

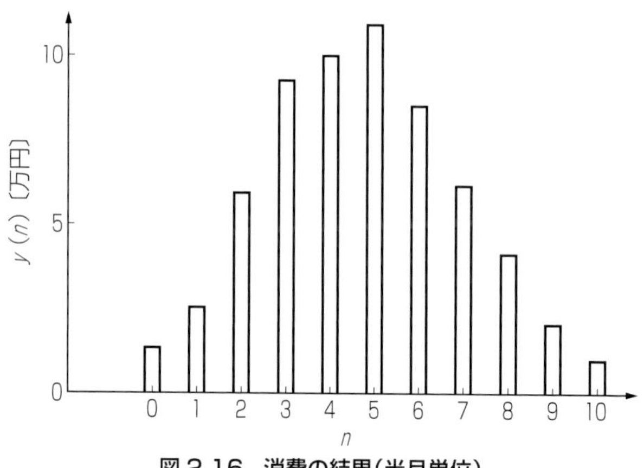

図 2.16　消費の結果(半月単位)

果は**図 2.14〜2.16** のようになります.

さらに細かく分割して，連続関数にするとどうなるでしょうか．連続関数の場合も考え方は**図 2.1** から**図 2.16** までのような離散時間関数のときと同じです.

入力信号を時間幅$\Delta\tau$の狭い短冊状に分解します．時刻 τ における入力信号 $x(\tau)$に$\Delta\tau$をかけた短冊状のものを離散時間における入力と考えます．その入力に応答関数 $h(t-\tau)$をかけたもの，すなわち，$x(\tau)\Delta\tau\cdot h(t-\tau)$が出力です．入力信号全体に対する出力は，すべての時刻 $\tau(\tau=0\sim3)$についての和になります.

$$\sum_{\tau=0}^{3} x(\tau)\Delta\tau\cdot h(t-\tau) \quad \cdots\cdots (2.3)$$

これは積分になり，

$$\int_0^3 x(\tau)\cdot h(t-\tau)d\tau \quad \cdots\cdots (2.4)$$

となります．これは連続関数のコンボリューションです．離散時間関数の場合と同じく，

$$x(t)*h(t) \quad \cdots\cdots (2.5)$$

と表記されます．**図 2.17** と**図 2.18** の場合の結果は**図 2.19** のようになります.

2.3　コンボリューションの加算順序の変更

「**2.1　収入と消費(入力と出力)**」においては，月々の収入がどのような時間経過で消費されていくかを**図 2.10**，**図 2.11**，**図 2.12** のように求めて，それらの総和として**図 2.13** を求めました．これに対して，各月ごとに当月収入分の消費,

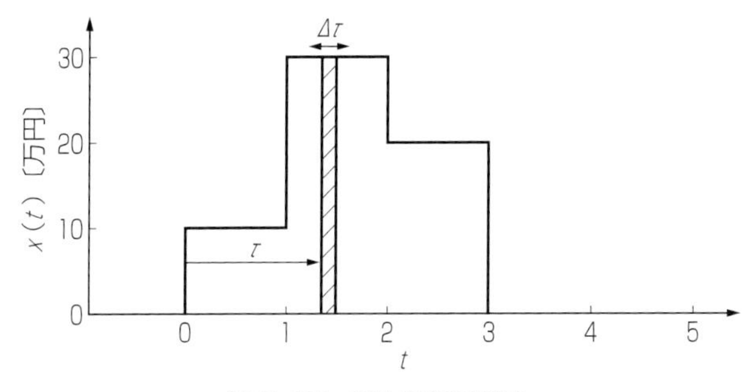

図 2.17　収入(連続関数)

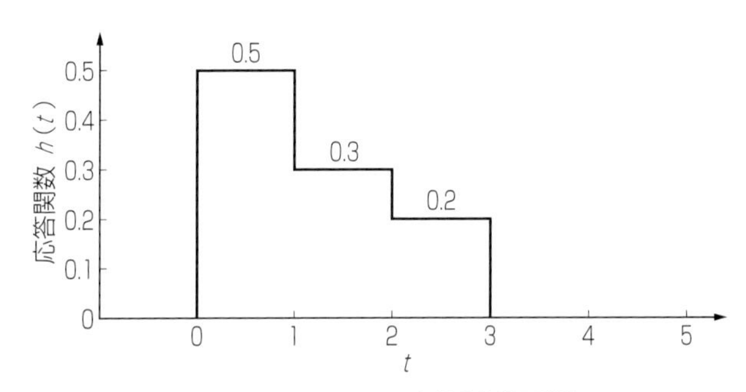

図 2.18　システムの応答(連続関数)

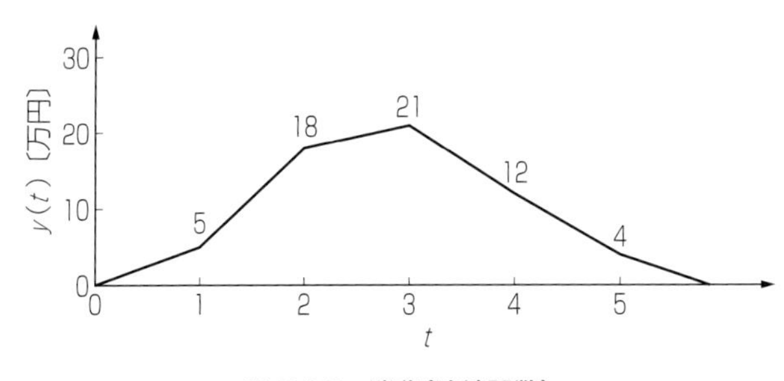

図 2.19　消費(連続関数)

前月収入分の消費，前々月収入分の消費を求めて，それらを総和する方法があります．**図 2.20** に当月収入を示します．

図 2.21 に収入のあったその月に消費した分を示します．$h(0) \cdot x(n)$のグラフです．

図 2.22 は前月収入 $x(n-1)$のグラフです．

前月収入 $x(n-1)$による消費は $h(1) \cdot x(n-1)$となります．

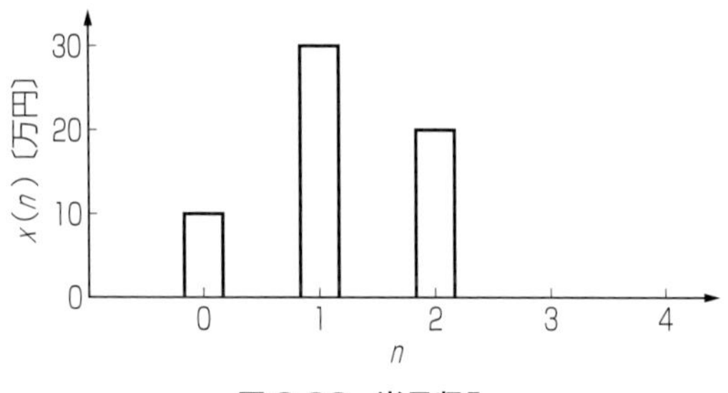

図 2.20　当月収入

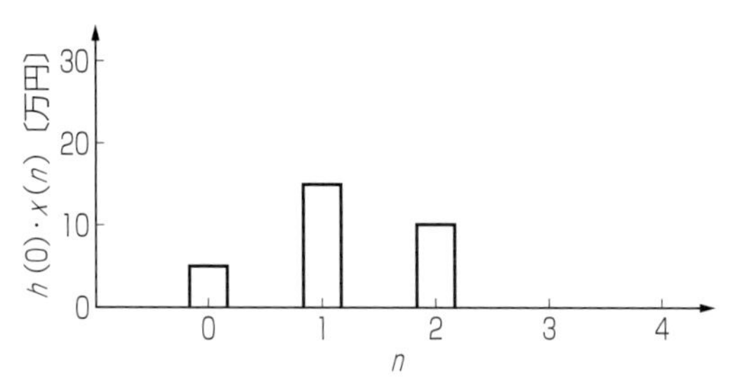

図 2.21　当月分収入による消費

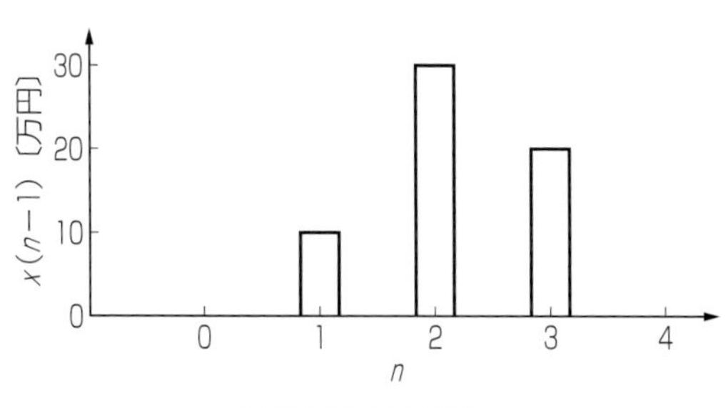

図 2.22　前月収入

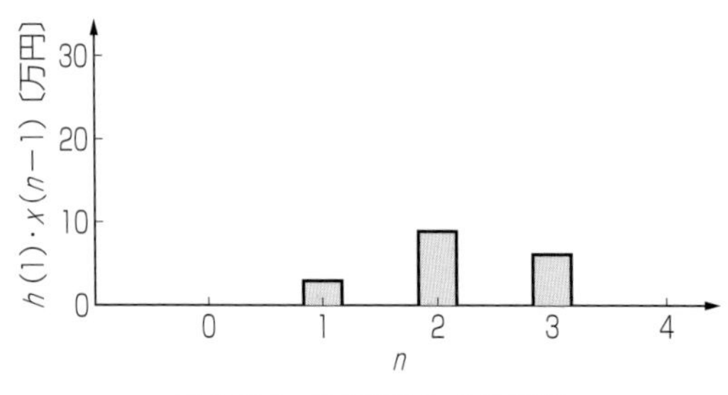

図 2.23　前月収入による消費

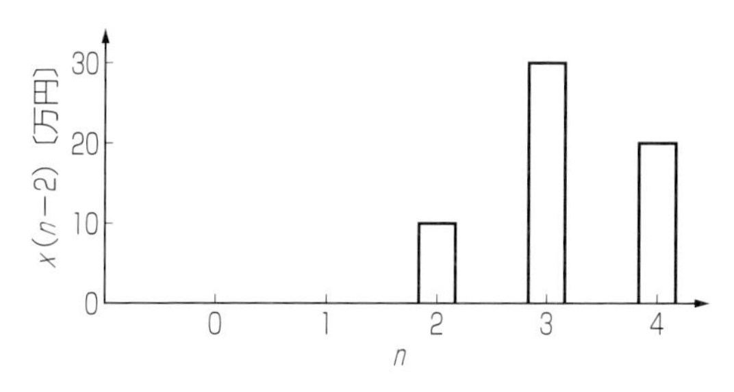

図 2.24　前々月収入

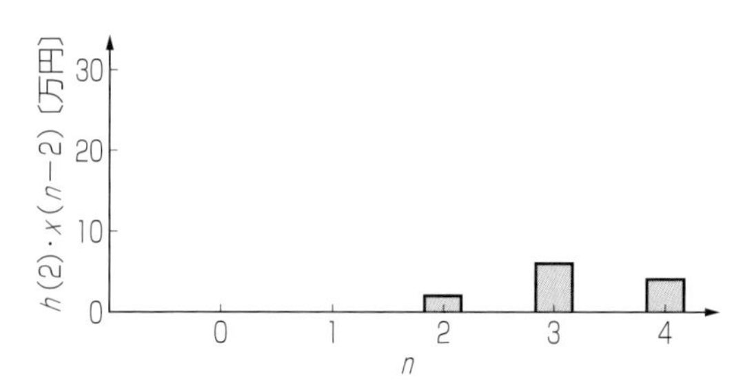

図 2.25　前々月収入による消費

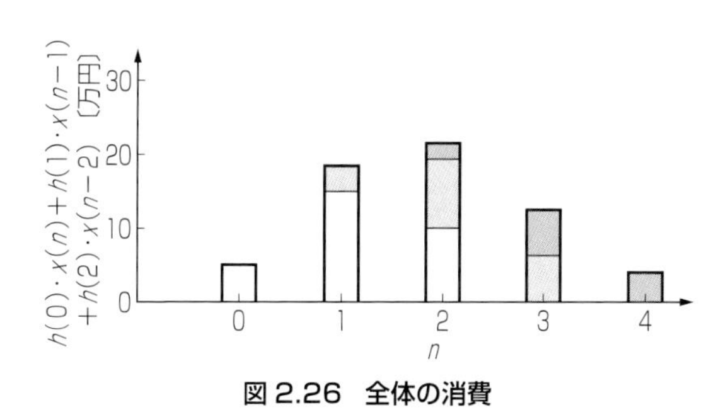

図 2.26　全体の消費

図 2.24 は前々月収入 $x(n-2)$ のグラフです．

前々月の収入 $x(n-2)$ による消費は $h(2)\cdot x(n-2)$ となります(**図 2.25**)．

これら全体を足したものが**図 2.26** で，これは**図 2.13** と同じものを表しています．数式は，

$$y(n)=h(0)\cdot x(n)+h(1)\cdot x(n-1)+h(2)\cdot x(n-2) \quad \cdots\cdots\cdots\cdots\cdots\cdots\cdots (2.6)$$

となりますが，**図 2.13** に対応する(2.1)式と同じものを表現形式を変えて表していると考えられます．

一般的には(2.2)式に対して，

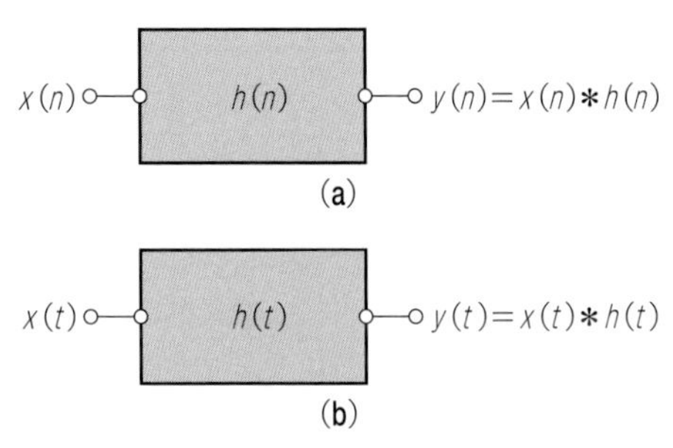

図 2.27　回路の応答関数

$$y(n)=\sum_{k=-\infty}^{\infty}h(k)\cdot x(n-k)=h(n)*x(n)$$

$$=x(n)*h(n)=\sum_{k=-\infty}^{\infty}x(k)\cdot h(n-k) \quad\cdots\cdots\cdots (2.7)$$

となります．k の範囲を $-\infty$ から $+\infty$ になっているのは，より一般的に表現しているだけで，k の値により関数の値が 0 になっている範囲を含んでいます．これは連続関数の場合も同じで，

$$y(t)=x(t)*h(t)=\int_{-\infty}^{\infty}x(\tau)\cdot h(t-\tau)d\tau$$

$$=h(t)*x(t)=\int_{-\infty}^{\infty}h(\tau)\cdot x(t-\tau)d\tau \quad\cdots\cdots\cdots (2.8)$$

となります．

(2.7)式および(2.8)式はシステム図として，**図 2.27** のように表されます．

第3章　電荷と電流

3.1　電荷と電流

電気を運ぶ最も小さい物質は電子です．そして1個の電子は，

$$q=1.6\times10^{-19}\ \text{クーロン〔C〕} \quad \cdots\cdots (3.1)$$

という大きささの負の電荷を持っています．電気の主役はこの電荷です．これは粒子のような物体です．よく知られた電圧や電流は，電荷に起因する状態や概念です．

電流とは電荷の流れのことです．単位時間における電荷の変化を電流と定義します．

$$i=\frac{dQ}{dt}=q\frac{dn}{dt} \qquad (Q=nq) \quad \cdots\cdots (3.2)$$

したがって電流1A(アンペア)は，

$$1\ \text{アンペア〔A〕}=\frac{1\ \text{クローン〔C〕}}{1\ \text{秒〔sec〕}} \quad \cdots\cdots (3.3)$$

すなわち，クーロン/秒(C/s)で定義されます．

電圧が一番馴染み深い量ですが，電圧よりも電流，電流よりも電荷に注目するほうが根本に近いといえます．電流の担い手としての電荷を“動ける電荷”と呼びます．金属では動ける電荷は「電子」であり，電子の流れと電流の流れの向きは逆です(後に学ぶ半導体では，正と負の2種類の動ける電荷が存在します)．

3.2　電荷と電流の図式的表現

電荷 $Q(t)$ が時間とともに図3.2のように変化するとします．

すなわち，時間0sec(秒)における値(初期値)が0クーロン〔C〕で，$t=$1secまで0C．

$t=$2secで -1C，$t=$

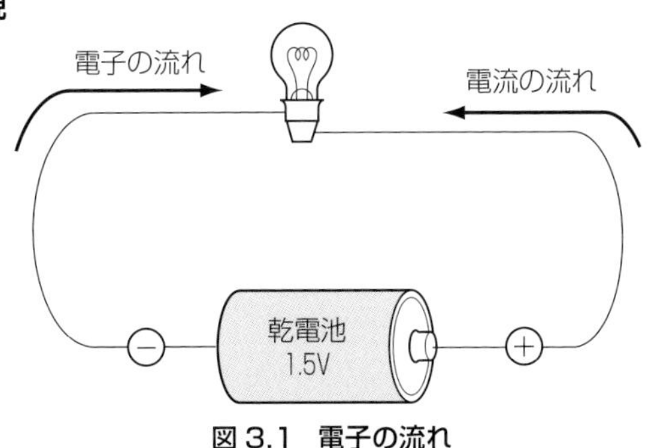

図3.1　電子の流れ

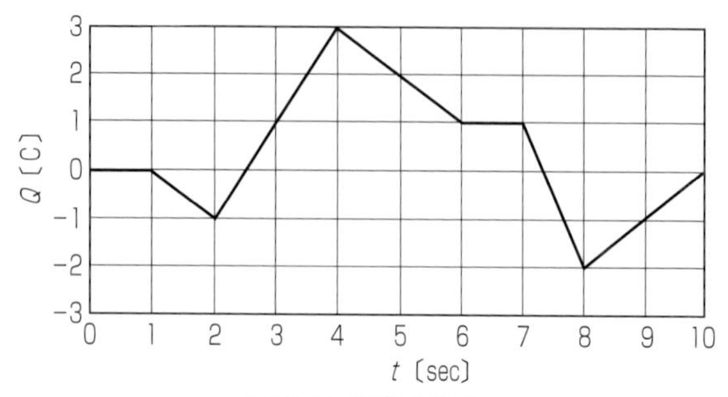

図 3.2　電荷の変化

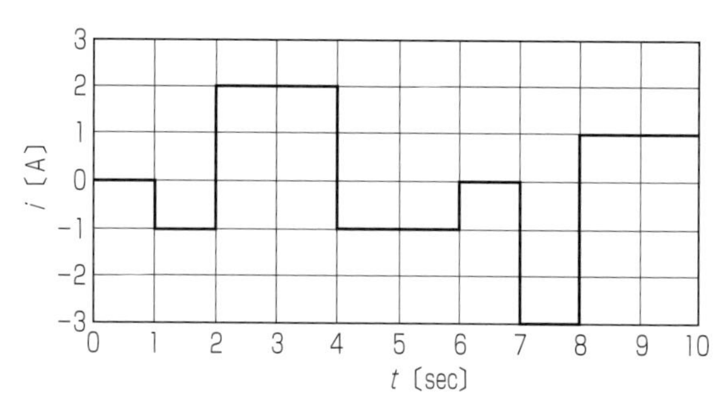

図 3.3　電流の変化

4sec で $Q=+3$C となって，以下 $t=10$sec において $Q=0$C となる変化です．

では，電流 $i(t)$の変化はどのようになるのでしょうか．

電流は電荷を時間で微分したもの，すなわち電荷の時間当たりの変化量です．**図 3.2** の $t=0\sim1$sec では電荷の変化がなく，単位時間当たり 0C の変化，すなわち 0A となります．

次に，$t=1\sim2$sec では 1 秒間で 1C の減少ですから，単位時間当たり -1C の変化，すなわち -1A となります．同様にして，$t=2\sim4$sec では 2 秒間で 4C の増加ですから，単位時間当たり $+2$C の変化，すなわち $+2$A となります．これを図にすると**図 3.3** のようになります．

次に電流 $i(t)$が時間とともに**図 3.4** のように変化するとき，電荷 $Q(t)$の変化はどのようになるでしょうか(ただし，$Q(0)=0$ とします)．

$$Q(t)=\int i(t)dt \quad \cdots\cdots (3.4)$$

電荷は電流を時間で積分したもの，すなわち**図 3.4** の時間に対する面積を求めればよいことになります．1 秒ごとに電流の面積を求めて足し算します．$t=0\sim1$sec では $i=0$ ですから，この期間の面積は 0 です．したがって，

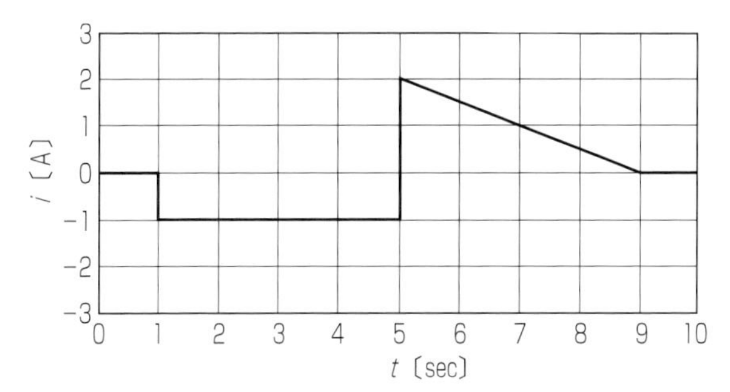

図 3.4　電流の変化

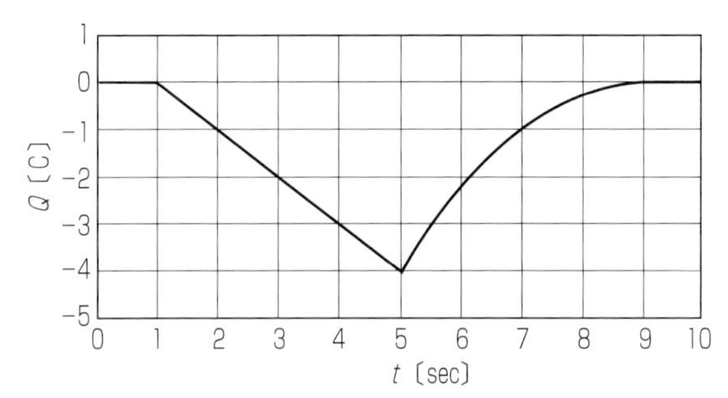

図 3.5　電荷の変化

$Q(1)=0+Q(0)=0+0=0$

で変化ありません．次に $t=1\sim5$sec では $i=-1$A ですから，1 秒ごとに -1C が足し算されます．すなわち，$t=2$sec では，

$Q(2)=-1+Q(0)=-1+0=-1$〔C〕

になります．以下，$t=5$sec では $Q(5)=-4$C になります．すなわち数学的に表現すれば，$t=1\sim5$sec では電流は一定ですから，その積分は 1 次直線になっています．

次に，$t=5$sec 以降を考えます．$t=5\sim6$sec では $i=2\sim1.5$A と直線的に変化しています．この間の電流を積分したものとは，台形の面積を求めることですから，電荷の変化量は 1.75C です．したがって，

$Q(6)=1.75+Q(5)=1.75+(-4)=-2.25$〔C〕

になります．$t=6\sim7$sec においても電流面積は台形で電荷の変化量は 1.25C です．したがって，

$Q(7)=1.25+Q(6)=1.25+(-2.25)=-1.0$〔C〕

になります．以下同様の計算により $Q(9)=0$ となります．

$t > 9\mathrm{sec}$ では $i=0$ ですから電荷は変化せず，これ以降は $Q=0$ です．したがって，Q の時間波形は図 3.5 のようになります．すなわち，$t=5 \sim 9\mathrm{sec}$ では電流波形は 1 次直線ですから，その積分は 2 次曲線になっていることがわかります．

第4章　コンデンサの性質

4.1　コンデンサの働き

コンデンサはキャパシタとも，日本語では静電容量または単に容量，あるいは蓄電器ともいわれます．

図 4.1 のように絶縁物を挟んで，金属板を平行に配置して両側に電圧を印加すると，金属面には電荷が蓄積されます．

電圧の正の側にプラスの電荷が蓄積され，負の側にはマイナスの電荷が蓄積されます．プラス側とマイナス側の電荷の絶対値は等しく符号は反対です．電子が導線を通ってプラス側からマイナス側に移動したと考えます．プラス側の電荷を $+Q$ とすれば，マイナス側の電荷は $-Q$ になります．その大きさは印加電圧 V に比例します．

$$Q=C\cdot V \quad \cdots\cdots (4.1)$$

この比例定数を静電容量，キャパシタンスといい記号 C で表します．(4.1)式より，

$$C=\frac{Q}{V} \quad \cdots\cdots (4.2)$$

となり，容量の単位はクーロン / ボルトであることがわかります．この単位を新たにファラドといいます．

$$\text{ファラド〔F〕}=\frac{\text{クーロン〔C〕}}{\text{ボルト〔V〕}} \quad \cdots\cdots (4.3)$$

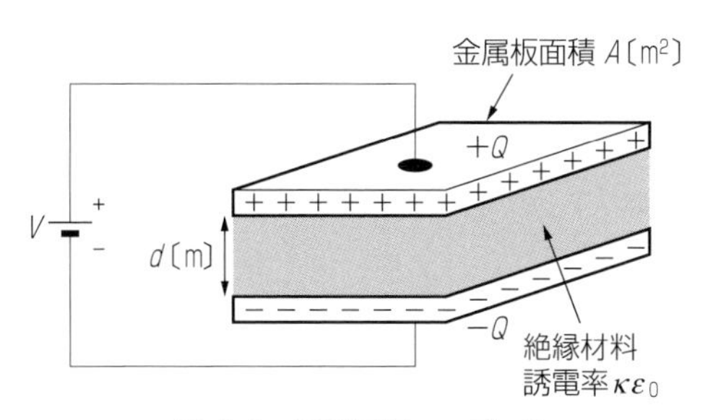

図 4.1　平行平板コンデンサ

このような性質を持つ電気部品をコンデンサといいます．

図 4.1 のような平行平板コンデンサの静電容量（単に容量という）は，面積 A〔m^2〕に比例し，間隔 d〔m〕に反比例します．また，材料の誘電率 $\kappa\varepsilon_0$ に比例し，

$$C=A\frac{\kappa\varepsilon_0}{d} \quad \cdots\cdots (4.4)$$

となります．ここで，κ は絶縁材料の比誘電率（真空を 1 とした），ε_0 は真空の誘電率で，

$$\varepsilon_0=8.85\times10^{-12}\text{〔F/m〕}$$

です．

4.2　電流によるコンデンサの充電

次にこのコンデンサに電流が印加され，電荷が蓄積され電圧が変化するようすを考えることにします．12.5fF のコンデンサを考えます．ここで f とはフェムト（femto）で 10^{-15} のことです．非常に小さな単位ですが，今日のナノテクノロジーの世界ではこのような大きさを扱っています．

図 4.2 に示す μA（マイクロアンペア）単位の電流が流れるものとします．μ とはマイクロ（micro）で　10^{-6} のことです．時間軸は ns です．n とはナノ（nano）で 10^{-9} のことです．このような短い時間軸で動作が行われるということが実感できます．

電流波形は**図 4.2** の上段です．電流を積分したものが電荷 q です．0 から 4ns までの電流の積分は三角形の面積から，

$$\frac{25\times10^{-6}\text{〔A〕}\times4\times10^{-9}\text{〔sec〕}}{2}=50\times10^{-15}\text{〔C〕}=50\text{〔fC〕}$$

であることがわかります．以下，このようにして求めた結果を**図 4.2** の中段に示します．電流が 1 次直線ですから電荷は 2 次曲線です．電圧 V は電荷 q をコンデンサの容量 C で割り算すれば得られます．たとえば，$t=4$ns においては，

$$V=\frac{50\text{〔fC〕}}{12.5\text{〔fF〕}}=4\text{〔V〕}$$

のように求めることができます．以下同様にして計算したものを**図 4.2** の下段に示します．

4.3　コンデンサの直列接続

容量値が C_1 と C_2 のコンデンサが直列に接続された場合を考えます．初めは

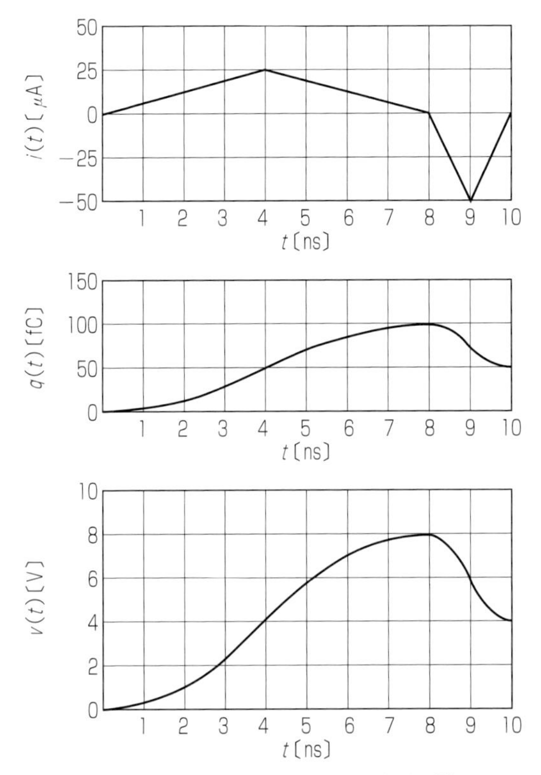

図 4.2　電流波形から電荷，電圧波形を描く

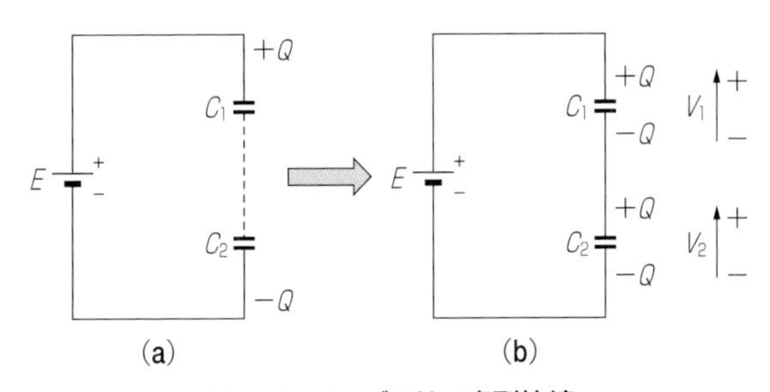

図 4.3　コンデンサの直列接続

何も電荷がない状態で，この両端に電圧を加えます．

図 4.3(a)のように，C_1 のプラス側から C_2 のマイナス側に電子が移動します．$+Q$ と $-Q$ です．しかし同時に**図 4.3(b)**のように C_1 のマイナス側にはそのプラス側と同じ大きさの負の電荷 $-Q$ が引き寄せられます．また，C_2 のプラス側

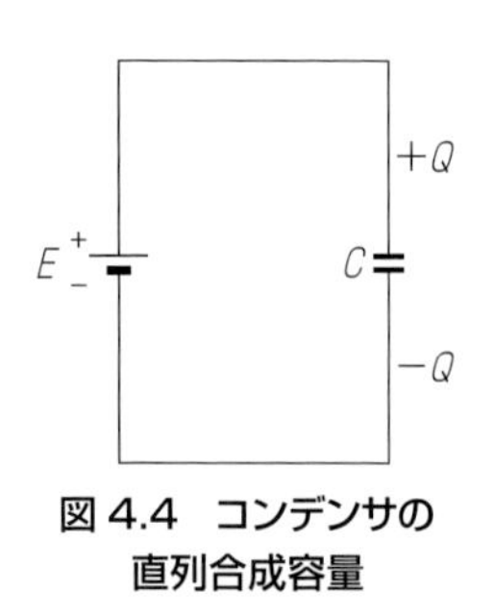

図 4.4　コンデンサの直列合成容量

には $+Q$ が蓄積されます．C_1 と C_2 のコンデンサの結線部分にはもともと電荷はなかったのですが，C_1 のマイナス側に $-Q$，C_2 のプラス側に $+Q$ が現れています．しかしその代数和は 0 であり，電気的には中性が保たれています．結局 C_1，C_2 ともプラス側には $+Q$，マイナス側には $-Q$ の電荷が蓄積されます．C_1 と C_2 の電圧を V_1 および V_2 とすると，

$$V_1=\frac{Q}{C_1} \quad \cdots\cdots (4.5)$$

$$V_2=\frac{Q}{C_2} \quad \cdots\cdots (4.6)$$

より，V_1 と V_2 の和を求めると，

$$E=V_1+V_2=\frac{Q}{C_1}+\frac{Q}{C_2}=Q\left(\frac{1}{C_1}+\frac{1}{C_2}\right)=\frac{Q}{C} \quad \cdots\cdots (4.7)$$

のようになり，**図 4.4** のようにこれを 1 つの容量 C で表すと，

$$\frac{E}{Q}=\frac{1}{C}=\frac{1}{C_1}+\frac{1}{C_2}$$

$$\therefore \quad C=\frac{1}{\dfrac{1}{C_1}+\dfrac{1}{C_2}} \quad \cdots\cdots (4.8)$$

となります．一般に，n 個のコンデンサが直列接続されているときは，

$$\frac{1}{C}=\frac{1}{C_1}+\frac{1}{C_2}+\cdots+\frac{1}{C_n} \quad \cdots\cdots (4.9)$$

$$C=\frac{1}{\dfrac{1}{C_1}+\dfrac{1}{C_2}+\cdots+\dfrac{1}{C_n}} \quad \cdots\cdots (4.10)$$

となります．

4.4　コンデンサの並列接続

容量値 C_1 と C_2 のコンデンサが並列に接続された場合を考えます．

図 4.5 のように C_1 のプラス側には $+Q_1$，マイナス側には $-Q_1$ の電荷が蓄積されます．また C_2 のプラス側には $+Q_2$，マイナス側には $-Q_2$ の電荷が蓄積

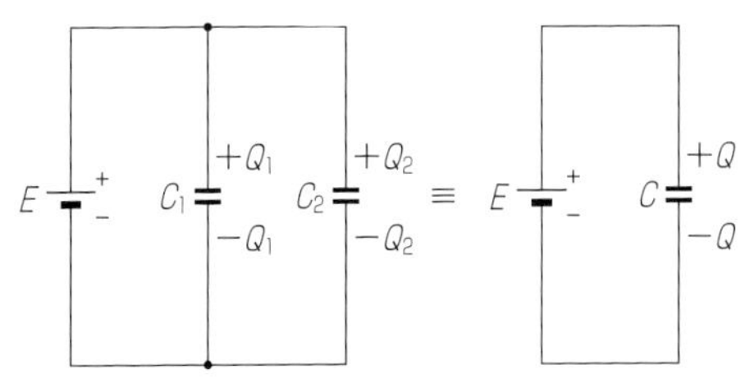

図 4.5　コンデンサの並列接続

されます．**図 4.5** のようにこれを 1 つの容量 C で表すと，この容量 C には Q_1+Q_2 の電荷が蓄積されています．

C_1 と C_2 の電荷を Q_1，Q_2 とすると，

$$Q_1=C_1E \qquad Q_2=C_2E \quad \cdots\cdots (4.11)$$

したがって，全電荷 Q は，

$$Q=CE=Q_1+Q_2=C_1E+C_2E=(C_1+C_2)E$$

$$\therefore \quad C=C_1+C_2 \quad \cdots\cdots (4.12)$$

となります．

一般に，n 個のコンデンサが並列接続されているときは，

$$C=C_1+C_2+\cdots+C_n \quad \cdots\cdots (4.13)$$

となります．

4.5　電荷保存の法則

図 4.6 のように，C_1 と C_2 の電圧がそれぞれ V_1，V_2 として与えられ，それぞれが電荷 Q_1，Q_2 を蓄積しているとします．このとき，回路の状態が変わりスイッチが閉じられたときを考えます．閉じられた直後の電荷を Q_1'，Q_2' とします．電荷に関しては，スイッチの閉じる直前と直後で回路全体の電荷が同じになるという性質があります．

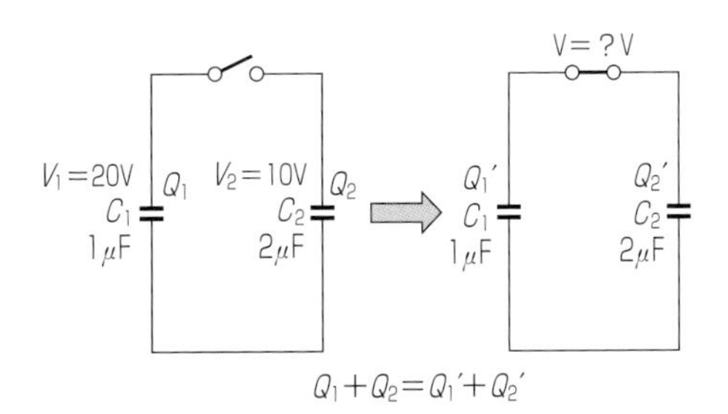

図 4.6　電荷保存の法則

$$Q_1+Q_2=Q_1'+Q_2' \quad \cdots\cdots (4.14)$$

これを電荷保存の法則といいます．具体例で考えます．

スイッチを閉じる前は C_1 には，

$$Q_1=C_1V_1=1〔\mu F〕\cdot 20〔V〕=20〔\mu C〕$$

の電荷があり，C_2 にも

$$Q_2=C_2V_2=2〔\mu F〕\cdot 10〔V〕=20〔\mu C〕$$

の電荷があります．スイッチを閉じた後では，C_1 と C_2 は結線されるため同じ電圧になります．その電圧を V とすると，

$$Q_1'+Q_2'=C_1V+C_2V=(C_1+C_2)V$$

となりますが，これは電荷保存法則により Q_1+Q_2 になります．

$$Q_1'+Q_2'=(C_1+C_2)V=3〔\mu F〕\times V=Q_1+Q_2=40〔\mu C〕$$

$$\therefore \quad V=\frac{Q_1'+Q_2'}{C_1+C_2}=\frac{Q_1+Q_2}{C_1+C_2}=\frac{40\times 10^{-6}}{3\times 10^{-6}}\fallingdotseq 13.3〔V〕$$

になります．

第5章　ポアソンの式

5.1　図形の微分と積分

ポアソンの式を学ぶ前に，一般的な図形の微分と積分について復習をします．

ある x の関数が**図 5.1(a)**のように与えられた場合，これを微分するとどうなるでしょうか．微分は勾配ですから図形の傾きを求めて，**図(b)**のようになります．

この(b)をさらに微分すると，(b)で垂直になった部分では微分値は無限大になってしまいます．無限大を図に示すことはできませんが，(c)のように線の先端に黒丸印を付けて表現することにします．この高さは，逆に(c)を積分したときに積分値が(b)になるように(b)の大きさに対応したものにします．

(b)を積分することは，(b)の面積を求めることです．x_0 から x_1 までは直線的に増加します．x_1 で(b)の値は 0 になり面積は増加せず，x_1 における値を保ちます．x_2 からは(b)は負になり，積分値は減少します．x_3 において積分値は 0 になります．このようにして**図 5.1(a)**が復元します．

5.2　ポアソンの式

電気の世界においては，電荷密度，電界，電圧の間にポアソンの式が成り立つことが知られています．1 次元の世界では，次のように表現されています．

$$\frac{d}{dx}(\kappa\varepsilon_0 E) = \rho \quad \cdots\cdots \ (5.1)$$

ここで，ρ は電荷密度〔C/m^3〕です．すなわち，電界 E を $\kappa\varepsilon_0$ 倍したものを微分すると，電荷密度 ρ になります．逆に電荷密度 ρ を積分すると，$\kappa\varepsilon_0 E$ が求まり

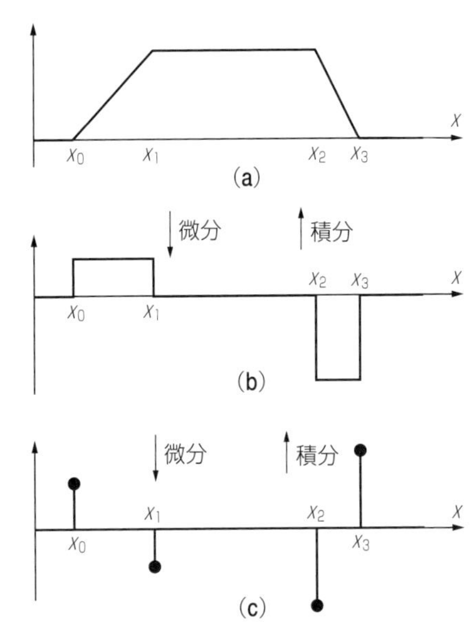

図 5.1　図形の 2 回微分と 2 回積分

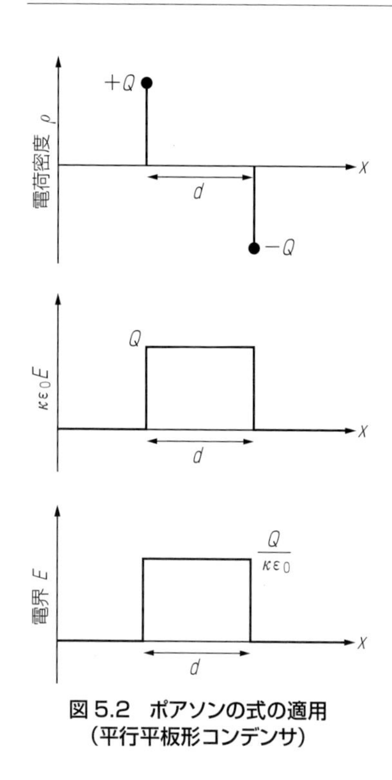

図 5.2　ポアソンの式の適用
（平行平板形コンデンサ）

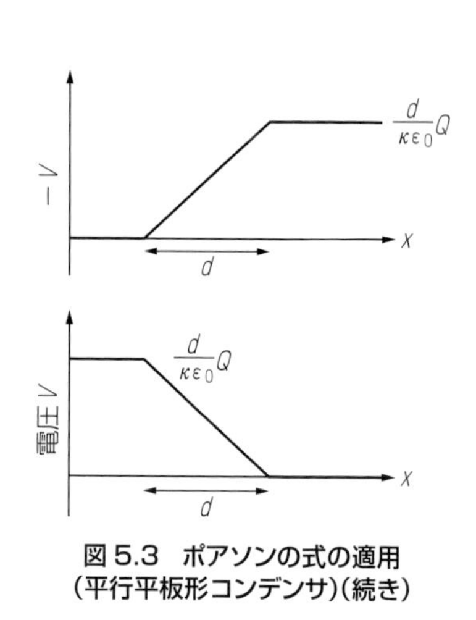

図 5.3　ポアソンの式の適用
（平行平板形コンデンサ）（続き）

ます．

$$-\frac{dV}{dx}=E \quad \cdots\cdots (5.2)$$

電圧の符号反転したもの $-V$ を微分すると，電界 E になります．また，逆に電界 E を積分すると $-V$ が求まります．

ポアソンの式を適用するため，**図 4.1** に示すような平行平板形のコンデンサについて考えます．両側の金属板は紙面に垂直で単位面積を持っているものとします．間隔 d は小さく 1 次元で近似できるものとします．

コンデンサの金属板には電荷が蓄積されます．蓄積は金属の表面に集中し，幅は 0 とみなせます．このようすを**図 5.2** の上段に示します．このような場合，密度は無限大ですが，x で積分した電荷量は有限で $+Q$ です．密度のグラフは電荷量を示しています．この電荷密度を積分したものが**図 5.2** 中段の $\kappa\varepsilon_0 E$ です．これを $\kappa\varepsilon_0$ で割ったものが電界 E です．それを**図 5.2** 下段に示します．

図 5.3 上段は，この E を積分したもので $-V$ です．これを符号反転して電圧の基準をコンデンサのマイナス側に取った電圧 V が**図 5.3** 下段です．電荷 Q を

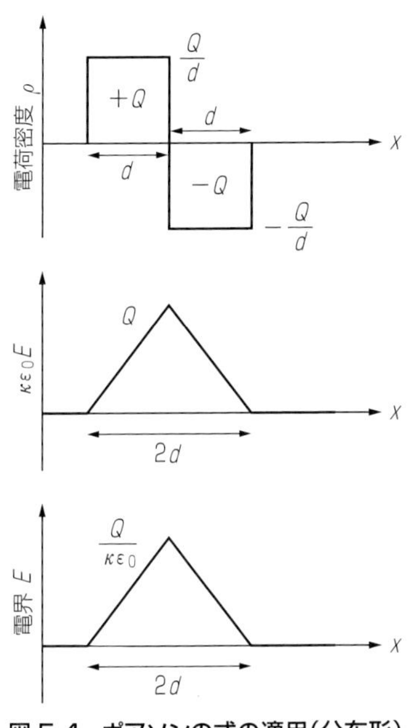

図 5.4　ポアソンの式の適用(分布形)

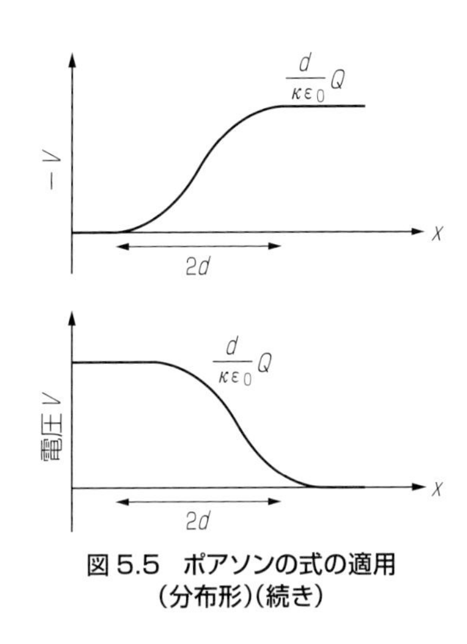

図 5.5　ポアソンの式の適用(分布形)(続き)

両端の電圧 V で割ると,

$$C=\frac{Q}{V}=\frac{Q}{\frac{d}{\kappa\varepsilon_0}Q}=\frac{\kappa\varepsilon_0}{d} \quad \cdots\cdots (5.3)$$

となり，単位面積を持つコンデンサの容量が求まりました．面積が A〔m^2〕の場合は,

$$C=A\frac{\kappa\varepsilon_0}{d} \quad \cdots\cdots (5.4)$$

になります．これは(4.4)式で示したものです。

次に，半導体のように電荷が分布している場合を考えます．

図 5.4 上段は電荷密度 ρ のグラフです．今度は一様に分布しています．プラス側の全電荷量は $+Q$ とします．これが距離 d に分布しています．したがって，密度 ρ は,

$$\rho=\frac{Q}{d} \quad \cdots\cdots (5.5)$$

です．右半分のマイナス側も

$$\rho = -\frac{Q}{d} \quad \cdots\cdots (5.6)$$

です．これを積分すると，**図 5.4** 中段の図になります．これは三角形の形になります．これを $\kappa\varepsilon_0$ で割ったものが E で，**図 5.4** 下段に示します．最大値は，

$$E_{\max} = \frac{Q}{\kappa\varepsilon_0} \quad \cdots\cdots (5.7)$$

となります．

図 5.5 上段は E を x で積分したものです．電界が 1 次直線であることから 2 次曲線になることがわかります．積分の大きさは，**図 5.4** の E の三角形の面積を求めればよく，

$$V = \frac{1}{2}E_{\max}\cdot 2d = \frac{d}{\kappa\varepsilon_0}Q \quad \cdots\cdots (5.8)$$

となります．これを符号反転して電圧の低い側を基準として表すと，**図 5.5** 下段の曲線になります．

第6章　コイルの性質

6.1　コイルの電流と両端電圧の関係

コイルはインダクタとも，また稀に線輪ともいわれます．銅線を円形や四角形のように巻いて内部に空間ができるようにしたものです．もっとも簡単な円形の場合を**図6.1**に示します．

コイルに電流Iが流れると磁束ϕが発生します．磁束ϕは電流Iに比例します．コイルには磁束の変化を抑制する方向に誘導起電力eが発生します．すなわち，

$$e=-\frac{d\phi}{dt} \quad \cdots\cdots\cdots\cdots (6.1)$$

となります．

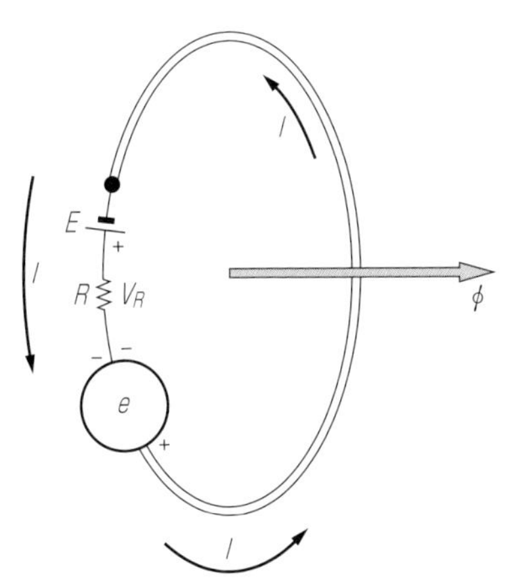

図6.1　コイルに流れる電流と磁束，誘導起電力の関係

この回路で電流が増加して磁束ϕが増加すると，このeは負になり，電流を小さくして磁束を減少させる方向であることがわかります．

次にこのコイルが**図6.2**のように3回巻かれているとします．この場合は1周ごとにeが発生します．全体の誘導起電力は3倍されます．

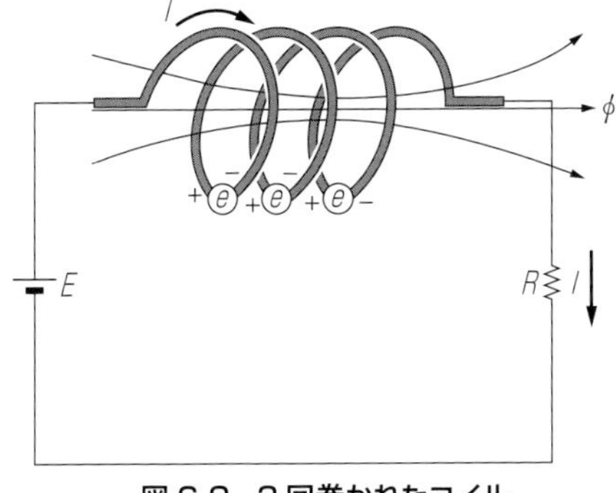

図6.2　3回巻かれたコイル

一般にN回巻かれたコイルの場合はN倍されます．したがって，

$$e_{TOT}=-N\frac{d\phi}{dt} \quad \cdots (6.2)$$

となります．ここで，

$$\Psi=N\phi \quad \cdots\cdots\cdots\cdots (6.3)$$

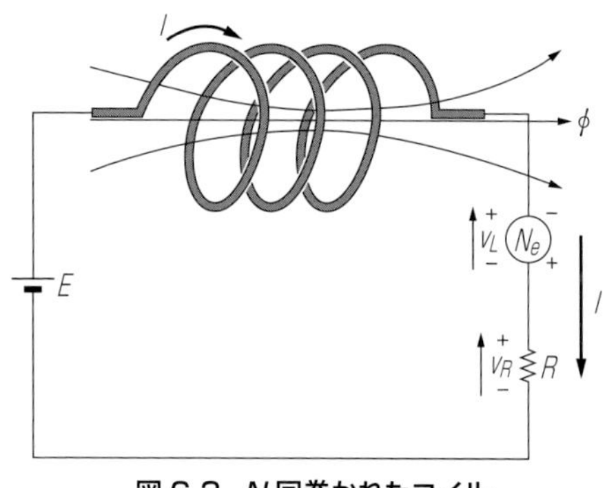

図6.3　N回巻かれたコイル

を磁束 ϕ が回路と N 回交わる意味で，全鎖交磁束 Ψ(プサイ)といいます．Ψ は電流 I に比例します．

その比例定数をインダクタンス L といいます．

$$\Psi=N\phi=LI \quad \cdots\cdots (6.4)$$

これを用いると，全体の誘導起電力 e_{TOT} は，

$$e_{TOT}=Ne=-\frac{d\Psi}{dt}=-N\frac{d\phi}{dt}=-L\frac{dI}{dt} \quad \cdots\cdots (6.5)$$

となります．この誘導起電力はコイルに発生する電圧ですが，**図6.3** のように，電流 I が回路の抵抗に流れたときに発生する抵抗の両端の電圧 v_R と同じ向きに取った電圧を v_L とします．

v_L と Ne は符号が反対なので，

$$v_L=-Ne=\frac{d\Psi}{dt}=N\frac{d\phi}{dt}=L\frac{dI}{dt} \quad \cdots\cdots (6.6)$$

となります．これが回路的に表現したコイルの電流 I と両端の電圧 v_L の関係式です．逆に電流 I は電圧 v_L を積分して得られます．

$$I=I(0)+\frac{1}{L}\int v_L dt \quad \cdots\cdots (6.7)$$

回路全体の方程式は v_R と v_L を用いて，

$$E=v_R+v_L=IR+L\frac{dI}{dt} \quad \cdots\cdots (6.8)$$

となります．

中空コイルのインダクタンスは次式で与えられます．

$$L=K\frac{\mu_0 S}{l}N^2 \quad \cdots\cdots (6.9)$$

ここに N は巻き数，S は中空の断面積 l はコイルの全長，μ_0 は真空の透磁率，K は長岡係数で長さ l が非常に長い場合は1.0です．ここで $\mu_0=1.26\times10^{-6}$〔H/m〕(ヘンリ / メートル)です．

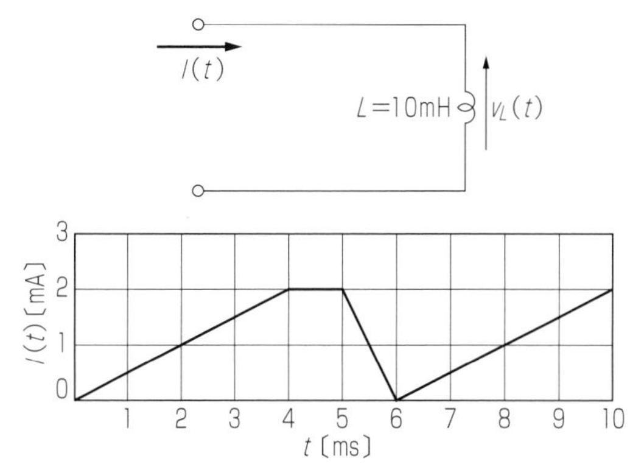

図 6.4　コイルの電流波形

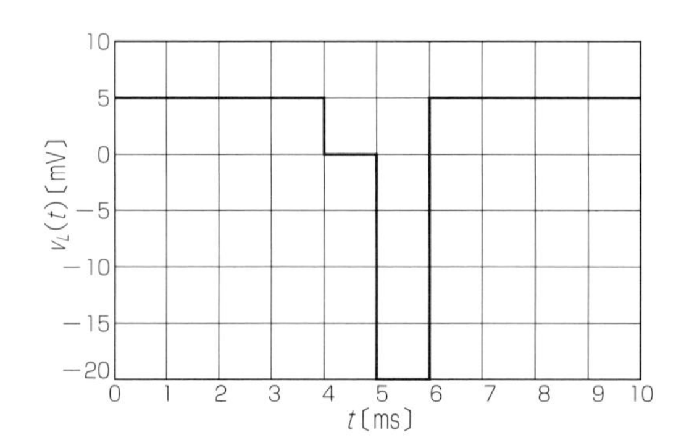

図 6.5　コイルの電圧波形

6.2　コイルの電流波形から両端電圧を求める

図 6.4 の回路に，時間的に変化する電流が流れたとき，両端の電圧波形はどのように変化するでしょうか．

コイルの電圧は，

$$v_L = L\frac{dI}{dt} \quad \cdots\cdots (6.10)$$

で求めることができます．

微分とは，時間に対する電流の変化の割合，すなわち勾配です．

図 6.4 では，時間が 0 から 4ms の間に I は 2mA 増加します．これは 0.5A/s となります．これに L=10mH をかけると 5mV になります．時間が 4ms から 5ms の間は電流は一定で変化は 0 です．したがって，電圧も 0 です．時間が

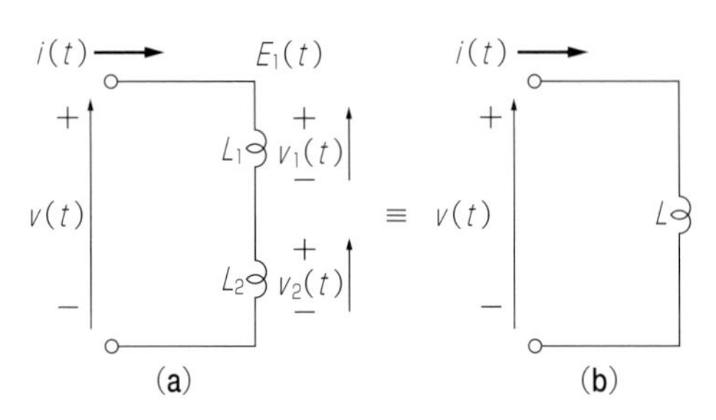

図 6.6　コイルの直列接続

5ms から 6ms の間は電流は 2mA 減少します．勾配は −2A/s です．したがって電圧は −20mV です．これをグラフに描くと**図 6.5** のようになります．

6.3　コイルの直列接続

インダクタンス値が L_1 と L_2 のコイルが直列に接続された場合を考えます．ただし，この 2 つのコイルの磁束は相互に無関係とします．

図 6.6(a) のように，L_1 と L_2 が直列の場合は同じ電流 $i(t)$ が流れます．電圧を $v_1(t)$ および $v_2(t)$ とすると，

$$v_1(t)=L_1\frac{di(t)}{dt},\quad v_2(t)=L_2\frac{di(t)}{dt} \quad\cdots\cdots (6.11)$$

より，$v_1(t)$ と $v_2(t)$ の和を求めると，

$$v(t)=v_1(t)+v_2(t)=L_1\frac{di(t)}{dt}+L_2\frac{di(t)}{dt}$$

$$=(L_1+L_2)\frac{di(t)}{dt}$$

となります．この電圧は**図 6.6(b)** のように，合成された 1 つのインダクタンス値 L の電圧に等しく，

$$v(t)=L\frac{di(t)}{dt}$$

となります．これらを比較して，

$$L=L_1+L_2 \quad\cdots\cdots (6.12)$$

であることがわかります．すなわち 2 つのインダクタンスの和になります．一般に，n 個のコイルが直列接続されているときは，

$$L=L_1+L_2+\cdots\cdots+L_n \quad\cdots\cdots (6.13)$$

となり，n 個のインダクタンスの和になります．

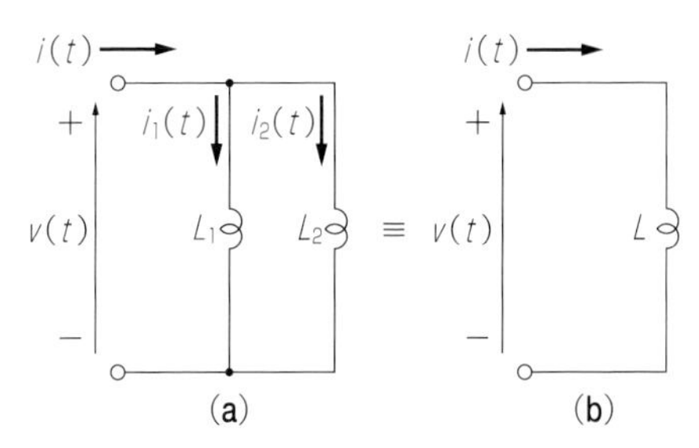

図 6.7　コイルの並列接続

6.4　コイルの並列接続

インダクタンス値が L_1 と L_2 のコイルが並列に接続された場合を考えます．

図 6.7 のように，L_1 と L_2 が並列の場合は両端の電圧は等しく $v(t)$ になります．L_1 と L_2 の電流を $i_1(t)$ および $i_2(t)$ とすると，

$$v(t)=L_1\frac{di_1(t)}{dt},\quad v(t)=L_2\frac{di_2(t)}{dt} \quad \cdots\cdots (6.14)$$

となります．合成されたインダクタンスを L とするとき，**図 6.7(b)** から，

$$v(t)=L\frac{di(t)}{dt} \quad \cdots\cdots (6.15)$$

となります．ただし，全体として流れる電流は，

$$i(t)=i_1(t)+i_2(t) \quad \cdots\cdots (6.16)$$

となります．(6.15)式に(6.16)式を代入し，(6.14)式を用いると，

$$v(t)=L\frac{di(t)}{dt}=L\frac{di_1(t)}{dt}+L\frac{di_2(t)}{dt}$$

$$=\frac{L}{L_1}L_1\frac{di_1(t)}{dt}+\frac{L}{L_2}L_2\frac{di_2(t)}{dt}$$

$$=\frac{L}{L_1}v(t)+\frac{L}{L_2}v(t)$$

となります．この両辺を $v(t)$ で割り算すると，

$$1=\frac{L}{L_1}+\frac{L}{L_2} \quad \cdots\cdots (6.17)$$

よって，

$$\frac{1}{L}=\frac{1}{L_1}+\frac{1}{L_2}$$

$$L=\frac{1}{\dfrac{1}{L_1}+\dfrac{1}{L_2}} \quad \cdots\cdots (6.18)$$

となります．一般に，n 個のインダクタが並列接続されているときは，

$$\frac{1}{L}=\frac{1}{L_1}+\frac{1}{L_2}+\cdots\cdots+\frac{1}{L_n}$$

$$L=\frac{1}{\dfrac{1}{L_1}+\dfrac{1}{L_2}+\cdots\cdots+\dfrac{1}{L_n}} \quad \cdots\cdots (6.19)$$

となります．2 個の場合は，

$$L=\frac{L_1\cdot L_2}{L_1+L_2} \quad \cdots\cdots (6.20)$$

となります．

6.5　全鎖交磁束保存の法則

インダクタの場合には，電荷保存の法則に相当するものとして，全鎖交磁束 $\Psi(t)$ 保存の法則があります．

図 6.8 において，スイッチを開く直前($t=-0$)にインダクタ L に流れていた電流を I_0 とすると，

$$\Psi(-0)=L\cdot I_0$$

が全鎖交磁束で，これはスイッチを開いた直後($t=+0$)の全鎖交磁束 $\Psi(+0)$ に等しくなります．したがって，

$$\Psi(+0)=\Psi(-0)=L\cdot I_0$$

となり，R_2 には $t=+0$ において I_0 が流れ，スイッチの両端の電圧は $t=+0$ において，

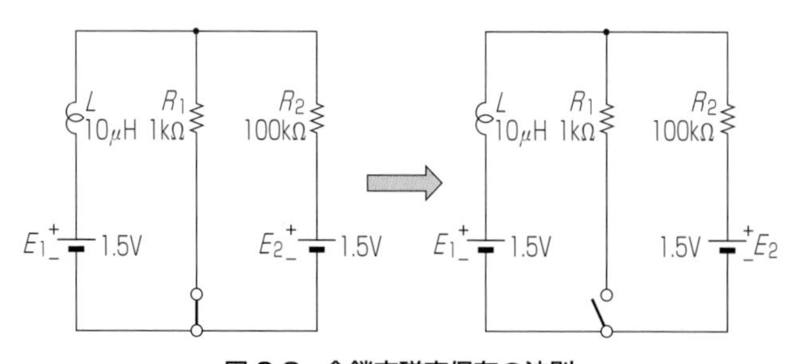

図 6.8　全鎖交磁束保存の法則

$$v(+0)=E_2+I_0 \cdot R_2$$

という電圧が現れます．

図 6.8 において，スイッチを開く直前($t=-0$)，10μH のインダクタ L には 1.5mA の電流が流れています．スイッチを開いた直後，同じ 1.5mA の電流が，今度は R_2 に流れスイッチの両端の電圧は $t=+0$ において，$1.5+1.5 \cdot 100=151.5$V もの大電圧が瞬間的には現れることになります．

第7章　オームの法則と図式表現

7.1　オームの法則

私たちは部屋の照明に電球を使用します．明るさは100ワット〔W〕，60Wなどいろいろな種類があります．家庭用の電圧は100Vです．電力を示す基本式

ワット〔W〕＝ボルト〔V〕×アンペア〔A〕 ……………………………… (7.1)

の関係より，

100〔W〕＝100〔V〕×1〔A〕

であることがわかります．すなわち，100Wの電球には1Aの電流が流れています．また60Wの電球の場合，

60〔W〕＝100〔V〕×0.6〔A〕

となり，0.6Aの電流が流れています．すなわち，60Wの電球には100Wの電球に比べて小さな電流が流れています．同じ100Vが両端に加えられたとき，60Wの電球は電流を流しにくいことがわかります．このことを60Wの電球の抵抗値は100Wの電球の抵抗値より大きいといいます．

抵抗値は両端の電圧を流れる電流値で割ったもので表します．

100Wの電球の場合，

$$\text{抵抗値}\ R_{100\mathrm{W}}=\frac{100〔\mathrm{V}〕}{1〔\mathrm{A}〕}=100〔\Omega〕(\text{オーム})$$

になります．

60Wの電球の場合，

$$\text{抵抗値}\ R_{60\mathrm{W}}=\frac{100〔\mathrm{V}〕}{0.6〔\mathrm{A}〕}=166.7〔\Omega〕$$

になります．

一般に，抵抗値 R は電圧 V と電流 I が与えられると，

$$R=\frac{V}{I} \quad \cdots\cdots (7.2)$$

で求めることができます．これはオームの法則です．また，

$$I=\frac{V}{R} \quad \cdots\cdots (7.3)$$

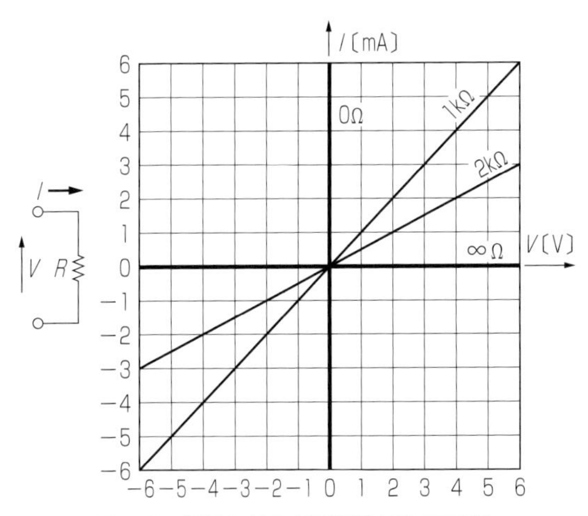

図 7.1　抵抗に流れる電流と電圧の関係 a

として，電圧と抵抗から電流を求めることができます．たとえば電圧が 6V，抵抗が 1000Ω(1kΩ)のときは，

$$I=\frac{V}{R}=\frac{6}{1000}=0.006〔\mathrm{A}〕=6〔\mathrm{mA}〕$$

となります．さらに，

$$V=I\cdot R \quad \cdots\cdots (7.4)$$

と表現でき，電流と抵抗値から両端の電圧を計算する式が得られます．これらの 3 つの式を総称してオームの法則といいます．原則として未知数は左辺におき，既知数は右辺に書きます．

7.2　抵抗に流れる電流と両端の電圧の図式的表現

オームの法則は電圧，電流，抵抗の関係を表す簡潔な式ですが，これを図で表現するとどうなるでしょうか．

電気の世界ではグラフに表す場合，横軸を電圧，縦軸を電流として描きます．抵抗に流れる電流は電圧に比例します．電圧が 0 ならば電流は 0 です．したがって，抵抗を図式に表すと，必ず原点(0，0)を通ります．もう 1 つ重要なポイントは，電圧や電流の方向です．

図 7.1 のように，それぞれの位置と方向の定義をします．これは数式で計算するときも同じです．

電圧を −6V から +6V まで変動させたときの 1kΩ の抵抗の電流は，図のよ

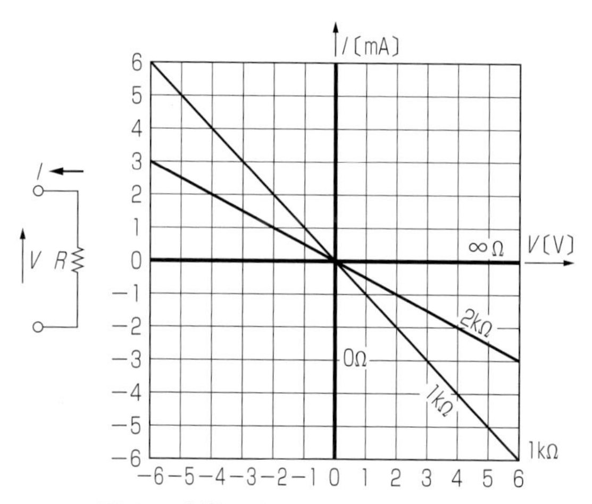

図 7.2　抵抗に流れる電流と電圧の関係 b

うに −6mA から +6mA まで変化します．抵抗が 2kΩ の場合も図のように傾斜がゆるくなり，−3mA から +3mA まで変化します．

抵抗値が大きくなると傾斜はゆるくなり寝てきます．逆に抵抗値が小さくなると傾斜はきつくなり立ってきます．非常に極端な場合，抵抗値が無限大のときは原点を通る水平な線になります．また逆に，抵抗値が 0Ω の場合は原点を通る垂直な線になります．いずれにせよ右上がりの原点を通る直線です．

次に電圧と電流の定義を**図 7.2** のように変更します．

電圧は前と同様ですが，電流の方向が変わりました．回路の計算では，このような定義は常に正確にしておく必要があります．あらかじめ定義されているときはそれに従えばいいわけですが，定義されていないときは新たに定義しなければなりません．あやふやにしておくと後でとんでもない間違いに導かれます．

図 7.2 の場合は，1kΩ の抵抗の電流は図のように +6mA から −6mA まで変化します．この場合は右下がりの原点を通る直線です．抵抗が 2kΩ の場合も同様です．しかし抵抗値が大きくなると傾斜はゆるくなり，抵抗値が小さくなるときつくなります．そして無限大のときは原点を通る水平な線，0Ω の場合は原点を通る垂直な線になります．

7.3　電圧源と電流源の図式的表現

電圧源とは，そこに流れる電流の大きさに関係なく，両端に一定の電圧が現れる素子です．市販の乾電池などもこれに近いものですが，電流を多く取ると電圧

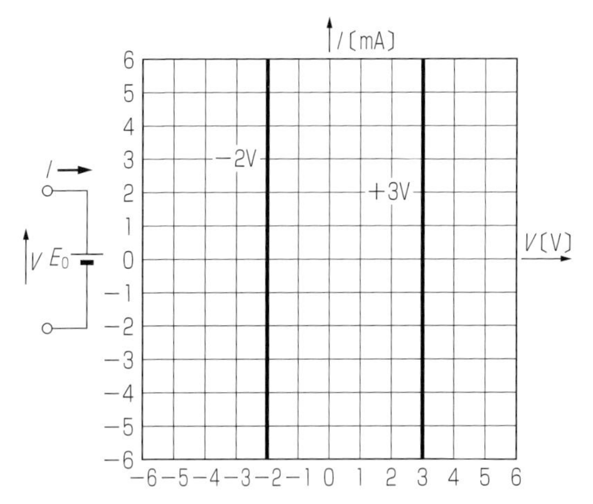

図 7.3　電圧源の電圧，電流特性 a

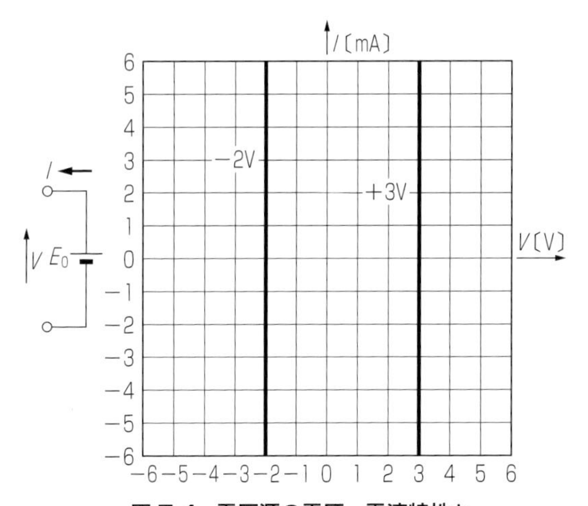

図 7.4　電圧源の電圧，電流特性 b

は減少します．現実の電池などは電圧源に抵抗が直列になったものと考えます．しかし理想的な電圧源の図式表現を考えてみます．この場合も電圧，電流の定義を**図 7.3** のようにします．

3V の電圧源は電流が +6mA から −6mA まで変化しても電圧は 3V で一定です．−2V の電圧源は電流が +6mA から −6mA まで変化しても電圧は −2V で一定です．電流の定義を**図 7.4** のようにしても同じような特性です．

電流源とは，そこに印加される電圧の大きさに関係なく，一定の電流を流す素

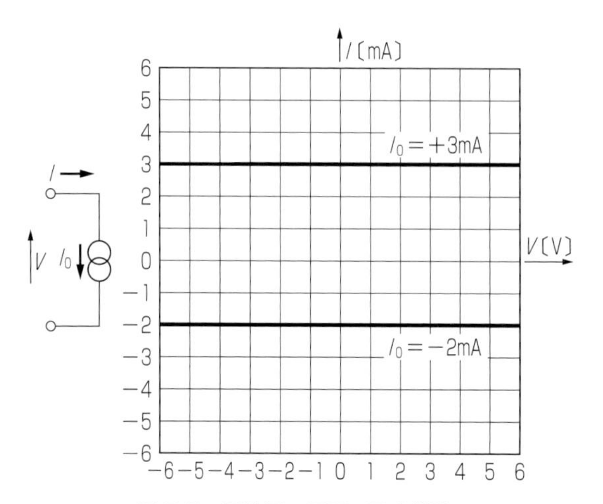

図 7.5　電流源の電圧，電流特性 a

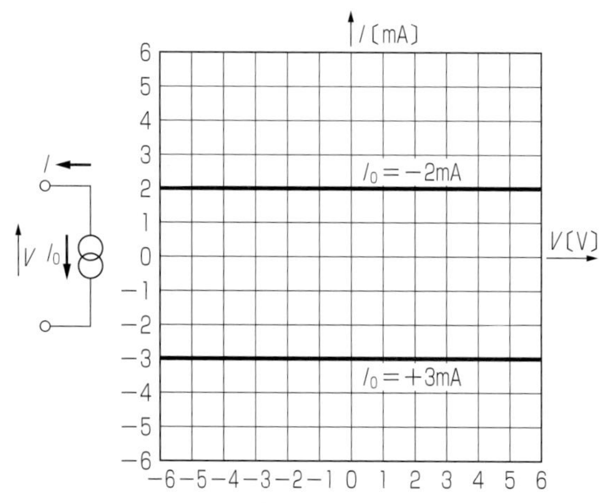

図 7.6　電流源の電圧，電流特性 b

子です．市販で簡単に入手することはできません．後で学ぶように，半導体では部分的にこれに近いものを作ることができます．しかし現実のものは電圧によって電流はわずかに変化します．これは電流源に抵抗が並列に接続されているものと考えます．しかしここでは理想的な電流源の図式表現を考えます．電圧，電流の定義を**図 7.5** のようにします．

この場合，電流源 I_0 の向きと回路の電流 I の方向が一致しているので，$I_0=$ ＋3mA の電流源は，電圧が －6V から ＋6V まで変化しても電流 I は ＋3mA

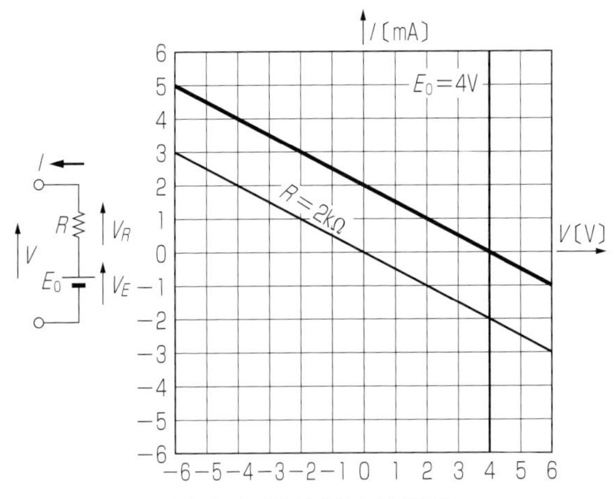

図 7.7　直列回路の V-I 特性

で一定です．

$I_0 = -2\text{mA}$ の電流源も電圧が -6V から $+6\text{V}$ まで変化しても電流 I は -2 mA で一定です．

次に電圧，電流の定義を**図 7.6** のように変更します．

この場合，電流源 I_0 の向きと回路の電流 I の方向が反対ですから，$I_0 = +3$ mA の電流源は電圧が -6V から $+6\text{V}$ まで変化すると電流 I は -3mA で一定です．$I_0 = -2\text{mA}$ の電流源は，電圧が -6V から $+6\text{V}$ まで変化すると電流 I は $+2\text{mA}$ で一定です．

7.4　直列回路

直列回路とは，2つの回路素子が**図 7.7** のようにつながっている場合をいいます．

この場合，2つの回路素子には同じ電流が流れます．直列回路全体の電圧は，それぞれの素子の電圧の和になります．抵抗と電圧源の直列回路の場合，直列回路全体の電圧は抵抗の両端の電圧 V_R と電圧源の電圧 V_E の和になります．

この場合，抵抗の両端の電圧の正の方向および電圧源の電圧の正の方向と，全体の電圧 V の正の方向が一致していることが条件です．電流の方向も一致していなければなりません．

グラフに表すときは，それぞれの電圧電流特性を描き，与えられた電流に対するそれぞれの電圧を電圧方向に加算すれば，その電流に対する全体の電圧が得ら

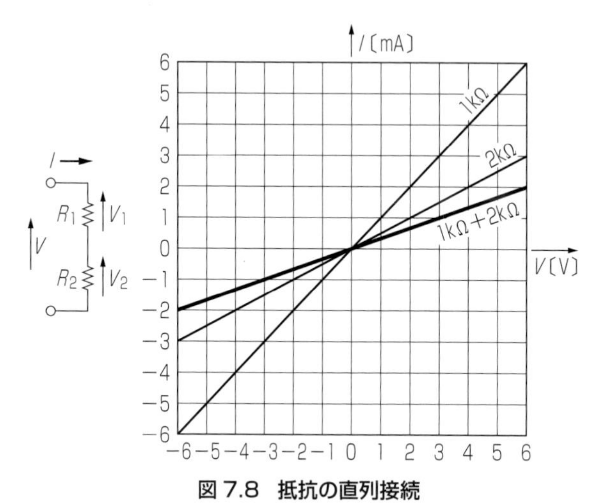

図 7.8　抵抗の直列接続

れます．

図 7.7 の場合，2kΩ のグラフは原点を通る右下がりの直線です．4V の電源は 4V を通る垂直の線です．これらを電圧方向に足し算すると(4V，0A)を通る右下がりの直線になります．これが抵抗と電源の直列回路の電圧，電流特性です．

次に抵抗 R_1，R_2 が直列になった場合を考えます(**図 7.8**)．

直列回路の場合は同じ電流が流れます．全体の電圧は個々の電圧の和になります．ある電流，たとえば 2mA が流れる場合，1kΩ の抵抗には 2V の電圧がかかり，2kΩ の抵抗には 4V の電圧がかかります．全体の電圧はその和の 6V になります．直列になった抵抗は，

$$V=V_1+V_2=IR_1+IR_2=I(R_1+R_2)=IR$$

より，等価な 1 個の抵抗として，

$$\therefore\quad R=R_1+R_2 \qquad (7.5)$$

になることがわかります．n 個の直列抵抗は，

$$R=R_1+R_2+\cdots+R_n \qquad (7.6)$$

となり，R という 1 個の抵抗に等しいことがわかります．

なお，電圧源と電圧源の直列接続も電圧方向の加算という方法でできますが，電流値の異なる電流源の直列接続はできません．同じ電流が流れることが直列接続の条件ですから，それに反してしまうからです．

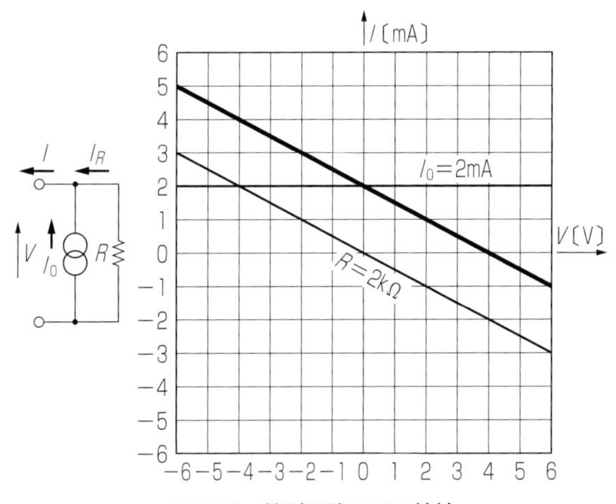

図 7.9　並列回路の V-I 特性

7.5　並列回路

並列回路とは，2つの回路素子が**図 7.9** のようにつながっている場合をいいます．

この場合，2つの回路素子には同じ電圧が加わります．並列回路全体の電流はそれぞれの素子の電流の和になります．

抵抗と電流源の並列回路の場合，並列回路全体の電流は抵抗の電流 I_R と電流源の電流 I_0 の和になります．この場合も抵抗の両端の電圧の正の方向，および電流源の電圧の正の方向と全体の電圧 V の正の方向が一致していることが条件です．また，抵抗の電流 I_R，電流源の電流 I_0 および全体の電流 I の正の方向が一致していなければなりません．

グラフに表すときは，それぞれの電圧電流特性を描き，与えられた電圧に対するそれぞれの電流を電流方向に加算すれば，その電圧に対する全体の電流が得られます．

図 7.9 の場合，2kΩ のグラフは原点を通る右下がりの直線です．2mA の電流源は 2mA を通る水平の線です．これらを電流方向に足し算すると，(0V，2mA) を通る右下がりの直線になります．これが抵抗と電流源の並列回路の電圧，電流特性です．

次に抵抗 R_1，R_2 が並列になった場合を考えます(**図 7.10**)．

並列回路の場合は同じ電圧がかかります．全体の電流は個々の電流の和になります．ある電圧，たとえば 4V がかかる場合，1kΩ の抵抗には 4mA の電流が流

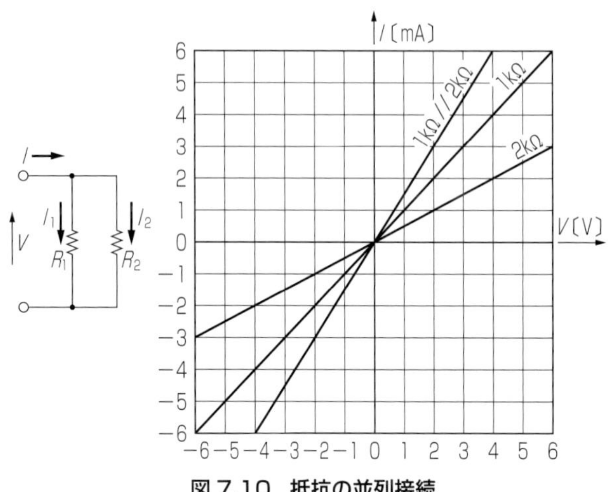

図 7.10　抵抗の並列接続

れ，2kΩ の抵抗には 2mA の電流が流れます．全体の電流はその和の 6mA になります．並列になった抵抗は，

$$I=I_1+I_2=\frac{V}{R_1}+\frac{V}{R_2}=V\left(\frac{1}{R_1}+\frac{1}{R_2}\right)=\frac{V}{R}=V\frac{1}{R}$$

より，

$$\frac{1}{R}=\frac{1}{R_1}+\frac{1}{R_2} \quad \therefore R=\frac{1}{\frac{1}{R_1}+\frac{1}{R_2}}=\frac{R_1R_2}{R_1+R_2} \quad \cdots\cdots (7.7)$$

となります．n 個の並列抵抗は，

$$\frac{1}{R}=\frac{1}{R_1}+\frac{1}{R_2}+\cdots+\frac{1}{R_n} \quad \cdots\cdots (7.8)$$

$$R=\frac{1}{\frac{1}{R_1}+\frac{1}{R_2}+\cdots+\frac{1}{R_n}} \quad \cdots\cdots (7.9)$$

となります．なお，電流源と電流源の並列接続も電流方向の加算という方法でできますが，電圧値の異なる電圧源の並列接続はできません．同じ電圧が加わることが並列接続の条件ですから，それに反してしまうからです．

7.6　テブナン等価回路とノートン等価回路

複数の抵抗と電圧源や電流源が，直列または並列に接続された場合でも，最終

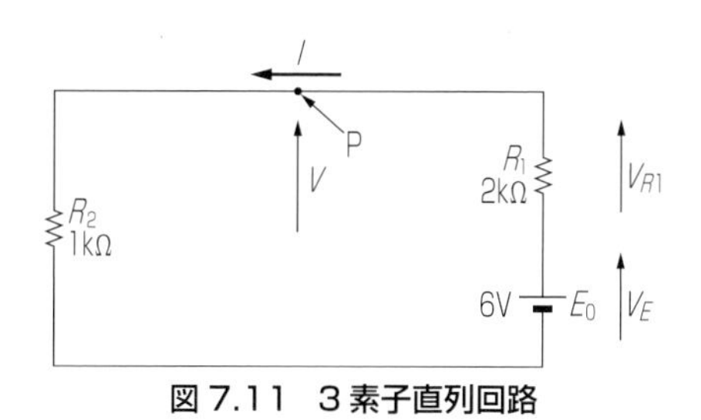

図 7.11　3 素子直列回路

的な $V-I$ 特性は $V-I$ 平面上の直線になります．というのは，抵抗も電圧源も電流源も直線ですから，これらをどう組み合わせてみても直線にしかならないからです．最終的な $V-I$ 特性の $I=0$ になる点の電圧 V_S と，抵抗 R の直列接続で等価的に表現したもの，すなわち**図 7.7** の形をテブナン等価回路といいます．

また逆に，最終的な $V-I$ 特性の $V=0$ になる点の電流 I_S と R の並列接続で等価的に表現したもの，すなわち**図 7.9** の形をノートン等価回路といいます．

ところで，**図 7.7** の 2kΩ 直列 4V という回路と，**図 7.9** の 2kΩ 並列 2mA という回路の $V-I$ 特性はどこが違うのでしょうか．

実はまったく同じ特性です．グラフからは区別できません．すなわち，テブナン等価回路とまったく等価なノートン等価回路が存在することがわかりました．図式で表現すれば一目瞭然です．

7.7　図式による回路解法（システムの一致）

図 7.11 のように，3 素子以上の回路素子が存在する回路の場合の回路中の 1 点の電圧を求めるには，回路計算の数式から求めることが一般的です．

すなわち回路電流 I は，

$$I=\frac{E_0}{R_1+R_2}=\frac{6}{2+1}=2\text{〔mA〕} \quad \cdots\cdots (7.10)$$

となります．これより R_2 の両端の電圧 V は，

$$V=IR_2=\frac{E_0}{R_1+R_2}R_2=\frac{6}{2+1}\cdot 1=2\text{V} \quad \cdots\cdots (7.11)$$

と求めることができます．これを図式で考えます．**図 7.11** の回路を，**図 7.12** のように左側の回路と右側の回路に分解します．

それぞれの $V-I$ 直線を描きます．それらが交わる点は左側の回路と右側の回路の V と I が一致する点です．図より，$I=2$mA，$V=2$V と簡単に求めること

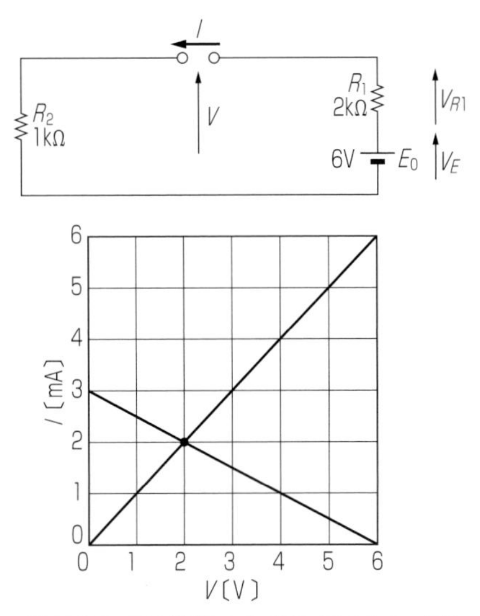

図 7.12　V-I 特性の交点(システムの一致)

ができました．ただし，注意すべき点としては，交点の左右で I の方向を一致させていることです．この図は左右それぞれの回路システムが，この点で一致するという意味でシステムの一致と呼ぶことにします．

第8章　電流と電圧の法則

8.1　キルヒホッフの電流法則

交差点における車の流れを考えて見ます．

初め交差点には車はまったくない状態とします．**図8.1**のように右上から5台および左下から3台入って来て，しばらくして左上から7台，右下から1台出て行くとします．この場合，交差点に車はない状態に戻ります．すなわち，交差点に入ってくる車の数の和は，交差点から出て行く車の数の和に等しくなります．

これと同じように，回路中の電流も**図8.2**のように点Pに右上から5Aおよび左下から3Aの電流が流れ込んで来て，左上へ7Aの電流が流れ出て行く場合は，右下へ1Aの電流が流れ出て行きます．すなわち，点Pに入ってくる電流の和は，Pから出て行く電流の和に等しくなります．

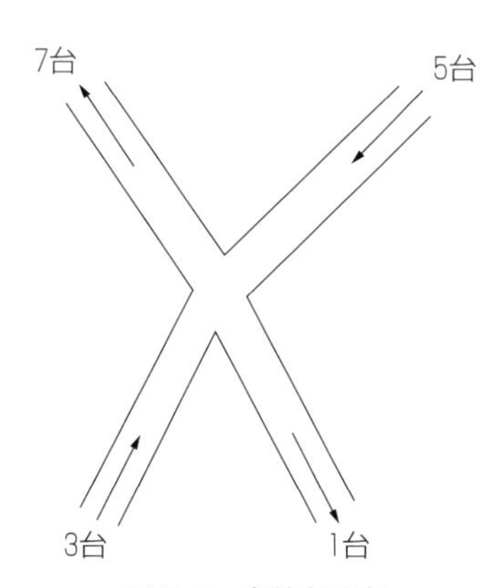

図8.1　交差点の車

車で交差点に入ってくる方向をプラスと定めると，左上からは −7台が入ってくることになります．このように表すと，交差点に入ってくる車の代数和は0になります．

電流の場合も，左上からは −7Aの電流が流れ込んでくることになります．したがって，回路の1点に流れ込んで来る電流の代数和は0になります．これをキルヒホッフの電流法則(Kirchhoff's Current Law, KCL)といいます．

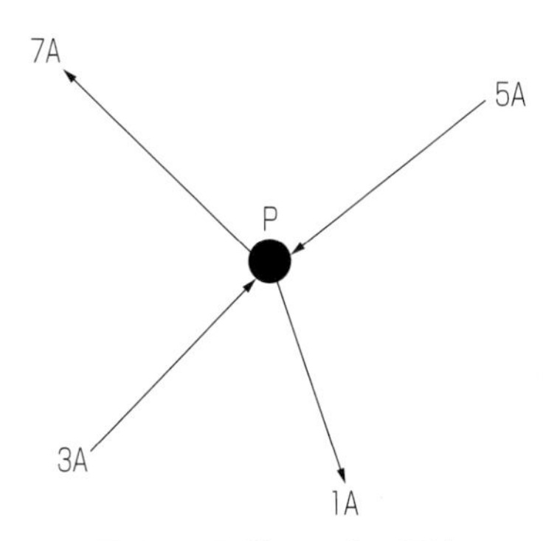

図8.2　回路の1点の電流

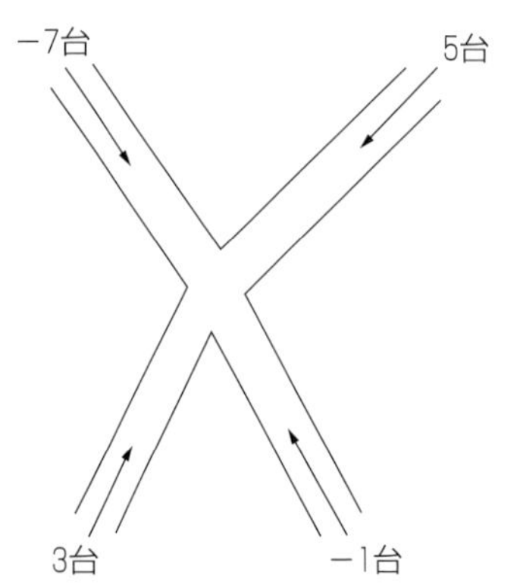

図 8.3　符号を付けた交差点の車

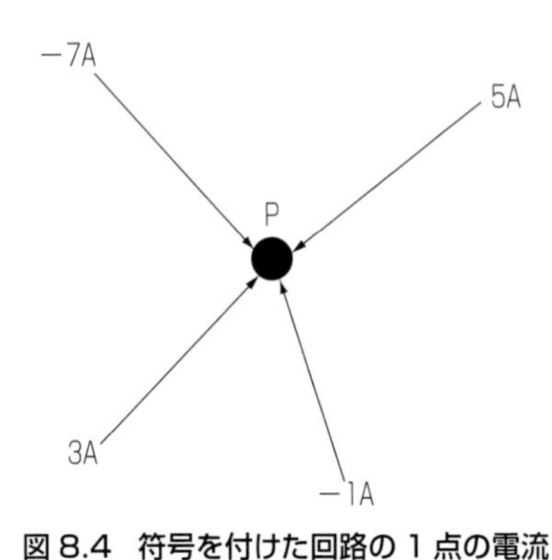

図 8.4　符号を付けた回路の 1 点の電流

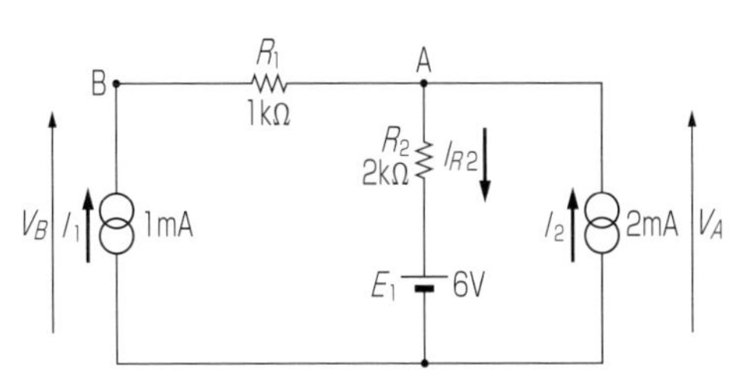

図 8.5　R_2 に流れる電流

$$i_1+i_2+\cdots+i_n=\sum_{k=1}^{n} i_k=0 \quad \cdots\cdots (8.1)$$

図 8.5 において，点 A に流れ込む電流は I_1，I_2 および $-I_{R2}$ です．したがって，

$$I_1+I_2+(-I_{R2})=0$$

となり，これより，

$$I_{R2}=I_1+I_2=1+2=3〔\mathrm{mA}〕$$

となります．したがって，A 点の電圧 V_A は，

$$V_A=E_1+I_{R2}R_2=6+3〔\mathrm{mA}〕\times 2〔\mathrm{k\Omega}〕=6+6=12〔\mathrm{V}〕$$

となります．また B 点の電圧 V_B は，

$$V_B=V_A+I_1R_1=12+1〔\mathrm{mA}〕\times 1〔\mathrm{k\Omega}〕=12+1=13〔\mathrm{V}〕$$

となります．

8.2　キルヒホッフの電圧法則

次に**図 8.6** の登山地図を考えます．

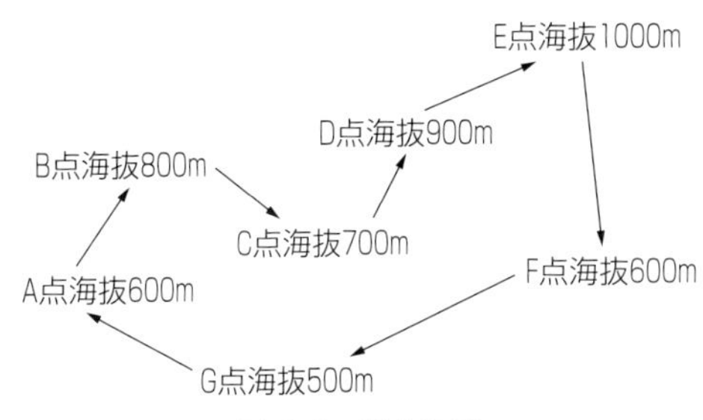

図 8.6　登山地図

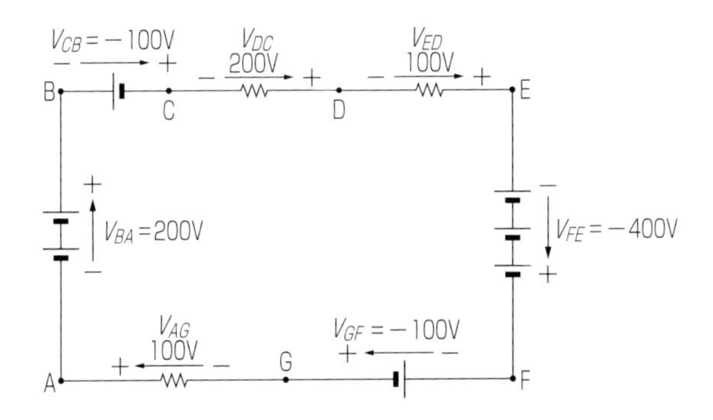

図 8.7　回路の 1 周の電圧差

現在，A 点(海抜 600m)にいるとします．このA点から出発してB点(海抜 800m)，C 点(海抜 700m)，D 点(海抜 900m)，E 点(海抜 1000m)，F 点(海抜 600m)，G 点(海抜 500m)を経て，再びA点に戻ってきた場合を考えます．各点の間の標高差で表すと，$H_{BA}=200$m，$H_{CB}=-100$m，$H_{DC}=200$m，$H_{ED}=100$m，$H_{FE}=-400$m，$H_{GF}=-100$m，$H_{AG}=100$m となります．AからAへの 1 周の標高差 H_{AA} は，

$$
\begin{aligned}
H_{AA}&=H_{BA}+H_{CB}+H_{DC}+H_{ED}+H_{FE}+H_{GF}+H_{AG}\\
&=200-100+200+100-400-100+100=0
\end{aligned}
$$

となって 0m になります．しかし，A 点からA点では当然 0m になって当たり前です．

次に**図 8.7** の回路を考えます．

A 点に対してB点は 200V プラスになっています．すなわち，$V_{BA}=200$V．以下同様に $V_{CB}=-100$V，$V_{DC}=200$V，$V_{ED}=100$V，$V_{FE}=-400$V，$V_{GF}=-100$V，$V_{AG}=100$V となっています．A 点から A 点への 1 周の電圧 V_{AA} は，

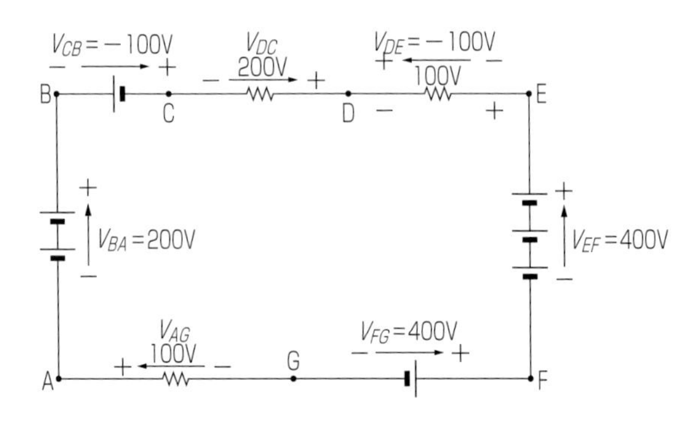

図 8.8　回路の中間点 D の電圧

$$V_{AA}=V_{BA}+V_{CB}+V_{DC}+V_{ED}+V_{FE}+V_{GF}+V_{AG}$$
$$=200-100+200+100-400-100+100=0$$

となって 0V になります．A 点から A 点を測った電圧が 0V であることは自明です．すなわち，回路 1 周の電圧の代数和が 0 になることをキルヒホッフの電圧法則(Kirchhoff's Voltage Law，KVL)といいます．

$$V_{21}+V_{32}+\cdots+V_{n\,n-1}+V_{1n}=\sum_{k=1}^{n}V_{k+1\,k}=0 \quad \cdots\cdots (8.2)$$

この法則の応用として，図 8.8 の中間点 D の電圧 V_{DA} を求めることを考えます．

KVL によって，$V_{AA}=0$ ですが，これを分割します．すなわち，

$$V_{AA}=(V_{BA}+V_{CB}+V_{DC})+(V_{ED}+V_{FE}+V_{GF}+V_{AG})$$
$$=V_{DA}+V_{AD}=0$$

ただし，

$$V_{DA}=V_{BA}+V_{CB}+V_{DC}$$
$$V_{AD}=V_{ED}+V_{FE}+V_{GF}+V_{AG}$$

とします．したがって，

$$V_{DA}=-V_{AD}=-V_{ED}-V_{FE}-V_{GF}-V_{AG}$$
$$=V_{DE}+V_{EF}+V_{FG}+V_{GA}$$
$$=V_{GA}+V_{FG}+V_{EF}+V_{DE}$$

となります．すなわち，中間点 D の A 点に対する電圧 V_{DA} は，左側からの経路 ABCD と足していっても，右側からの経路 AGFED と足していっても等しいことがわかります．

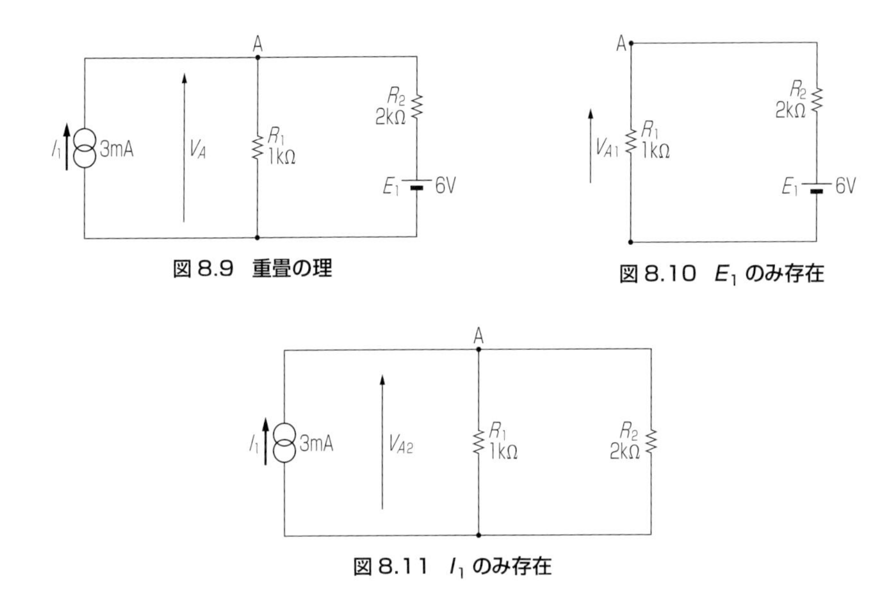

図 8.9　重畳の理

図 8.10　E_1 のみ存在

図 8.11　I_1 のみ存在

8.3　重畳の理

次に**図 8.9** の回路を考えます．

この回路の点 A の電圧 V_A を求めることにします．一般的には，未知数 V_A を含む方程式を立てて計算します．これに対して，電圧源 E_1 による電圧 V_{A1} と電流源 I_1 による電圧 V_{A2} の和として電圧 V_A を求める方法があります．後者の方法を「重畳の理」といいます．

電圧源 E_1 による電圧 V_{A1} とは，**図 8.10** のように，電流源 I_1 を削除して電圧源 E_1 のみを残してそのときの点 A の電圧を計算します．

この場合，電流源を削除するということは，電流源の電流値を 0 にするということです．電流値が 0 の電流源とは ∞ の抵抗のことですから，結局電流源の回路を切断することです．このことを電流源を開放するといいます．したがって，

$$V_{A1}=\frac{R_1}{R_1+R_2}E_1=\frac{1}{1+2}6=2〔\mathrm{V}〕 \quad \cdots\cdots (8.3)$$

となります．次に，**図 8.11** のように電圧源 E_1 を削除して，電流源 I_1 のみを残して，そのときの点 A の電圧を計算します．

この場合，電圧源を削除するということは，電圧源の電圧値を 0 にすることです．電圧値が 0 の電圧源とは 0Ω の抵抗のことですから，結局，電圧源を導線で置き換えることです．このことを電圧源を短絡するといいます．したがって，

$$V_{A2}=\frac{R_1R_2}{R_1+R_2}I_1=\frac{1\cdot 2}{1+2}3=2\text{〔V〕} \quad\cdots\cdots (8.4)$$

となります．全体の電圧は，この2つを加算したものとして，

$$V_A=V_{A1}+V_{A2}=2+2=4\text{〔V〕}$$

のようにして求めることができます．なお，通常の方程式による方法を参考のため次に示します．すなわち，キルヒホッフの電流法則より，

$$I_1=\frac{V_A}{R_1}+\frac{V_A-E_1}{R_2} \quad\cdots\cdots (8.5)$$

が成り立ちます．これを整理すると

$$V_A\left(\frac{1}{R_1}+\frac{1}{R_2}\right)=\frac{E_1}{R_2}+I_1$$

となります．これより，

$$V_A=\frac{\dfrac{E_1}{R_2}}{\dfrac{1}{R_1}+\dfrac{1}{R_2}}+\frac{I_1}{\dfrac{1}{R_1}+\dfrac{1}{R_2}}=\frac{R_1}{R_1+R_2}E_1+\frac{R_1R_2}{R_1+R_2}I_1 \quad\cdots\cdots (8.6)$$

確かに(8.3)式，(8.4)式と一致しています．

この重畳の理の応用は，電圧源や電流源の数がもっと多い場合には大変有効な解法になります．ただし，この計算方法は非線形素子を含まない回路の電流と電圧にのみ適用できます．電力の直接計算には適用できません．電力に用いるときは，電流と電圧を計算してからその積を求めるという手続きが必要です．

基本電気回路

第9章　RC および LR 回路の放電と充電過程

9.1　RC 回路の放電過程と e の出現

図 9.1 に示すように，コンデンサ C に電荷が蓄積された状態で，抵抗 R をスイッチ SW で接続し，自然放置した場合を考えます．

コンデンサの両端の電圧 $v(t)$ は，R の両端の電圧でもあり，オームの法則によって電流 $i(t)$ が流れます．この電流によって電荷が移動し，この場合電荷は減少します．これを数式で表します．時間 $t=0$ で電荷を q_0 とします．両端の電圧 $v(t)$ は，

$$v(t)=v_0=\frac{q_0}{C} \quad \cdots\cdots (9.1)$$

となります．この電圧により，抵抗には，

$$i(t)=\frac{v(t)}{R}=\frac{q_0}{RC} \quad \cdots\cdots (9.2)$$

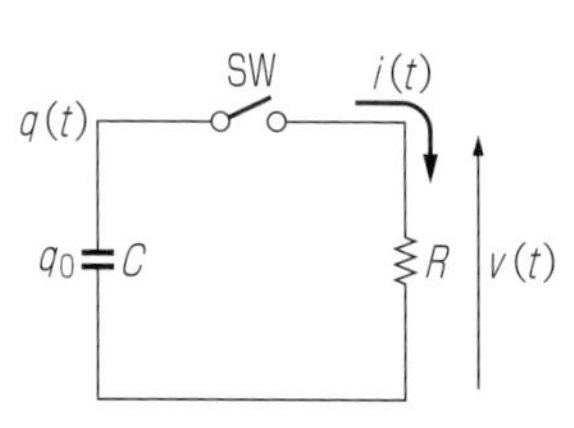

図 9.1　RC 回路の放電過程

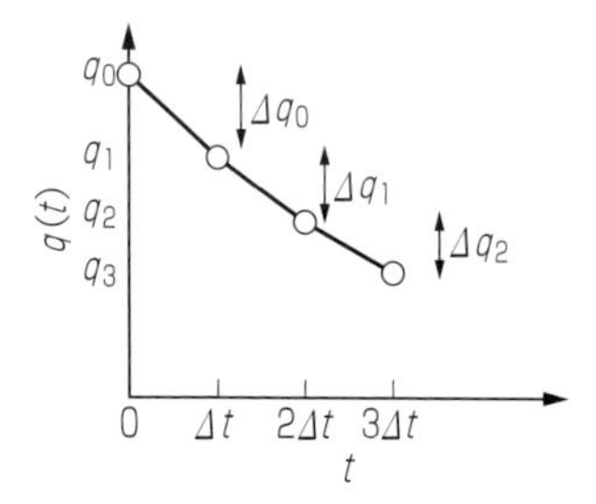

図 9.2　RC 回路の放電過程 (t=0, Δt, $2\Delta t$, $3\Delta t$)

の電流が流れます．この電流は，微少時間 Δt の間は同じであると考えます．すると，この時間における電荷の変化 Δq_0 は，

$$\Delta q_0=i(t)\,\Delta t=\frac{q_0}{RC}\Delta t \quad \cdots\cdots (9.3)$$

となります．この場合，電荷は減少するので，Δt 後のコンデンサに残っている電荷の量 q_1 は，

$$q_1=q_0-\Delta q_0=q_0-\frac{q_0}{RC}\Delta t$$

$$=q_0\left(1-\frac{\Delta t}{RC}\right) \quad \cdots\cdots (9.4)$$

になっています．これを図で示すと，**図 9.2** の $t=(0\sim\Delta t)$ の部分のようになります．

次に，$t=\Delta t$ の時間で同じことを考えま

す．すなわち，この時点での両端の電圧 $v(t)$ は，

$$v(t)=v_1=\frac{q_1}{C}$$

となります．この電圧により，抵抗には，

$$i(t)=\frac{v(t)}{R}=\frac{q_1}{RC}$$

の電流が流れます．この電流も微少時間 Δt の間は同じであると考えます．すると，この時間における電荷の変化 Δq_1 は，

$$\Delta q_1=i(t)\Delta t=\frac{q_1}{RC}\Delta t$$

となります．Δt 後のコンデンサに残っている電荷の量 q_2 は，

$$q_2=q_1-\Delta q_1=q_1-\frac{q_1}{RC}\Delta t=q_1\left(1-\frac{\Delta t}{RC}\right)$$

になっています．これを図で示すと，**図 9.2** の $t=(\Delta t\sim 2\Delta t)$ の部分のようになります．

(9.4)式を代入すると，

$$q_2=q_0\left(1-\frac{\Delta t}{RC}\right)^2 \quad\cdots\cdots (9.5)$$

になります．

次に，$t=2\Delta t$ の時間で同じことを考えます．すなわち，この時点での両端の電圧 $v(t)$ は，

$$v(t)=v_2=\frac{q_2}{C}$$

となります．この電圧により，抵抗には，

$$i(t)=\frac{v(t)}{R}=\frac{q_2}{RC}$$

の電流が流れます．この時間における電荷の変化 Δq_2 は，

$$\Delta q_2=i(t)\Delta t=\frac{q_2}{RC}\Delta t$$

となります．Δt 後のコンデンサに残っている電荷の量 q_3 は，

$$q_3=q_2-\Delta q_2=q_2-\frac{q_2}{RC}\Delta t=q_2\left(1-\frac{\Delta t}{RC}\right)$$

になっています．これを図で示すと，**図 9.2** の $t=(2\Delta t\sim 3\Delta t)$ の部分のように

なります．(9.5)式を代入すると，

$$q_3 = q_0\left(1 - \frac{\Delta t}{RC}\right)^3$$

になります．というわけで，以下 $t = n\Delta t$ の時間においても同様な関係が類推でき，

$$q_n = q_0\left(1 - \frac{\Delta t}{RC}\right)^n \cdots\cdots (9.6)$$

となります．ここで変数変換を行い，

$$h = -\frac{\Delta t}{RC},\quad \Delta t = \frac{t}{n}$$

$$\therefore\quad n = \frac{t}{\Delta t} = -\frac{t}{hRC}$$

とします．これより(9.6)式は，

$$q_n = q_0\left(1 - \frac{\Delta t}{RC}\right)^n = q_0(1+h)^{-\frac{t}{hRC}} \cdots\cdots (9.7)$$

となります．指数法則

$$a^{mn} = (a^m)^n$$

を用いると(9.7)式は，

$$q_n = q_0(1+h)^{-\frac{t}{hRC}} = q_0\left((1+h)^{\frac{1}{h}}\right)^{-\frac{t}{RC}}$$

となります．このとき時間刻み Δt を限りなく0に近づけると，h も0に近づきます．ところで，

$$(1+h)^{\frac{1}{h}}$$

は，$h \to 0$ の極限においてどういう値になるのでしょうか．$h = -0.01$ を代入すると2.732になります．また，$h = +0.01$ を代入すると2.705になります．これらをグラフにすると**図9.3**のようになります．$h \to 0$ では約2.718……となります．

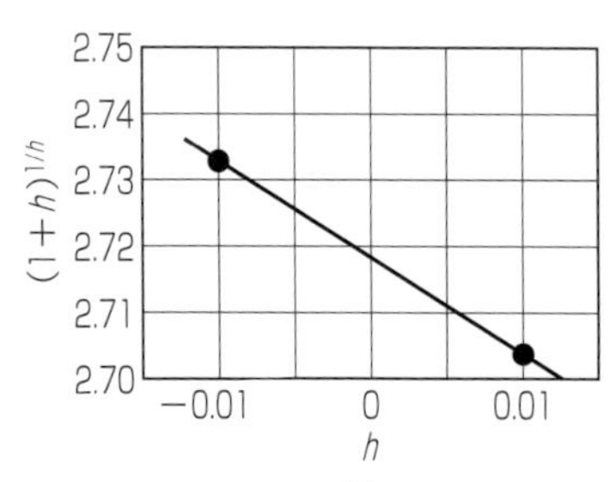

図9.3　$(1+h)^{1/h}$ のグラフ

これは e として定義されています．この数値は，コンデンサと抵抗を接続して自然に放置した状態のときに現れた数値です．自然現象にゆかりのあるものです．これは自然対数の底と呼ばれます．これより(9.7)式は，

$$q(t) = q_n = q_0 e^{-\frac{t}{RC}} \cdots\cdots (9.8)$$

$$v(t)=\frac{q_0}{C}e^{-\frac{t}{RC}}\quad\cdots(9.9)$$

となります．$RC=1$〔sec〕の場合，時間 t の関数としてグラフを描くと，**図 9.4** のようになります．

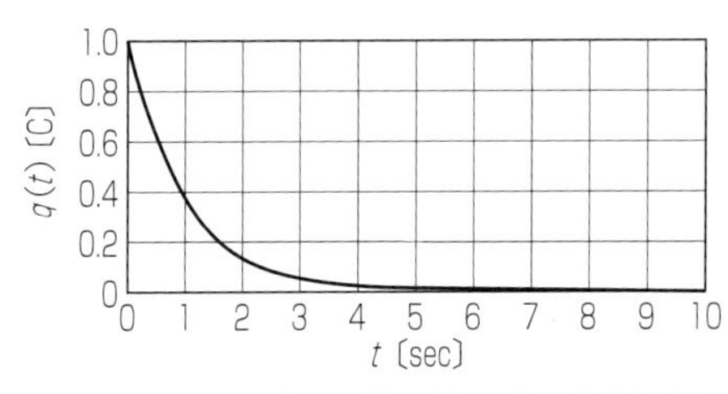

図 9.4　RC 回路の電荷 $q(t)$ の時間変化波形

$t=RC$ のとき，$q(t)$ は初期値 q_0 の $e^{-1}\fallingdotseq 0.37$，すなわち 37%になります．ここで，$\tau$（タウ）$=RC$ を回路の時定数（じていすう）といいます．

9.2　微分方程式による解法

図 9.1 に示すコンデンサと抵抗による放電過程を，一般的に解くことを考えます．SW が閉じた段階では，コンデンサの両端の電圧と抵抗の両端の電圧が等しいという関係が基本式です．すなわち，

$$v(t)=\frac{q(t)}{C}=i(t)R \quad\cdots\cdots (9.10)$$

となります．ここで，**図 9.1** の場合 $i(t)$ が正であれば $q(t)$ は減少するので，

$$i(t)=-\frac{dq(t)}{dt} \quad\cdots\cdots (9.11)$$

となります．これを代入して整理すると，

$$\frac{q(t)}{C}=-R\frac{dq(t)}{dt}$$

$$\frac{dq(t)}{dt}=-\frac{q(t)}{RC} \quad\cdots\cdots (9.12)$$

となります．ここで，$q(t)$ を左辺に t を右辺に分離すると，

$$\frac{dq(t)}{q(t)}=-\frac{dt}{RC} \quad\cdots\cdots (9.13)$$

のようになります．これは変数分離形の微分方程式といわれるもので，左辺，右辺を別々に積分することができます．

積分公式により，

$$\int\frac{dq(t)}{q(t)}=\ln q(t) \quad\cdots\cdots (9.14)$$

ただし，ln は $\log_e$ のことで e を底とする対数，すなわち自然対数です．

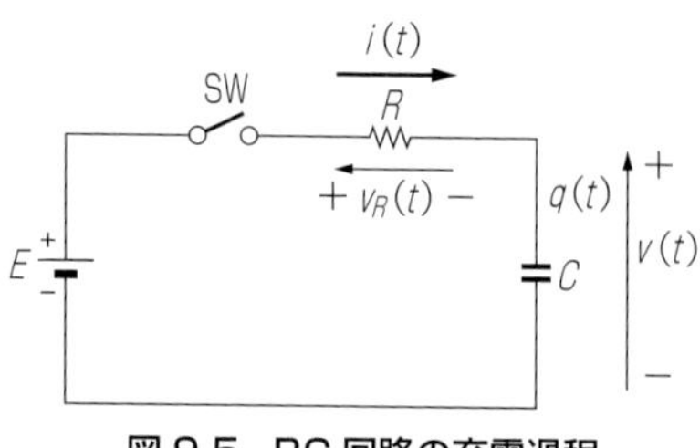

図 9.5　RC 回路の充電過程

$$\int -\frac{dt}{RC} = -\frac{t}{RC} + A' \quad \cdots\cdots (9.15)$$

$$\therefore \quad \ln q(t) = -\frac{t}{RC} + A' \quad \cdots\cdots (9.16)$$

$$\therefore \quad q(t) = e^{-\frac{t}{RC}+A'} = e^{A'}e^{-\frac{t}{RC}} = Ae^{-\frac{t}{RC}} \quad \cdots\cdots (9.17)$$

となります．ここで A は積分定数です．これは回路の初期値から決定できます．今の場合，

$$q(t)|_{t=0} = Ae^0 = A = q_0$$

が成り立ち，

$$q(t) = q_0 e^{-\frac{t}{RC}} \quad \cdots\cdots (9.18)$$

となります．微分方程式を使えば答えは簡単に得られますが，公式表によって，いきなり自然対数や指数関数が出てくるので，若干違和感を伴います．しかし，「9.1　RC 回路の放電過程と e の出現」で行った解法を経験しておけば，自然対数や指数関数も納得のいくものとして身近な存在になります．これ以降は微分方程式を使った解法を主にします．

9.3　RC 回路の充電過程

次に，図 9.5 の RC 回路の充電過程を考えます．ただし，$t=0$ では $q(0)=0$ とします．

スイッチ SW が閉じられた状態では，スイッチの左側と右側の電圧は等しくなります．右側はコンデンサの電圧と抵抗の電圧の和になります．したがって，

$$E = v(t) + v_R(t) = \frac{q(t)}{C} + i(t)R \quad \cdots\cdots (9.19)$$

となります．図 9.5 では $i(t)$ が正であれば $q(t)$ は増加するので，

$$i(t)=\frac{dq(t)}{dt} \quad \cdots\cdots (9.20)$$

となります．したがって，

$$E=\frac{q(t)}{C}+R\frac{dq(t)}{dt} \quad \cdots\cdots (9.21)$$

となります．これを整理すると，

$$\frac{dq(t)}{dt}=-\frac{q(t)}{RC}+\frac{E}{R}=-\frac{1}{RC}\{q(t)-EC\} \quad \cdots\cdots (9.22)$$

のようになります．ここで，

$$x(t)=q(t)-CE \quad \cdots\cdots (9.23)$$

とおくと，

$$\frac{dx(t)}{dt}=\frac{dq(t)}{dt} \quad \cdots\cdots (9.24)$$

となり，(9.22)式は，

$$\frac{dx(t)}{dt}=-\frac{x(t)}{RC} \quad \cdots\cdots (9.25)$$

となって，(9.12)式と同じ形になります．したがって，解も(9.17)式と同じ形になります．すなわち，

$$x(t)=e^{-\frac{t}{RC}+A'}=e^{A'}e^{-\frac{t}{RC}}=Ae^{-\frac{t}{RC}} \quad \cdots\cdots (9.26)$$

となります．上式に(9.23)式を代入して，

$$q(t)=x(t)+CE=Ae^{-\frac{t}{RC}}+CE$$

が得られます．初期条件より，$t=0$ では $q(0)=0$ なので，

$$0=A+CE \qquad \therefore \quad A=-CE$$

となり，

$$q(t)=CE\left(1-e^{-\frac{t}{RC}}\right) \quad \cdots\cdots (9.27)$$

が得られます．コンデンサの電圧は，

$$v(t)=E\left(1-e^{-\frac{t}{RC}}\right) \quad \cdots\cdots (9.28)$$

となります．スイッチの右側の電圧が0Vから階段状に1Vに変化しているので，$E=1$Vの場合の出力電圧の応答を単位ステップ応答といいます．$t=0$ で $v=0$，$t=\infty$ で $v=E$ になることがわかります．(9.28)式において，$t=RC$ のとき，

$$v(t)\big|_{t=RC}=E(1-e^{-1})\fallingdotseq 0.63E \quad \cdots\cdots (9.29)$$

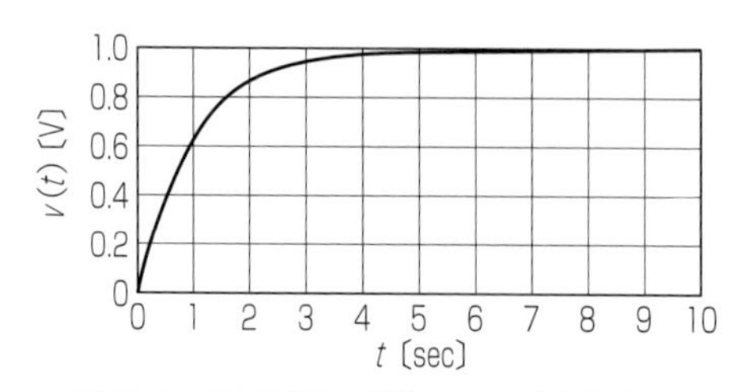

図 9.6　RC 回路の単位ステップ応答波形

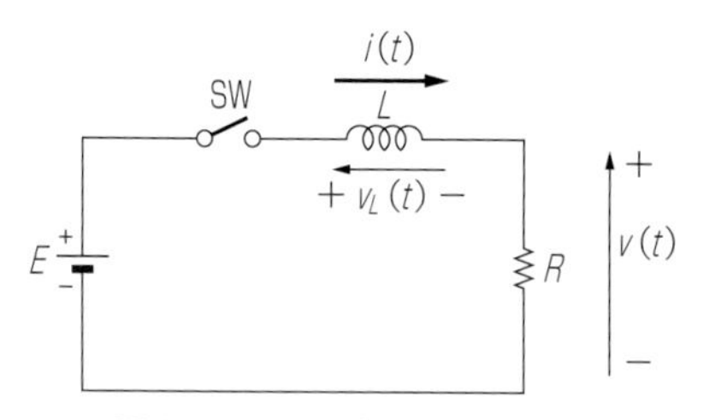

図 9.7　LR 回路のステップ応答

となり，最終値 E の 63%に達します．**図 9.6** に $E=1\mathrm{V}$，$\tau=RC=1\mathrm{sec}$ の場合の応答を示します．

9.4　LR 回路のステップ応答

次に，**図 9.7** の LR 回路のステップ応答を考えます．ただし，$t=0$ では $i(0)=0$ とします．

スイッチ SW が閉じられた状態では，スイッチの左側と右側の電圧は等しくなります．右側はコイルの電圧と抵抗の電圧の和になります．したがって，

$$E=v_L(t)+v(t) \quad \cdots\cdots (9.30)$$

となります．**図 9.7** で $i(t)$ と $v_L(t)$ の関係は，

$$v_L(t)=L\frac{di(t)}{dt} \quad \cdots\cdots (9.31)$$

となります．したがって，

$$E=L\frac{di(t)}{dt}+Ri(t) \quad \cdots\cdots (9.32)$$

となります．これを整理すると，

$$\frac{di(t)}{dt}=-\frac{R}{L}i(t)+\frac{E}{L}=-\frac{R}{L}\left\{i(t)-\frac{E}{R}\right\} \quad \cdots\cdots (9.33)$$

のようになります．ここで，

$$x(t)=i(t)-\frac{E}{R} \quad \cdots\cdots \quad (9.34)$$

とおくと，

$$\frac{dx(t)}{dt}=\frac{di(t)}{dt} \quad \cdots\cdots \quad (9.35)$$

となり，(9.33)式は，

$$\frac{dx(t)}{dt}=-\frac{R}{L}x(t) \quad \cdots\cdots \quad (9.36)$$

となって，(9.12)式と同じ形になります．したがって，解も(9.17)式と同じ形になります．すなわち，

$$x(t)=e^{-\frac{R}{L}t+A'}=e^{A'}e^{-\frac{R}{L}t}=Ae^{-\frac{R}{L}t} \quad \cdots\cdots \quad (9.37)$$

となります．上式に(9.34)式を代入して，

$$i(t)=x(t)+\frac{E}{R}=Ae^{-\frac{R}{L}t}+\frac{E}{R}$$

が得られます．初期条件より，$t=0$ では $i(0)=0$ なので，

$$0=A+\frac{E}{R} \qquad \therefore \quad A=-\frac{E}{R}$$

となり，

$$i(t)=\frac{E}{R}\left(1-e^{-\frac{R}{L}t}\right) \quad \cdots\cdots \quad (9.38)$$

が得られます．抵抗の電圧は，

$$v(t)=i(t)R=E\left(1-e^{-\frac{R}{L}t}\right) \quad \cdots\cdots \quad (9.39)$$

$t=0$ で $v(t)=0$,

$t=\infty$ で $v(t)=E$

になることがわかります．(9.39)式において，

$$t=\tau=\frac{L}{R}$$

のとき，

$$v(t)\big|_{t=\frac{L}{R}}=E(1-e^{-1})\fallingdotseq 0.63E \quad \cdots\cdots \quad (9.40)$$

となり，最終値 E の 63%に達します．LR 回路では，この τ が時定数です．

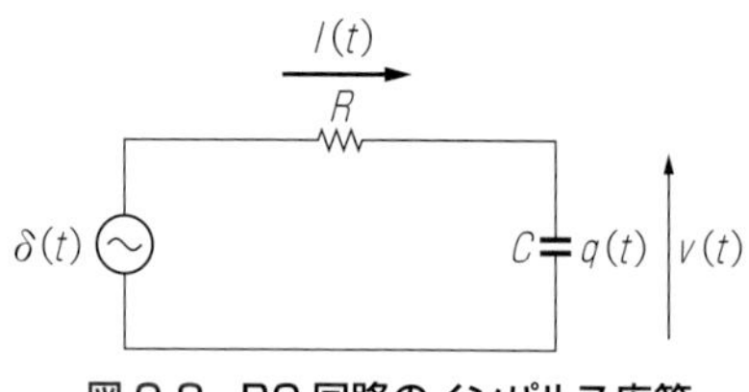

図 9.8　RC 回路のインパルス応答

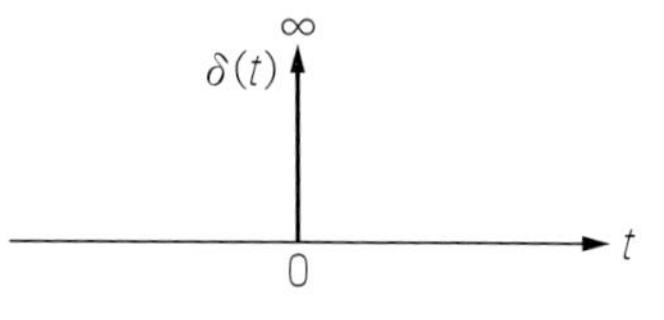

図 9.9　インパルス信号

9.5　RC 回路のインパルス応答

図 9.8 に示すような RC 回路のステップ応答の変形として，電池 E の代わりにインパルス信号 $\delta(t)$ が入力された場合を考えます．

インパルス信号 $\delta(t)$ とは，$t \neq 0$ では $\delta(t)=0$ であり，$t=0$ では $\delta(t)=\infty$ になります．そして，積分すれば 1Vs になるような関数です．電圧を時間で積分するので単位は〔Vs〕です．概念図を**図 9.9** に示します．

図 9.8 では，(9.21)式の E を $\delta(t)$ に変えた，

$$\delta(t)=\frac{q(t)}{C}+R\frac{dq(t)}{dt} \quad \cdots\cdots (9.41)$$

が成り立ちます．$t \neq 0$ では $\delta(t)=0$ より，

$$0=\frac{q(t)}{C}+R\frac{dq(t)}{dt} \quad \cdots\cdots (9.42)$$

となり，移項すれば(9.12)式と同じ形になります．したがって，解も(9.17)式に等しくなります．

$$q(t)=Ae^{-\frac{t}{RC}} \quad \cdots\cdots (9.43)$$

ここで，積分定数 A を決定するため，(9.41)式を $t=-0$ から $+0$ まで積分します．

$$\int_{-0}^{+0}\delta(t)dt=\int_{-0}^{+0}\frac{q(t)}{C}dt+\int_{-0}^{+0}R\frac{dq(t)}{dt}dt \quad \cdots\cdots (9.44)$$

左辺はインパルス信号 $\delta(t)$ の性質により，

$$\int_{-0}^{+0}\delta(t)dt=1〔\mathrm{Vs}〕 \quad \cdots\cdots (9.45)$$

となります．右辺第 1 項は，$q(t)$ が無限大でない場合は積分範囲が 0 になれば 0 になります．したがって，

$$\int_{-0}^{+0}\frac{q(t)}{C}dt=0$$

となります．右辺第 2 項は，dt が消えて $dq(t)$ に関する積分になります．積分範

囲は，$t=-0$ に対応する $q(-0)$ から $t=+0$ に対応する $q(+0)$ までになります．ここでは $q(-0)=0$ とします．したがって，

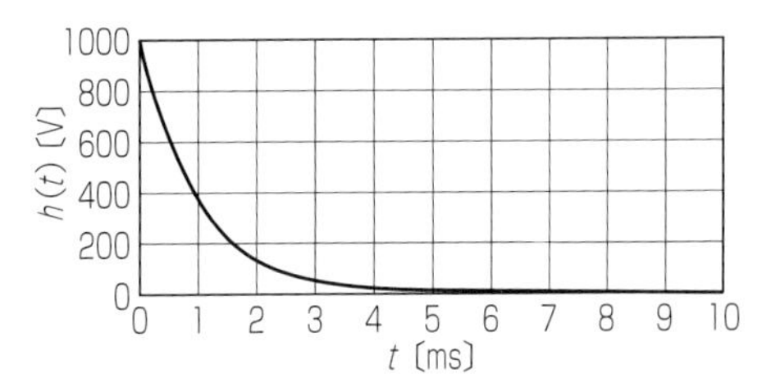

図 9.10　インパルス応答

$$\int_{-0}^{+0} R\frac{dq(t)}{dt}dt=\int_{q(-0)}^{q(+0)} Rdq(t)$$

$$=R\bigl(q(+0)-q(-0)\bigr)=Rq(+0) \quad \cdots\cdots (9.46)$$

となります．これらをまとめると，(9.45)式および(9.46)式により，(9.44)式は，

$$Rq(+0)=1〔\mathrm{Vs}〕 \quad \cdots\cdots (9.47)$$

したがって，

$$q(+0)=\frac{1〔\mathrm{Vs}〕}{R〔\Omega〕}=\frac{1}{R}〔\mathrm{C}〕 \quad \cdots\cdots (9.48)$$

ゆえに，(9.43)式は，

$$q(t)=Ae^{-\frac{t}{RC}}=q(+0)e^{-\frac{t}{RC}}=\frac{1}{R}e^{-\frac{t}{RC}} \quad \cdots\cdots (9.49)$$

となり，電圧は，

$$v(t)=\frac{q(t)}{C}=\frac{1}{RC}e^{-\frac{t}{RC}} \quad \cdots\cdots (9.50)$$

となります．これがインパルス応答です．通常 $h(t)$ と表します．

$$h(t)=\frac{q(t)}{C}=\frac{1}{RC}e^{-\frac{t}{RC}} \quad \cdots\cdots (9.51)$$

図 9.10 に，$R=1\mathrm{k}\Omega$，$C=1\mu\mathrm{F}$ の場合のインパルス応答の波形を示します．

一般にインパルス応答 $h(t)$ が与えられると，任意の入力信号 $x(t)$ が印加された場合の出力信号 $y(t)$ はコンボリューションになります．すなわち，

$$y(t)=x(t)*h(t)=\int_{-\infty}^{+\infty} x(\tau)h(t-\tau)d\tau$$

$$=\int_{-\infty}^{+\infty} x(t-\tau)h(\tau)d\tau \quad \cdots\cdots (9.52)$$

となります．これは，**第2章**で学んだことです．具体的にステップ信号とRC回路のインパルス応答，

$$x(t)=E \qquad (t \geqq 0)$$

$$x(t)=0 \qquad (t<0)$$

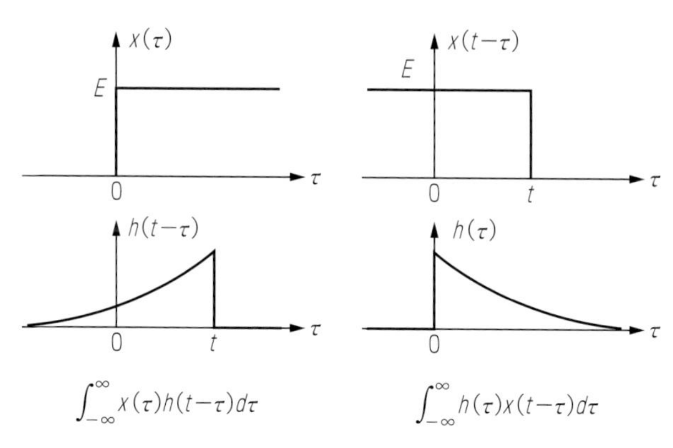

図 9.11　関数のグラフ

$$h(t)=\frac{1}{RC}e^{-\frac{t}{RC}} \qquad (t \geqq 0) \quad \cdots\cdots (9.53)$$

$$h(t)=0 \qquad (t<0)$$

なる場合について計算をしてみます．(9.52)式の各関数のグラフを**図 9.11** に示します．

これにより，有効な積分範囲が $0 \leqq \tau \leqq t$ であることがわかります．したがって，**図 9.11** 左より，

$$y(t)=\int_0^t x(\tau)h(t-\tau)d\tau=E\int_0^t \frac{1}{RC}e^{-\frac{t-\tau}{RC}}d\tau$$

$$=\frac{E}{RC}e^{-\frac{t}{RC}}\int_0^t e^{\frac{\tau}{RC}}d\tau=Ee^{-\frac{t}{RC}}\left(e^{\frac{\tau}{RC}}\Big|_0^t\right)$$

$$=E\left(1-e^{-\frac{t}{RC}}\right) \quad \cdots\cdots (9.54)$$

となります．また**図 9.11** 右より，

$$y(t)=\int_0^t h(\tau)x(t-\tau)d\tau=E\int_0^t h(\tau)d\tau$$

$$=E\int_0^t \frac{1}{RC}e^{-\frac{\tau}{RC}}d\tau=-Ee^{-\frac{\tau}{RC}}\Big|_0^t$$

$$=E\left(1-e^{-\frac{t}{RC}}\right) \quad \cdots\cdots (9.55)$$

となります．いずれも(9.28)式に等しいことがわかります．

なお，ここでは初期値が0の場合(これをゼロ状態応答といいます)を求めまし

たが，初期値が0でない場合は，重畳の理を適用します．すなわち，初期電荷q_0による出力電圧（これをゼロ入力応答といいます）(9.9)式と(9.55)式を単純に加算します．

また信号$x(t)$がステップではなく，$-\infty$から$+\infty$までEである場合は，(9.54)式の有効な積分範囲は$(-\infty \sim t)$となります．そして，(9.55)式の有効な積分範囲は$(0 \sim \infty)$となり，いずれも結果は$y(t) = E$で一定となります．これは定常状態といいます．

9.6 コンデンサとコイルに蓄積されたエネルギー

図9.1に示すようなRC回路放電過程で，抵抗Rが消費する電力を調べます．電力P_Rは，

$$P_R = V_R \cdot I_R = \frac{{V_R}^2}{R} = \frac{V_0 e^{-\frac{t}{RC}} V_0 e^{-\frac{t}{RC}}}{R} = \frac{{V_0}^2 e^{-\frac{2t}{RC}}}{R}$$

となります．これを$t=0$から∞まで積分すると，電力量

$$W = \int_0^\infty P_R dt = \frac{{V_0}^2}{R} \int_0^\infty e^{-\frac{2t}{RC}} dt$$

$$= -\frac{RC}{2} \frac{{V_0}^2}{R} e^{-\frac{2t}{RC}} \Big|_0^\infty = \frac{1}{2} C{V_0}^2 \quad \cdots\cdots (9.56)$$

なるエネルギーがコンデンサに蓄積されていたということがわかります．コイルについても計算すると，

$$W = \int_0^\infty P_R dt = R{I_0}^2 \int_0^\infty e^{-\frac{2Rt}{L}} dt$$

$$= -\frac{L}{2R} R{I_0}^2 e^{-\frac{2Rt}{L}} \Big|_0^\infty = \frac{1}{2} L{I_0}^2 \quad \cdots\cdots (9.57)$$

なるエネルギーがコイルに蓄積されていることがわかります．

第10章　複素数の性質

10.1　複素数の表現形式

虚数の単位として，数学や物理学では通常 imaginary number の意味で i を用いますが，電気の場合，電流記号との混同を避けるために j を用います．実数と虚数の和からなる数を複素数といいます．特別な場合として，実数のみの場合も虚数のみの場合も複素数に含めます．複素数を表すのに極座標表現と直角座標表現があります．

極座標表現では，複素数の絶対値 A と位相角 θ で表し，$z=Ae^{j\theta}$ のように記します．これはオイラーの公式で関係付けられています．

$$\left.\begin{aligned} e^{j\theta}&=\cos\theta+j\sin\theta \\ e^{-j\theta}&=\cos\theta-j\sin\theta \end{aligned}\right\} \quad \cdots\cdots (10.1)$$

これにより，z の実数成分 $R_e z$ は $A\cos\theta$ であり，虚数成分 $I_m(z)$ は $A\sin\theta$ となります．実数成分を x で表し，虚数成分を y で表すと $z=x+jy$ となり，絶対値と位相角はそれぞれ，

$$\left.\begin{aligned} |z|&=\sqrt{x^2+y^2} \\ \theta&=\tan^{-1}\left(\frac{y}{x}\right) \end{aligned}\right\} \quad \cdots\cdots (10.2)$$

となります．角度 θ はラジアン〔rad〕または度〔°〕の両方を用います．π ラジアン＝180°の関係があります．

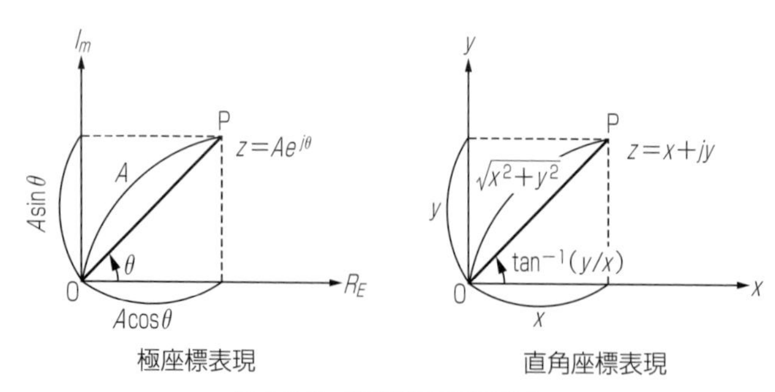

図 10.1　複素数の表現形式

10.2　代表的な複素数

いろいろな複素数の表現を行います．まず直角座標表示で，

$$1+j0$$

は，

$$1=e^{j0}$$

となります．同じように，

$$j=e^{j\frac{\pi}{2}}$$

$$-1=e^{j\pi}$$

$$-j=e^{-j\frac{\pi}{2}}$$

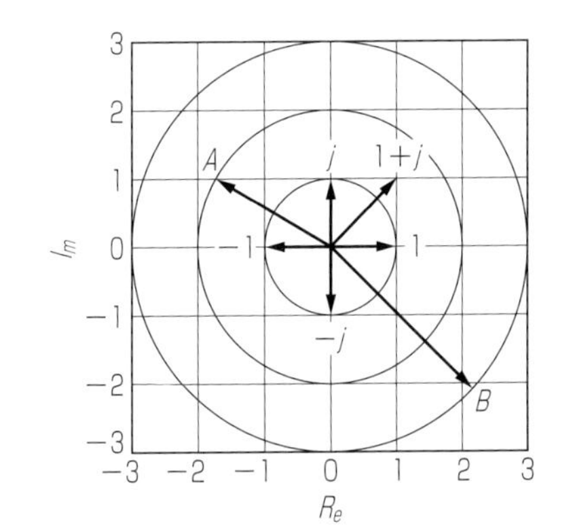

図 10.2　複素数の図式表示

などとなります．また，

$$1+j=\sqrt{1^2+1^2}\cdot e^{j\tan^{-1}\left(\frac{1}{1}\right)}=\sqrt{2}e^{j45^\circ}=\sqrt{2}e^{j\frac{\pi}{4}}$$

のように表現できます．半径 2 の円上にある複素数 A は，

$$A=2e^{j(180^\circ-30^\circ)}=2e^{j\frac{5}{6}\pi}$$

となります．また，半径 3 の円上にある複素数 B は，

$$B=3e^{-j\frac{\pi}{4}}=3(\cos 45^\circ-j\sin 45^\circ)$$

$$=3\left(\frac{1}{\sqrt{2}}-j\frac{1}{\sqrt{2}}\right)=\frac{3}{\sqrt{2}}-j\frac{3}{\sqrt{2}}$$

のように必要に応じて表現を変更することができます．

10.3　複素数の演算

複素数の演算には，実数と同じように加減乗除があります．演算の途中で $j^2=-1$ と置き換えるだけです．具体的に，

$$z_1=1+j2=\sqrt{1^2+2^2}e^{j\tan^{-1}2}=\sqrt{5}e^{j63.43^\circ}$$

$$z_2=2-j3=\sqrt{2^2+3^2}e^{j\tan^{-1}\left(\frac{-3}{2}\right)}=\sqrt{13}e^{-j56.31^\circ}$$

を例にとって演算を行います．加算と減算は単純に，

$$z_3=z_1+z_2=1+j2+2-j3=3-j1$$

$$z_4=z_1-z_2=1+j2-(2-j3)=-1+j5$$

となります．この場合は，直角座標表現のほうが簡単です．極座標表現のときは実数部と虚数部に分解してから演算する必要があります．次に乗算は，

$$z_5=z_1\cdot z_2=(1+j2)\cdot(2-j3)=1\cdot(2-j3)+j2\cdot(2-j3)$$

$$=2-j3+j2\cdot 2+j2\cdot(-j3)=2-j3+j4-j^2\cdot 6$$

$$=2+j1-(-1)\cdot 6=8+j1$$

のようになります．極座標表現で行うと，

$$z_5 = z_1 \cdot z_2 = \sqrt{5}e^{j63.43°} \cdot \sqrt{13}e^{-j56.31°} = \sqrt{65}e^{j7.12°}$$

のようになります．除算は，

$$z_6 = \frac{z_1}{z_2} = \frac{1+j2}{2-j3} = \frac{1+j2}{2-j3} \cdot \frac{2+j3}{2+j3} = \frac{(1+j2)(2+j3)}{(2-j3)(2+j3)}$$

$$= \frac{(1+j2)(2+j3)}{2^2+3^2} = \frac{2+j3+j2(2+j3)}{2^2+3^2}$$

$$= \frac{2+j3+j4+j^2 6}{2^2+3^2} = \frac{-4+j7}{13} = -\frac{4}{13} + j\frac{7}{13}$$

のようになります．分母は実数化しておくと便利です．極座標表現の場合は，

$$z_6 = \frac{z_1}{z_2} = \frac{1+j2}{2-j3} = \frac{\sqrt{5}e^{j63.43°}}{\sqrt{13}e^{-j56.31°}}$$

$$= \sqrt{\frac{5}{13}}e^{j(63.43° - (-56.31°))} = \sqrt{\frac{5}{13}}e^{j119.74°}$$

のようになり簡単です．

一般式でまとめると，加算，減算，乗算，除算は次のように定義されます．

$$z_1 = x_1 + jy_1 = A_1 e^{j\theta_1}$$
$$z_2 = x_2 + jy_2 = A_2 e^{j\theta_2} \quad \cdots\cdots (10.3)$$

において，加算と減算は，

$$z_3 = z_1 + z_2 = x_1 + x_2 + j(y_1 + y_2)$$
$$z_4 = z_1 - z_2 = x_1 - x_2 + j(y_1 - y_2) \quad \cdots\cdots (10.4)$$

となります．乗算は，

$$z_5 = z_1 \cdot z_2 = (x_1 + jy_1)(x_2 + jy_2)$$
$$= x_1 x_2 - y_1 y_2 + j(x_1 y_2 + x_2 y_1)$$
$$= A_1 e^{j\theta_1} \cdot A_2 e^{j\theta_2} = A_1 A_2 e^{j(\theta_1 + \theta_2)} \quad \cdots\cdots (10.5)$$

となり，除算は，

$$z_6 = \frac{z_1}{z_2} = \frac{x_1 + jy_1}{x_2 + jy_2} = \frac{x_1 x_2 + y_1 y_2 + j(x_2 y_1 - x_1 y_2)}{{x_2}^2 + {y_2}^2}$$

$$= \frac{A_1 e^{j\theta_1}}{A_2 e^{j\theta_2}} = \frac{A_1}{A_2} e^{j(\theta_1 - \theta_2)} \quad \cdots\cdots (10.6)$$

となります．

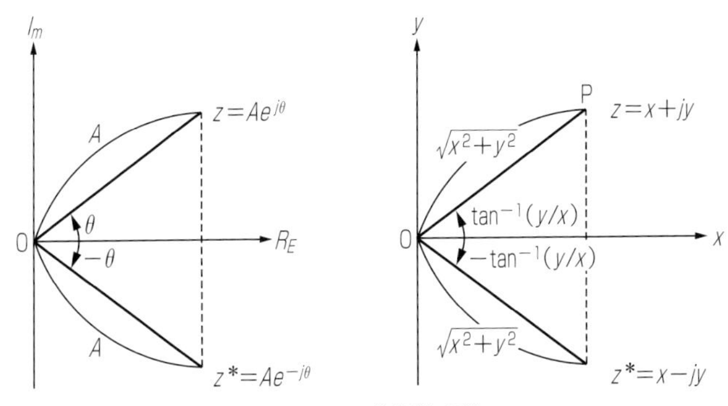

図 10.3　共役複素数

10.4　共役複素数

複素数の虚数部分の符号が反対であるものを，元の複素数の共役複素数(**図10.3**)といいます．たとえば，

$$z=1+j3$$

の共役複素数は，

$$1-j3$$

となりますが，記号として z^* を用い，

$$z=x+jy$$

$$z^*=x-jy \quad \cdots\cdots (10.7)$$

と表現します．極座標表現の場合は，振幅は変わらず位相角の符号のみが反対になり，

$$z=Ae^{j\theta}$$

$$z^*=Ae^{-j\theta} \quad \cdots\cdots (10.8)$$

のように表します．

これより，

$$\text{実数部 } R_e(z)=\frac{z+z^*}{2}$$

$$\text{虚数部 } I_m(z)=\frac{z+z^*}{2j} \quad \cdots\cdots (10.9)$$

という関係が得られます．したがって，(10.1)式より，

$$\cos\theta=\frac{e^{j\theta}+e^{-j\theta}}{2}$$

$$\sin\theta = \frac{e^{j\theta} - e^{-j\theta}}{2j} \quad \cdots\cdots (10.10)$$

と表すことができます．また，複素数とその共役複素数との積を求めると，

$$z \cdot z^* = (x + jy) \cdot (x - jy) = x^2 + y^2 = |z|^2$$

$$z \cdot z^* = Ae^{j\theta} \cdot Ae^{-j\theta} = A^2 = |z|^2 \quad \cdots\cdots (10.11)$$

となり，必ず実数になり，その複素数の絶対値の二乗になることがわかります．

$z = 1 + j3$ の場合は，

$$zz^* = (1 + j3) \cdot (1 - j3) = 1 + 3^2 = 10$$

のようになります．

第11章　交流信号の性質

11.1　周期性信号

図 11.1 に示す信号は，時間 T ごとに同じ値になります．このような信号を周期性信号といいます．

この時間 T を周期といいます．**図 11.1** の場合は 10ms です．1 秒間に表れる周期の数を周波数 f〔Hz〕といいます．

$$f=\frac{1}{T}\ \text{〔Hz〕} \quad \cdots\cdots (11.1)$$

の関係があります．**図 11.1** の場合 100Hz になります．この波形は最大値 $V_{\max}$ と peak to peak 値 V_{p-p} などにより波形の性質を表します．**図 11.1** の場合，

$V_{\max}=2V$，$V_{p-p}=5V$

となります．

また，1 周期の平均を示す平均値 V_{avg} があります．これは式で表すと，

$$V_{avg}=\frac{\int_0^T V(t)dt}{T} \quad \cdots\cdots (11.2)$$

となります．**図 11.2** の場合は 0 になります．平均値の上側の面積と下側の面積は等しくなります．

実効値 V_{rms} があります．これは Root Mean Square の略で，意味は波形の二乗(Square)を平均したもの(Mean)を開平(ルート)(Root)したものという意味で

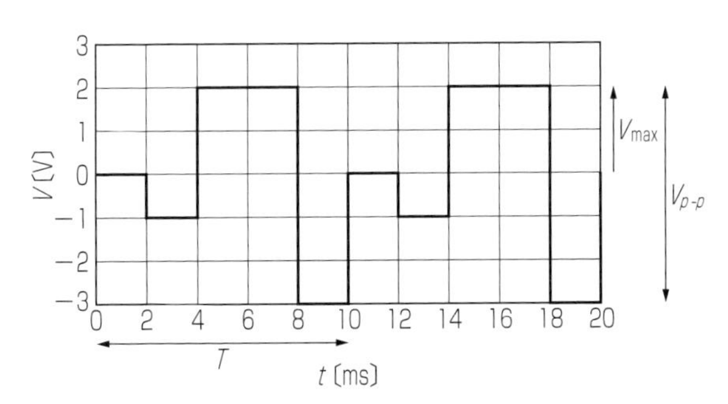

図 11.1　周期性信号

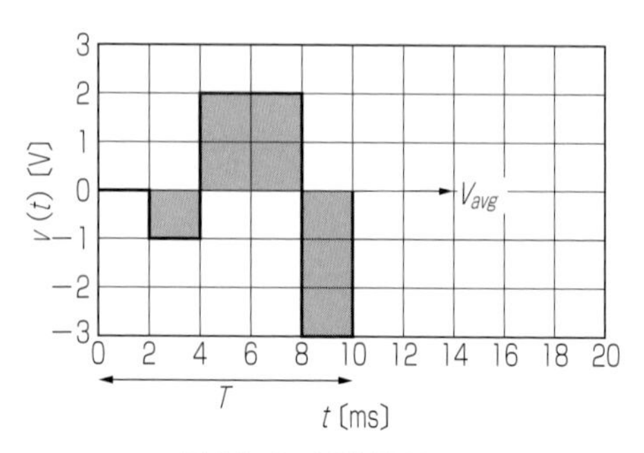

図 11.2　平均値 V_{avg}

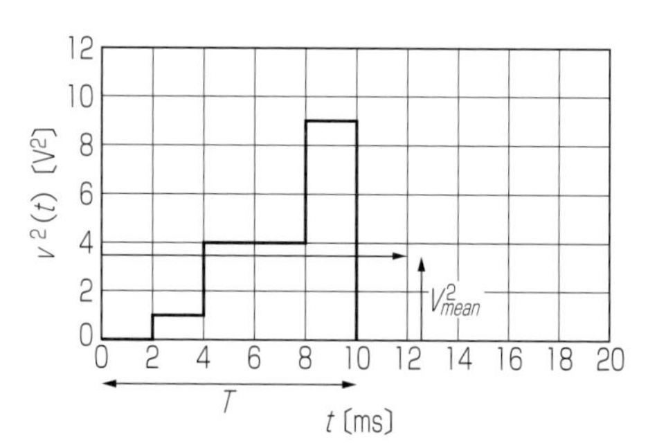

図 11.3　二乗平均 $V^2{}_{mean}$

す．式で表すと，

$$V_{rms}=\sqrt{\frac{\int_0^T v(t)^2dt}{T}} \quad \cdots\cdots (11.3)$$

となります．**図 11.3** に二乗したものの波形を示します．

今の場合，

$$\int_0^{10m} v(t)^2dt=1\cdot2+4\cdot4+9\cdot2=36〔mV^2s〕$$

$$\therefore \frac{\int_{t=0}^{10m} v(t)^2dt}{T}=\frac{36〔mV^2s〕}{10〔ms〕}=3.6〔V^2〕$$

$$\therefore V_{rms}=\sqrt{\frac{\int_0^{10m} v(t)^2dt}{T}}=1.9〔V〕$$

となります．

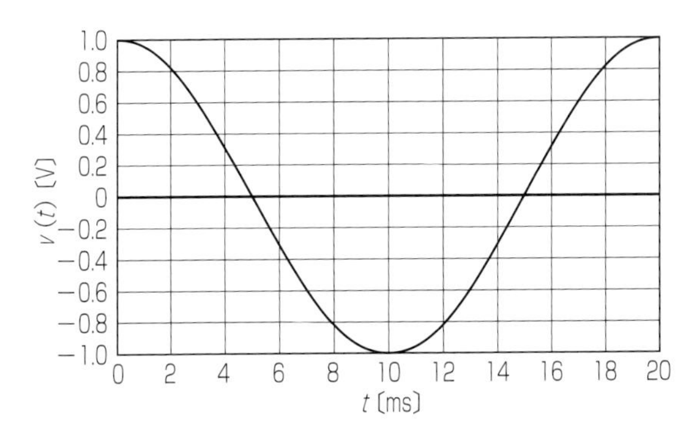

図 11.4　正弦波信号

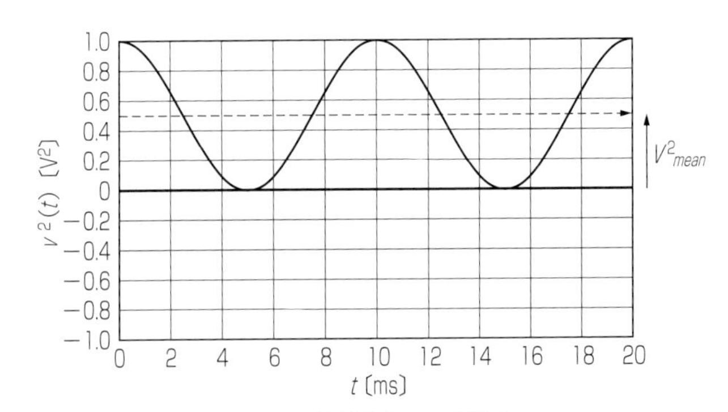

図 11.5　正弦波信号の二乗波形

11.2　正弦波信号

図 11.4 に正弦波信号の 1 周期を示します．

この場合，

$$T=20〔\mathrm{ms}〕,\ f=\frac{1}{T}=\frac{1}{20\times10^{-3}}=50〔\mathrm{Hz}〕$$

$$V_{\max}=1〔\mathrm{V}〕,\ V_{p\text{-}p}=2〔\mathrm{V}〕,\ V_{avg}=0〔\mathrm{V}〕$$

です．したがって，この波形は，

$$v(t)=1\cdot\cos 2\pi ft=\cos 100\pi t$$

と表現することができます．

実効値を求めるために二乗波形を求めると，**図 11.5** のようになります．

この図より，二乗波形は最小値が 0 で最大値が 1〔V^2〕である正弦波になることがわかります．また，周波数が 2 倍になることもわかります．この波形 V^2 の平均 ${V^2}_{mean}$ は，図より 0.5〔V^2〕であることがわかります．したがって，

$$V_{rms}=\sqrt{0.5}=\frac{1}{\sqrt{2}}=0.707\,[\mathrm{V}]$$

になります．一般的に表現すると正弦波は，

$$v(t)=a\cos(2\pi ft+\varphi)=a\cos(\omega t+\varphi) \quad \cdots\cdots (11.4)$$

となります．ここに，

$$\omega=2\pi f \quad \cdots\cdots (11.5)$$

を角周波数といいます．また，ϕ は $t=0$ における位相角です．この場合，

$$T=\frac{1}{f}=\frac{2\pi}{\omega}$$

$$V_{\max}=a,\ V_{p\text{-}p}=2a,\ V_{rms}=\frac{a}{\sqrt{2}} \quad \cdots\cdots (11.6)$$

となります．なお，正弦波の二乗は倍角の公式により，

$$v(t)^2=a^2\cos^2(\omega t+\varphi)=a^2\frac{\cos 2(\omega t+\varphi)+1}{2} \quad \cdots\cdots (11.7)$$

と表されます．

第12章　整流回路

12.1　半導体ダイオード

整流回路は，交流電圧から直流電圧を得る回路です．このためには，交流信号の正の部分のみを通過させるような素子が必要になります．この目的に合うのが，**図 12.1** に示す半導体ダイオードです．

V_D が 0.7V 以上では電流が流れますが，それ以下や負の場合はほとんど電流を流しません．整流回路を理解しやすくするために，この半導体ダイオードを近似した理想ダイオードを用いて，回路構成を理解することにします．

理想ダイオードでは V_D が少しでも正であればダイオードは 0Ω になり短絡状態，V_D が少しでも負であればダイオードは∞Ω になり遮断状態になるとします．

12.2　ダイオード抵抗直列回路

このような理想ダイオードと抵抗が直列になった**図 12.3** の回路に，上部に示す信号が入力された場合を考えます．t が 0 から 8sec までは $v_{in} > 0$ であるためダイオードは短絡状態になり，入力電圧はそのまま抵抗に加わり出力信号になります．しかし，8sec $< t <$ 10sec では入力電圧は負になり，ダイオードは遮断状態になります．したがって，出力電圧は 0 になります．このようすを下部に示します．

12.3　ダイオードとコンデンサの直列回路

次に同じく，理想ダイオードとコンデンサが直列になった**図 12.4** の

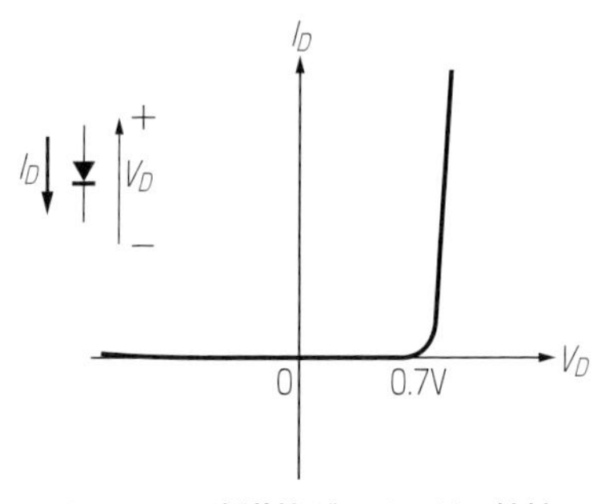

図 12.1　半導体ダイオードの特性

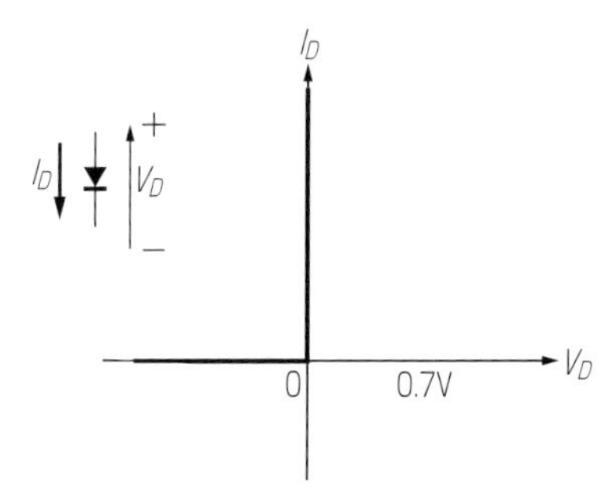

図 12.2　理想ダイオードの特性

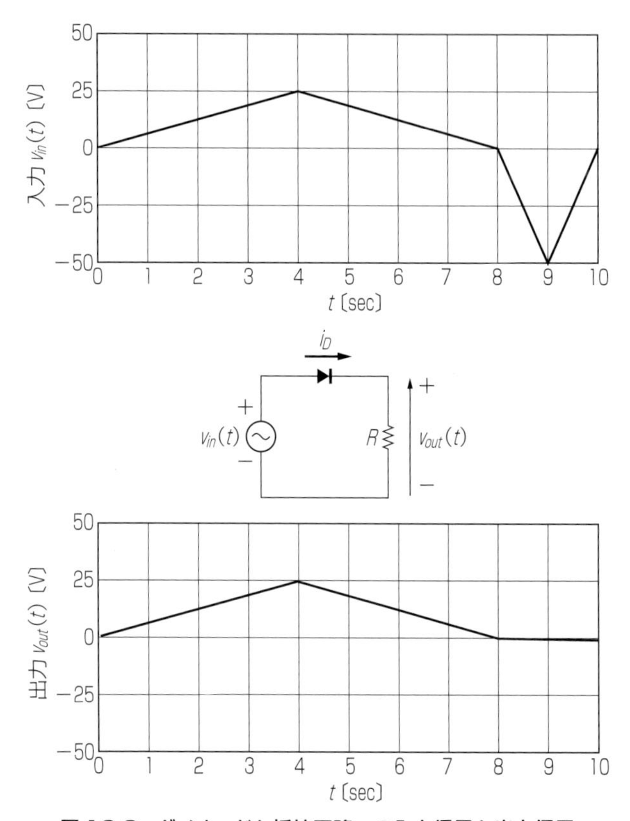

図 12.3　ダイオードと抵抗回路への入力信号と出力信号

回路を考えます．

$0 < t < 4$sec では入力電圧は正で，なおかつ上昇しています．このとき，ダイオードは短絡状態でコンデンサには入力電圧がそのまま印加され，電荷が蓄積されます．

$t = 4$sec ではコンデンサの電圧は 25V になります．

$t > 4$sec では入力電圧は 25V よりも小さくなります．コンデンサの電圧は 25V であるためダイオードは遮断状態になります．コンデンサの電圧は電荷が減少しない限り下がりません．しかしダイオードが遮断状態では電流は 0 であり，電荷は変化せず，したがって，これ以降は出力電圧は 25V のままです．これを**図 12.4** の下部に示します．コンデンサは最高電圧を保持したままになることがわかります．

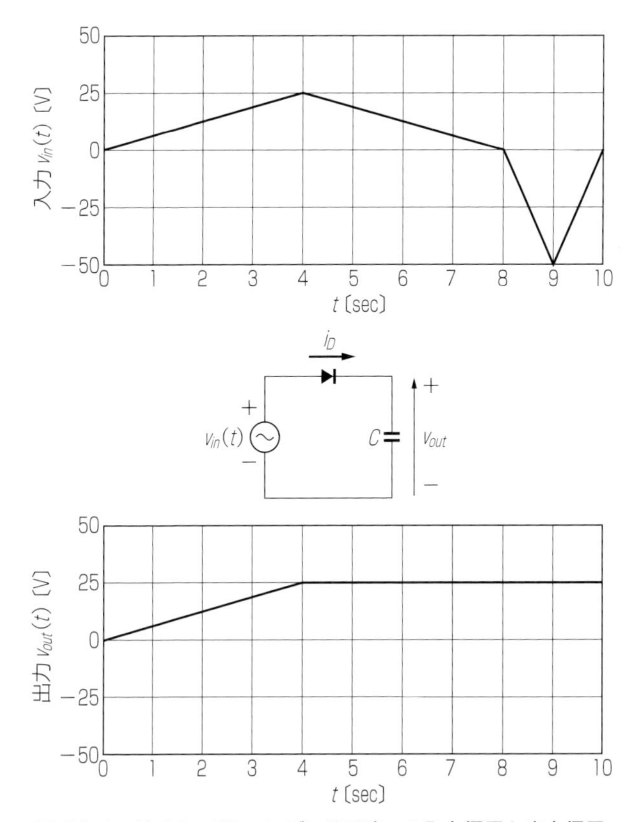

図 12.4　ダイオードとコンデンサ回路への入力信号と出力信号

12.4　ダイオードと RC 回路

次に，**図 12.5** のようにコンデンサに抵抗が並列に接続されている場合を考えます．整流回路の場合には，この抵抗は直流回路の負荷を表します．

電圧値が同じであれば抵抗値が小さいほど電力消費は大きくなります．負荷が重いと表現します．この場合も，$0 < t < 4\mathrm{sec}$ ではダイオードが短絡状態で入力電圧がそのまま出力になります．$t > 4\mathrm{sec}$ ではコンデンサの電圧は下降しますが，抵抗による電流によりダイオードは初めのうちは電流を流します．出力電圧がさらに下降してダイオード電流が 0 になると，コンデンサの電荷は並列抵抗 R によって放電され，出力電圧は時定数 RC により減衰していきます．このようすを**図 12.5** の下部に示します．

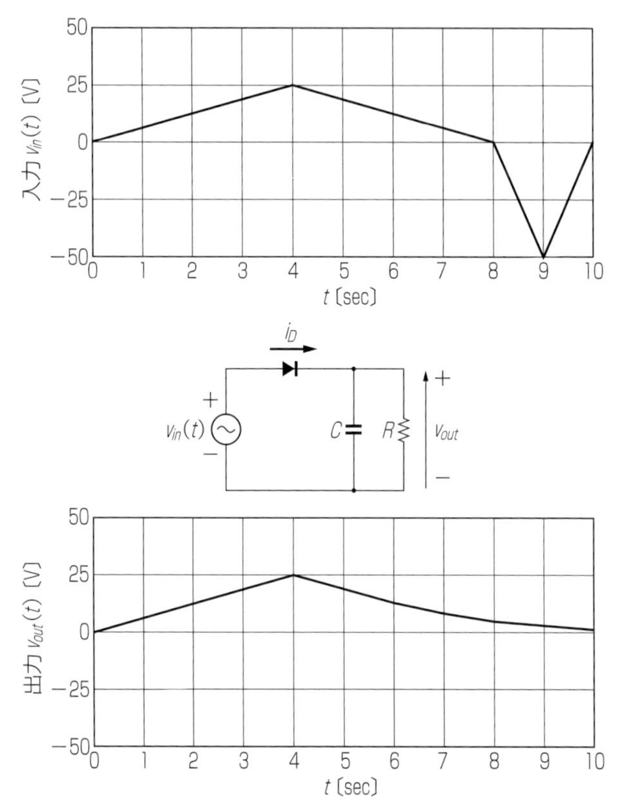

図 12.5　ダイオードと RC 回路への入力信号と出力信号

12.5　半波整流回路

交流電圧は通常正弦波ですが，簡単のため**図 12.6** のような三角波で考えます．

上部に示した入力電圧が印加された場合，整流出力電圧は回路の時定数によって波形が変わります．時定数が大きいと整流出力の変動は少なくなります．この変動をリップルまたは脈流といいます．脈流を小さくするには負荷が同じであれば大きなコンデンサが必要になります．負荷が重い場合も大きなコンデンサが必要になります．

12.6　全波整流回路

脈流を小さくする方法として，**図 12.7** に示すような全波整流回路があります．

これは，入力電圧として極性の反対の入力電圧を作り，半波整流用ダイオードを 2 個並列に用いるものです．このようにすると，整流出力電圧は**図 12.8** のよ

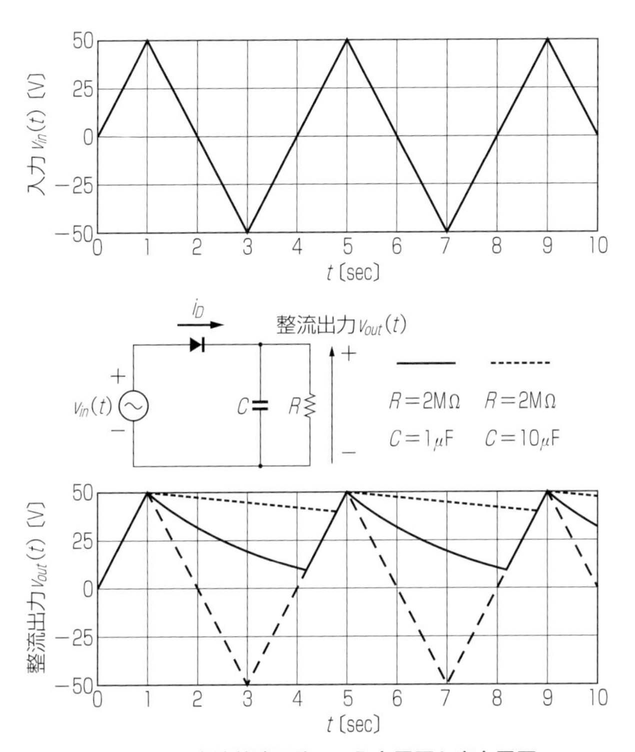

図 12.6　半波整流回路への入力電圧と出力電圧

うになります.

ダイオードが交互に導通するため脈流は小さくなります．このような正負の電圧を作る方法として，**図 12.9** に示すような変圧器が用いられます．これは鉄芯にコイルを密接に巻いて作られています．1 次側に交流信号を印加して，2 次側に正負の整流用交流電圧を発生させることができます.

12.7　倍電圧整流回路

次に**図 12.10** のようなコンデンサとダイオードの回路を考えます．これは倍電圧整流回路の初段部分です.

入力電圧が正の期間は，ダイオードは遮断状態でコンデンサに電荷は蓄積されません．入力電圧が負になるとダイオードは導通し，$2 < t < 3$sec の間にコンデンサには 50V の電圧が充電されます．$t > 3$sec 以降はダイオードは遮断状態になります．したがって，コンデンサには 50V が蓄積されたままになります.

なお，点線で示した波形は，2 段目以降のコンデンサの影響を考えた場合の波

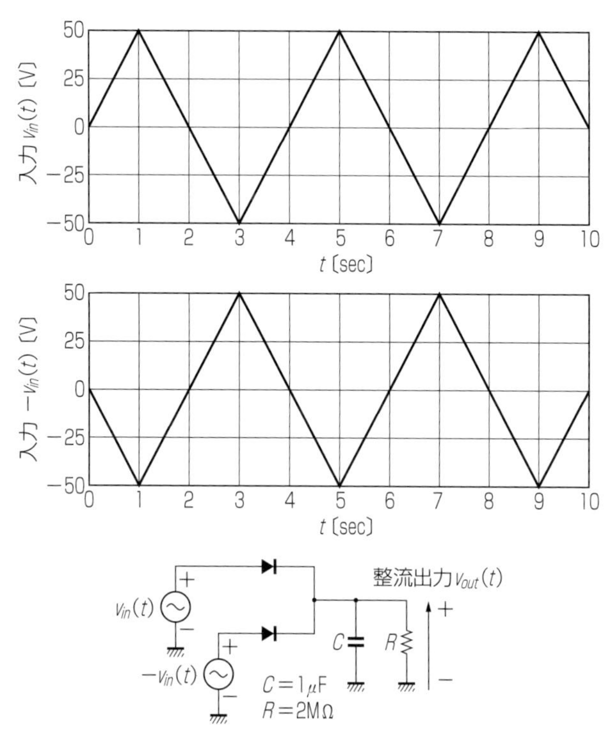

図 12.7　全波整流回路への入力電圧

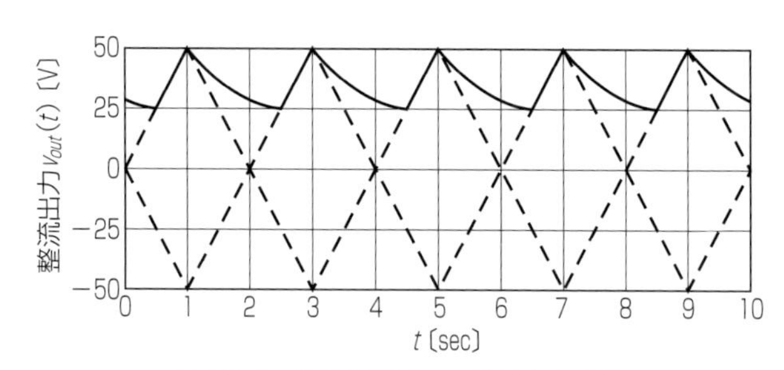

図 12.8　全波整流回路の整流出力信号

形です．

次に2段目も含めた倍電圧整流回路を**図 12.11** に示します．

C_1 に蓄積された電圧 $v_C(t)$ と入力電圧を加算した電圧が2段目のダイオード D_2 に印加されます．これを $v_{out}(t)$ として上段に示します．C_2 は印加される電圧 $v_{out}(t)$ の最大値まで充電され保持します．したがって，下部に示すような出力電圧が得られます．すなわち100V が得られます．これは単なる半波整流回路で得られる整流電圧の2倍になっています.

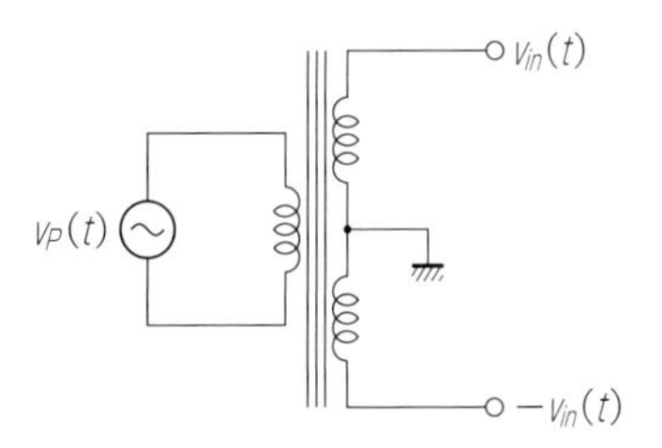

図 12.9　変圧器の 1 次側入力と 2 次側出力

12.8　多倍電圧整流回路

倍電圧整流の方法を拡張していくと, 多倍電圧整流回路が得られます.

ダイオードとコンデンサをつぎつぎに接続していけば, いくらでも多くの電圧を得られます. ここでは4倍圧整流になっています. 入力電圧を,

$$v(t) = A\cos\omega t$$

とすると, 整流電圧は$4A$〔V〕になっています.

12.9　AM信号検波回路

整流回路の応用として, AM信号の検波回路があります. AM信号とは, 振幅変

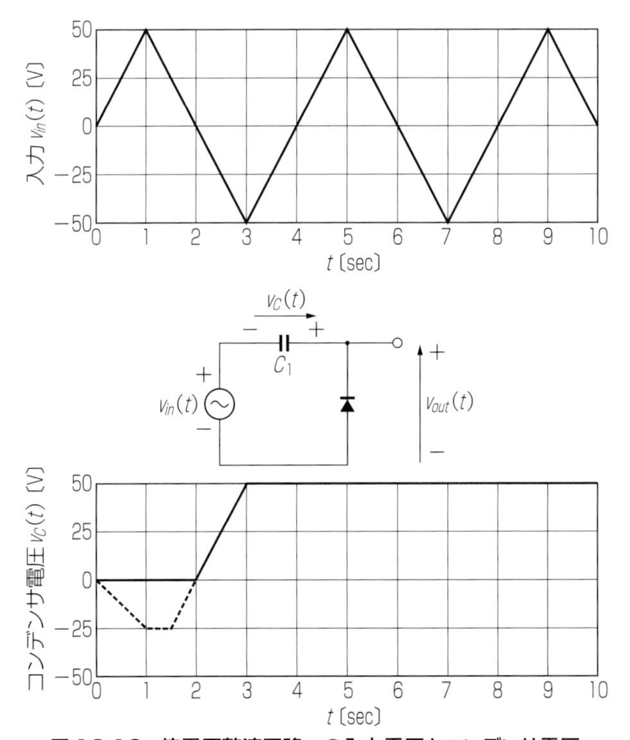

図 12.10　倍電圧整流回路への入力電圧とコンデンサ電圧

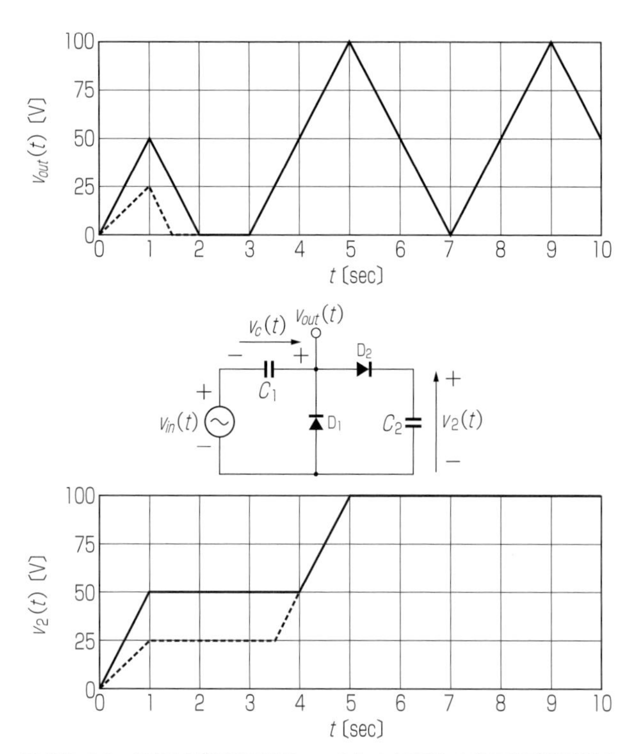

図 12.11　倍電圧整流回路 D_2 への入力電圧との倍電圧整流電圧

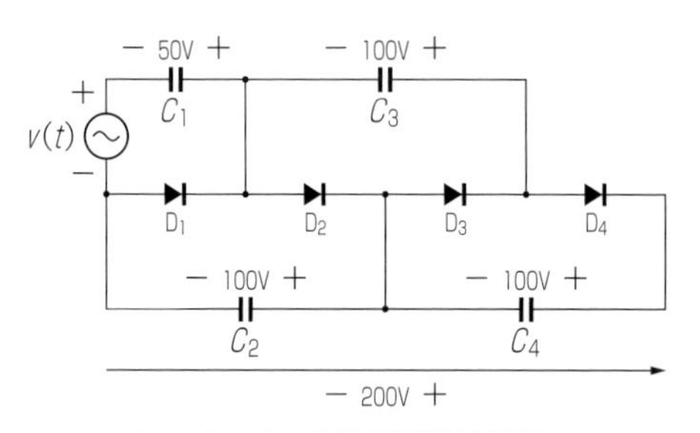

図 12.12　多倍電圧整流回路

調波(Amplitude Modulation)信号のことで，AM ラジオで用いられている信号変調方式のことです．音声を伝達するため，高周波信号(520kHz ～ 1620kHz)の振幅を音声信号で変調します．たとえば，1000kHz の搬送波を 400Hz の音声信号で変調すると，変調率を 30%とした場合，

$$V_{in}(t)=\left(1+0.3\cos(2\pi\times 400t)\right)\cos(2\pi\times 1000\times 1000t)$$

のようになります．これを**図 12.13** の上部に示します．

この信号を検波回路に印加すると整流されます．このとき，*RC* の時定数を適切に設定すると，下部に示すように搬送波の振幅に追随した検波信号が得られます．この信号を低域通過フィルタに通して脈流成分を除去して音声信号を再生することができます．

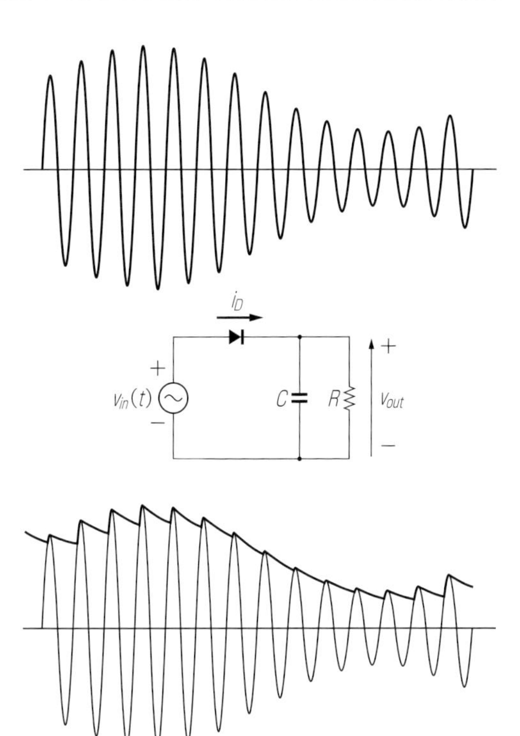

図 12.13　AM 信号波形と検波波形

第13章　RC回路の正弦波信号に対する出力

13.1　正弦波信号応答

回路の性質を把握するのに，その回路に種々の信号を印加して，その応答により性質を理解する方法があります．印加する信号として，すでにステップ信号，インパルス信号の場合について学んできました．ここでは電圧源の信号として，正弦波信号を印加する方法を考えます．

正弦波信号は，

$$v_S(t)=E\cos\omega t \quad (13.1)$$

と表します．E は振幅，ω は角周波数です．信号が印加されて十分に時間が経過した定常状態で考えます．このとき，出力信号である出力電圧は，同じ角周波数 ω の信号になります．出力信号を，

$$v(t)=V_O\cos(\omega t+\varphi) \quad (13.2)$$

と表します．この振幅 V_O や位相 φ が，角周波数によってどのように変わるかを知ることが目的です．

13.2　振幅 V_O と位相 φ の算出

図13.1の回路で，入力電圧は抵抗の両端電圧と出力電圧の和であることにより，

$$E\cos\omega t=Ri(t)+v(t) \quad (13.3)$$

が成り立ちます．

$$q(t)=Cv(t) \quad (13.4)$$

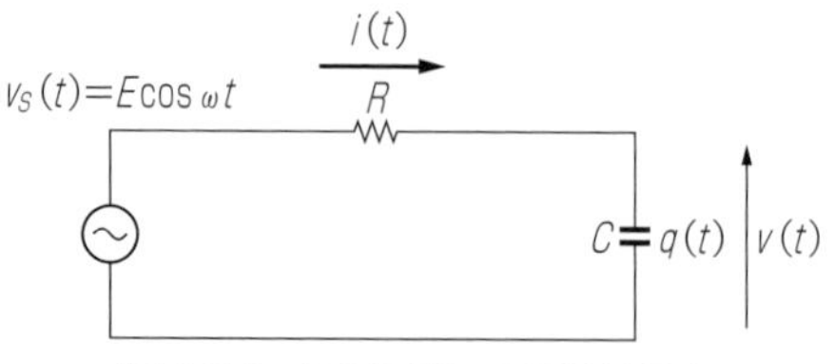

図13.1　RC回路への正弦波入力

より，

$$i(t)=\frac{dq(t)}{dt}=C\frac{dv(t)}{dt} \quad \cdots\cdots (13.5)$$

となります．これに(13.2)式を代入すると，

$$i(t)=C\frac{dv(t)}{dt}=C\frac{dV_O\cos(\omega t+\varphi)}{dt}=-CV_O\omega\sin(\omega t+\varphi) \quad \cdots\cdots (13.6)$$

となります．したがって，(13.3)式は，

$$E\cos\omega t=-RCV_O\omega\sin(\omega t+\varphi)+V_O\cos(\omega t+\varphi)$$
$$=V_O\left(-\omega RC\sin(\omega t+\varphi)+\cos(\omega t+\varphi)\right) \quad \cdots\cdots (13.7)$$

となり，さらに三角関数の公式を用いるため，

$$=V_O\sqrt{1+(\omega RC)^2}\left(\frac{-\omega RC\sin(\omega t+\varphi)+\cos(\omega t+\varphi)}{\sqrt{1+(\omega RC)^2}}\right) \quad \cdots\cdots (13.8)$$

$$=V_O\sqrt{1+(\omega RC)^2}\left(\frac{1}{\sqrt{1+(\omega RC)^2}}\cos(\omega t+\varphi)-\frac{\omega RC}{\sqrt{1+(\omega RC)^2}}\sin(\omega t+\varphi)\right)$$
$$\cdots\cdots (13.9)$$

と変形します．この式は，

$$=V_O\sqrt{1+(\omega RC)^2}\left(\cos\theta\cos(\omega t+\varphi)-\sin\theta\sin(\omega t+\varphi)\right) \quad \cdots\cdots (13.10)$$

と表現できます．ただし，

$$\cos\theta=\frac{1}{\sqrt{1+(\omega RC)^2}},\quad \sin\theta=\frac{\omega RC}{\sqrt{1+(\omega RC)^2}} \quad \cdots\cdots (13.11)$$

$$\theta=\tan^{-1}\omega RC \quad \cdots\cdots (13.12)$$

とします．その結果，(13.10)式は，

$$=V_O\sqrt{1+(\omega RC)^2}\cos(\omega t+\varphi+\theta) \quad \cdots\cdots (13.13)$$

となります．すなわち，(13.3)式により，

$$E\cos\omega t=V_O\sqrt{1+(\omega RC)^2}\cos(\omega t+\varphi+\theta) \quad \cdots\cdots (13.14)$$

が成り立ちます．これより振幅と位相について，

$$V_O=\frac{E}{\sqrt{1+(\omega RC)^2}} \quad \cdots\cdots (13.15)$$

および，

$$\varphi+\theta=0 \quad \therefore \varphi=-\theta=-\tan^{-1}\omega RC \quad \cdots\cdots (13.16)$$

が得られます．したがって，出力電圧は，

$$v(t)=\frac{E}{\sqrt{1+(\omega RC)^2}}\cos(\omega t+\varphi)$$

$$\varphi=-\tan^{-1}\omega RC \quad \cdots\cdots (13.17)$$

となります．(13.15)式において，出力電圧 $v(t)$ と入力電圧 $v_s(t)$ の振幅比は増幅度 A といい，

$$A=\frac{V_O}{E}=\frac{1}{\sqrt{1+(\omega RC)^2}} \quad \cdots\cdots (13.18)$$

で表します．これと，(13.17)式から，

$\omega=0$　　で　$A=1$　　$\varphi=0$

$\omega=\infty$　　で　$A=0$　　$\varphi=-90°$

となることがわかります．また，

$$\omega=\omega_0=\frac{1}{RC} \quad \cdots\cdots (13.19)$$

$$f_0=\frac{1}{2\pi RC} \quad \cdots\cdots (13.20)$$

において，

$$A=\frac{1}{\sqrt{1+(\omega RC)^2}}=\frac{1}{\sqrt{1+1^2}}=\frac{1}{\sqrt{2}}=0.707$$

$$\varphi=-\tan^{-1}(\omega RC)=-\tan^{-1}1=-45°=-\frac{\pi}{4}\text{〔rad〕} \quad \cdots\cdots (13.21)$$

となります．この ω_0 を遮断角周波数，f_0 を遮断周波数といいます．

ところで，抵抗の両端の電圧は，

$$v_R=i(t)R=\frac{dq(t)}{dt}R=RC\frac{dv(t)}{dt}$$

$$=RC\frac{E}{\sqrt{1+(\omega RC)^2}}\frac{d\cos(\omega t+\varphi)}{dt}$$

$$=-\frac{\omega RCE}{\sqrt{1+(\omega RC)^2}}\sin(\omega t+\varphi)$$

$$=\frac{\omega RCE}{\sqrt{1+(\omega RC)^2}}\cos(\omega t+\varphi+90°) \quad \cdots\cdots (13.22)$$

となり，$\omega=\omega_0$ を代入すると，

$$v_R=\frac{E}{\sqrt{2}}\cos(\omega t+\varphi+90°)=\frac{E}{\sqrt{2}}\cos(\omega t-45°+90°)$$

$$=\frac{E}{\sqrt{2}}\cos(\omega t+45°)$$

となって，コンデンサの両端の電圧と大きさが等しく，位相は入力信号に対して

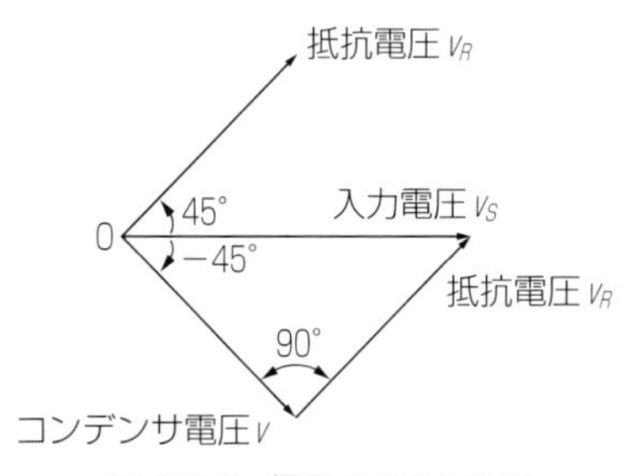

図 13.2　信号のベクトル図

45° 進んでいます．ベクトルで表現すると，**図 13.2** のようになります．

なお，RC 直列回路では v_R と v_C はどの ω の場合でも直角になっています．

この ω_0 または f_0 を用いて増幅度 A を表すと，

$$A=\frac{1}{\sqrt{1+(\omega RC)^2}}=\frac{1}{\sqrt{1+\left(\frac{\omega}{\omega_0}\right)^2}}=\frac{1}{\sqrt{1+\left(\frac{f}{f_0}\right)^2}}$$

$$\varphi=-\tan^{-1}\omega RC=-\tan^{-1}\frac{\omega}{\omega_0}=-\tan^{-1}\frac{f}{f_0} \quad \cdots\cdots (13.23)$$

のようになります．なお，増幅度 A は対数を用い利得 G として，

$$G=20\log_{10}A=20\log_{10}\frac{1}{\sqrt{1+\left(\frac{\omega}{\omega_0}\right)^2}}$$

$$=-10\log_{10}\left(1+\left(\frac{\omega}{\omega_0}\right)^2\right)〔\mathrm{dB}〕 \quad \cdots\cdots (13.24)$$

のように表します．dB はデシベルといいます．

13.3　周波数特性

周波数特性として，利得と位相を正規化周波数

$$\frac{\omega}{\omega_0} \quad \cdots\cdots (13.25)$$

の関数として表します．このとき周波数軸を対数表示にしたものをボード線図といいます．

利得(13.24)式と位相(13.17)式をグラフにすると**図 13.3** になります．$\omega=\omega_0$ では，利得 G は -3dB になります．

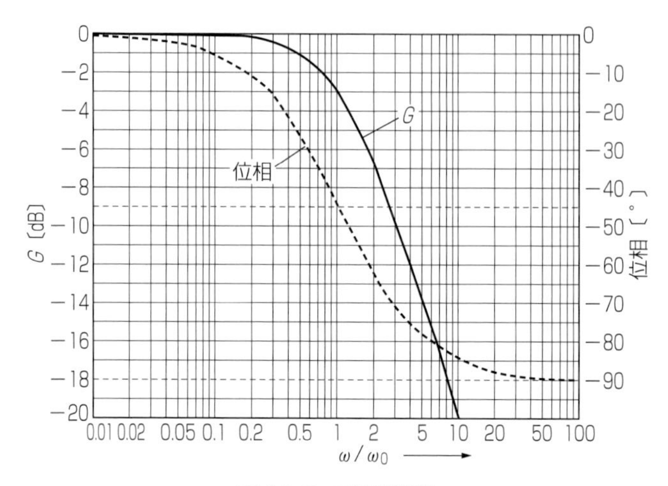

図 13.3　周波数特性

13.4　骨格ボード線図

図 13.3 の周波数特性を折線で近似した**図 13.4** のような周波数特性を骨格ボード線図といいます．これは，複数の段からなる周波数特性の全体像を把握するときに役立ちます．

図 13.5 のように a，b，c の個々の特性がわかっているときに，全体を縦続接続した特性はボード線図では足し算になるので，骨格ボード線図では簡単に求めることができます．

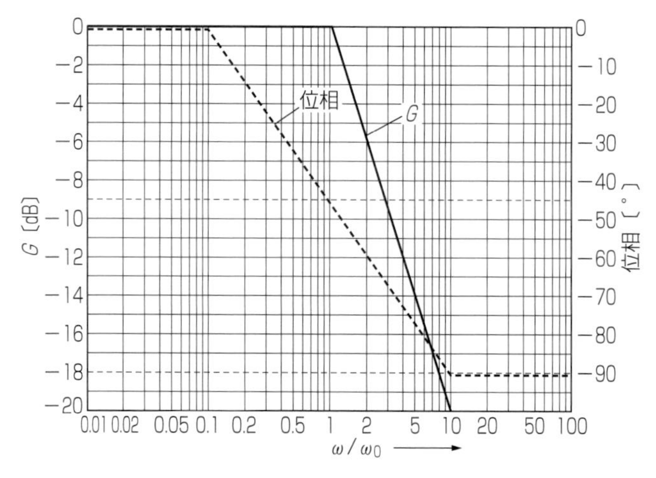

図 13.4　骨格ボード線図

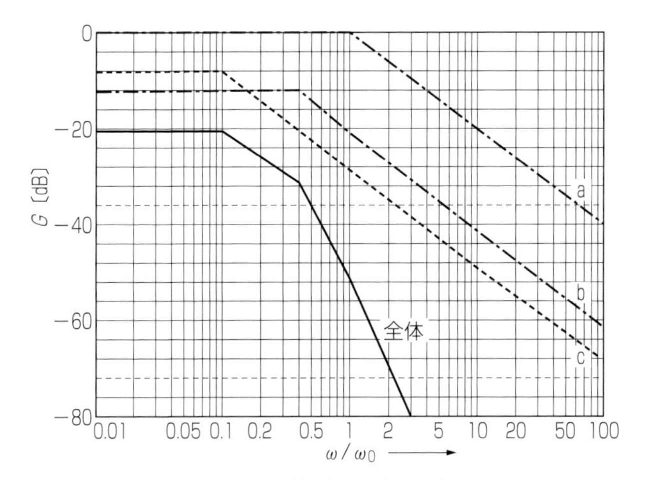

図 13.5　骨格ボード線図の応用

第14章　RC 回路の複素正弦波信号に対する出力

14.1　複素正弦波信号応答

前章では，印加する信号として正弦波信号の場合について調べました．ここではよく似た信号の複素正弦波信号を印加する場合を考えます．

複素正弦波信号は，

$$v_S(t) = e^{j\omega t} \quad \cdots\cdots (14.1)$$

と表します．振幅は1とします．ωは角周波数です．信号が印加されて十分に時間が経過した定常状態で考えます．このとき，出力信号である出力電圧は同じ角周波数ωの信号になります．出力信号を，

$$v(t) = Ae^{j\omega t} \quad \cdots\cdots (14.2)$$

と表します．この比例定数Aは振幅と位相φを含むものでフェーザ(Phasor)とも呼ばれます．このAが角周波数によってどのように変わるかを知ることが目的です．

14.2　比例定数 A の算出

図 14.1 の回路で，入力電圧は抵抗の両端電圧と出力電圧の和であることより，

$$e^{j\omega t} = Ri(t) + v(t) \quad \cdots\cdots (14.3)$$

が成り立ちます．

$$q(t) = Cv(t)$$

$$i(t) = \frac{dq(t)}{dt} = C\frac{dv(t)}{dt} \quad \cdots\cdots (14.4)$$

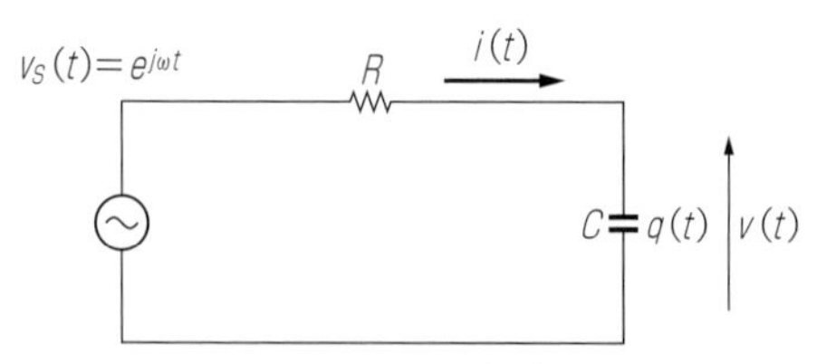

図 14.1　RC 回路への複素正弦波入力

これに(14.2)式を代入すると，

$$i(t)=C\frac{dv(t)}{dt}=C\frac{dAe^{j\omega t}}{dt}=j\omega CAe^{j\omega t} \quad \cdots\cdots (14.5)$$

となります．したがって，(14.3)式は，

$$e^{j\omega t}=Ri(t)+v(t)=j\omega RCAe^{j\omega t}+Ae^{j\omega t} \quad \cdots\cdots (14.6)$$

となり，両辺の $e^{j\omega t}$ が消去できます．すなわち，

$$1=A(1+j\omega RC)$$

$$\therefore \quad A=\frac{1}{1+j\omega RC} \quad \cdots\cdots (14.7)$$

ただし，

$$|A|=\frac{1}{\sqrt{1+(\omega RC)^2}}$$

$$\angle A=\varphi=-\tan^{-1}(\omega RC) \quad \cdots\cdots (14.8)$$

となります．三角公式を用いなくても簡単に A が求まります．これが複素正弦波を用いる場合の利点です．この A は出力電圧と入力電圧の比例定数です．したがって，A を入力信号がどの程度出力信号として伝達されたかという意味で，この回路の伝達関数 $H(j\omega)$ といいます．

また，抵抗の両端の電圧とコンデンサの両端の電圧の比は，

$$v_R=Ri(t)=j\omega RCAe^{j\omega t}$$

$$v_C=v(t)=Ae^{j\omega t}$$

$$\therefore \quad \frac{v_R}{v_C}=\frac{j\omega RCAe^{j\omega t}}{Ae^{j\omega t}}=j\omega RC \quad \cdots\cdots (14.9)$$

となり，90°進んでいることがわかります．大きさは ωRC 倍です．遮断周波数では1倍，すなわち絶対値は等しくなります．周波数特性のグラフは前節で求めたものとまったく同じです．

14.3 コンボリューションからの算出

図14.1 の回路のインパルス応答は，**第9章**の(9.51)式で，すでに求めています．インパルス応答がわかっている回路に任意の入力信号が印加されたときの出力は，(9.52)式で与えられています．ここでは入力電圧として，

$$x(t)=e^{j\omega t} \quad \cdots\cdots (14.10)$$

が印加されたときの定常状態での出力信号を求めます．すなわち，

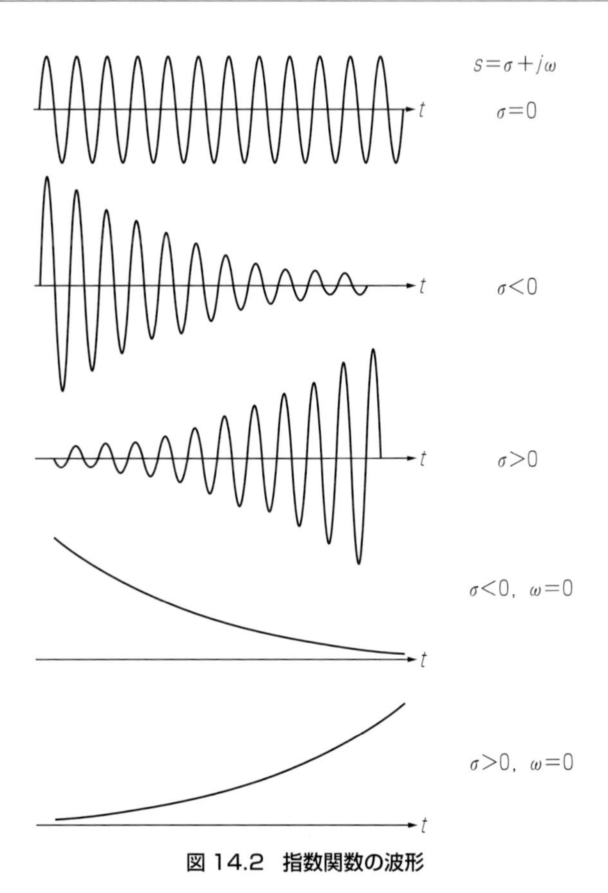

図 14.2　指数関数の波形

$$y(t)=\int_{-\infty}^{\infty}x(t-\tau)h(\tau)d\tau=\int_{-\infty}^{\infty}e^{j\omega(t-\tau)}h(\tau)d\tau$$

$$=e^{j\omega t}\int_{-\infty}^{\infty}e^{-j\omega\tau}h(\tau)d\tau=e^{j\omega t}\int_{-\infty}^{\infty}h(\tau)e^{-j\omega\tau}d\tau \quad\cdots\cdots\cdots\cdots\cdots\cdots (14.11)$$

となります．ここで，τの積分範囲は$h(\tau)$が$\tau<0$では0であるため$0\leqq\tau$となります．τの上限は$x(t-\tau)$より決まります．定常状態であるため信号$x(t)$は$t=-\infty$から与えられているので，$x(t-\tau)$は$\tau=\infty$でも値を持ちます．したがって，τの上限は∞です．ゆえに，

$$y(t)=e^{j\omega t}\int_{0}^{\infty}h(\tau)e^{-j\omega\tau}d\tau$$

$$=e^{j\omega t}\int_{0}^{\infty}\frac{1}{RC}e^{-\frac{\tau}{RC}}e^{-j\omega\tau}d\tau=\frac{1}{RC}e^{j\omega t}\int_{0}^{\infty}e^{-\frac{\tau}{RC}-j\omega\tau}d\tau$$

$$=\frac{1}{RC}e^{j\omega t}\int_0^{\infty}e^{-\frac{1+j\omega RC}{RC}\tau}d\tau=-\frac{1}{1+j\omega RC}e^{j\omega t}e^{-\frac{1+j\omega RC}{RC}\tau}\Big|_0^{\infty}$$

$$=-\frac{1}{1+j\omega RC}e^{j\omega t}(0-1)=\frac{1}{1+j\omega RC}e^{j\omega t}=H(j\omega)e^{j\omega t}$$

$$H(j\omega)=\frac{1}{1+j\omega RC} \quad\cdots\cdots (14.12)$$

となります．これは，(14.7)式と同じAまたは伝達関数$H(j\omega)$を示しています．上の計算過程で，(14.11)式より，

$$H(j\omega)=\int_{-\infty}^{\infty}h(\tau)e^{-j\omega\tau}d\tau \quad\cdots\cdots (14.13)$$

となりますが，一般にこれはフーリエ変換と呼ばれているものです．逆にいえば，フーリエ変換とは複素正弦波を印加した場合の伝達関数，入出力の比例定数であるということができます．

複素正弦波のさらに一般的な形は，

$$v_S(t)=e^{st} \quad\cdots\cdots (14.14)$$

というものです．(14.1)式は$s=j\omega$の場合です．一般的にsは，

$$s=\sigma+j\omega \quad\cdots\cdots (14.15)$$

と表される複素数で，σとωにより時間波形は**図 14.2**のように種々に変化します．

このような信号が印加された場合も，上と同様の計算ができ，

$$y(t)=x(t)*h(t)=\int_{-\infty}^{\infty}x(t-\tau)h(\tau)d\tau$$

$$=\int_0^{\infty}e^{s(t-\tau)}h(\tau)d\tau=e^{st}\int_0^{\infty}e^{-s\tau}h(\tau)d\tau$$

$$=e^{st}\int_0^{\infty}\frac{1}{RC}e^{-\frac{\tau}{RC}}e^{-s\tau}d\tau \quad\cdots\cdots (14.16)$$

$$=\frac{1}{RC}e^{st}\int_0^{\infty}e^{-\frac{\tau}{RC}}e^{-s\tau}d\tau=\frac{1}{RC}e^{st}\int_0^{\infty}e^{-\frac{1+sRC}{RC}\tau}d\tau$$

$$=-\frac{1}{1+sRC}e^{st}e^{-\frac{1+sRC}{RC}\tau}\Big|_0^{\infty}=-\frac{1}{1+sRC}e^{st}(0-1)$$

$$=\frac{1}{1+sRC}e^{st}=H(s)e^{st} \quad\cdots\cdots (14.17)$$

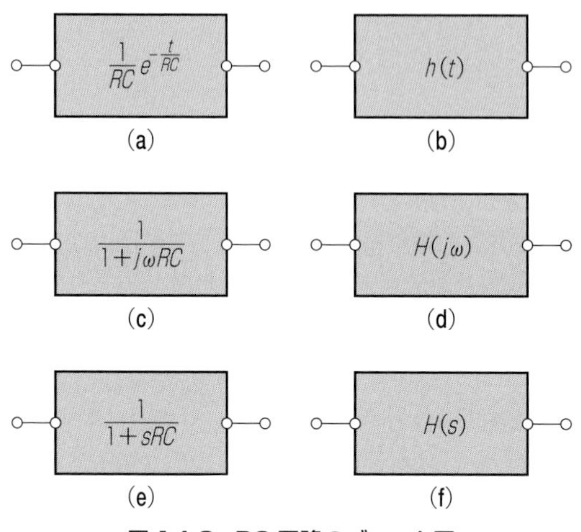

図 14.3　RC 回路のブロック図

$$H(s)=\frac{1}{1+sRC} \quad \cdots\cdots (14.18)$$

$$H(s)=\int_0^{\infty} h(\tau)e^{-s\tau}d\tau \quad \cdots\cdots (14.19)$$

となります．これは，一般にラプラス変換と呼ばれているものです．ラプラス変換も比例定数であると考えることができます．

14.4　RC 回路のシステム表現

図 14.1 の RC 回路は，インパルス応答 $h(t)$ を与えるシステムと考えることができます．そして，伝達関数は $H(j\omega)$ または $H(s)$ です．これをブロック図として示すと，**図 14.3** のようになります．

これらはすべて等価です．なお，このようなブロック図にする場合は，縦続に接続した場合，後段の影響を受けないように入力抵抗は∞，出力抵抗が 0 になるような増幅度 1.0 の仮想的な増幅器が，入力側か出力側に緩衝的に挿入されていることが条件になっています．

後段の影響を受けないような接続をカスケード(cascade)接続といいます．これは滝(cascade)が上流から下流まで何段もある場合に，下流の滝によって上流の滝が影響を受けないことから名付けられたものです．このような例として，**図 14.4** に 2 つのシステムが縦続に接続されたものを示します．

図 14.4(a) はインパルス応答による表現です．1 段目の出力は $h(t)$ となり，こ

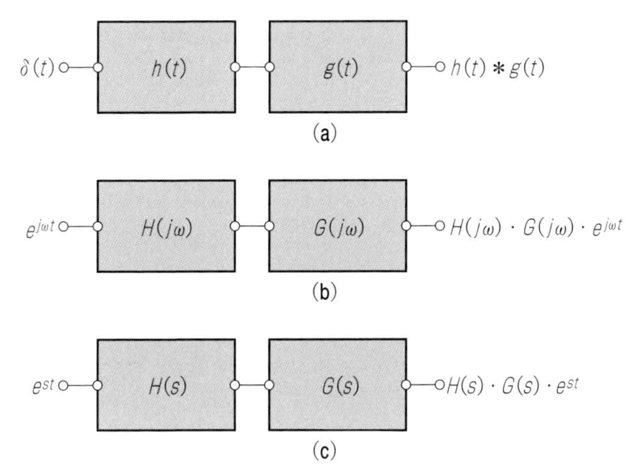

図 14.4　縦続接続システム

れが次段に入力信号として加わり，2段目の出力は次のコンボリューションです．

$h(t) * g(t)$

図 14.4(b) は $e^{j\omega t}$ が入力された場合です．1段目の出力は，

$H(j\omega) \cdot e^{j\omega t}$

となります．これが2段目に入力されると，2段目の比例定数である $G(j\omega)$ がかかって，$H(j\omega) \cdot G(j\omega) \cdot e^{j\omega t}$ が得られます．

図 14.4(c) は入力が e^{st} の場合です．

この結果より，2つのシステム $h(t)$ および $g(t)$ がコンボリューションされたシステム $h(t) * g(t)$ の伝達関数は，それぞれの伝達関数 $H(j\omega)$ と，$G(j\omega)$ または $H(s)$ と $G(s)$ の積になることがわかります．

第15章　複素インピーダンス

15.1　回路の電圧と電流の比

複素正弦波を用いた回路の電圧，電流はいずれも $e^{j\omega t}$ に比例したものになります．したがって，**図 15.1** に示すように，回路素子の電圧と電流の比は複素数になります．

これは複素インピーダンスまたは単にインピーダンスと呼ばれ，記号は Z を用います．抵抗の場合は，

$$Z_R = R \qquad (15.1)$$

となります(**図 15.2**)．

次にコンデンサの場合は，電流と電圧の関係は(14.5)式で示されています．したがって，コンデンサのインピーダンスは，

$$i(t) = C\frac{dv(t)}{dt} = CV\frac{de^{j\omega t}}{dt} = j\omega CVe^{j\omega t}$$

$$\therefore \quad Z_C = \frac{v(t)}{i(t)} = \frac{Ve^{j\omega t}}{j\omega CVe^{j\omega t}} = \frac{1}{j\omega C} = -j\frac{1}{\omega C} \qquad (15.2)$$

となります(**図 15.3**)．

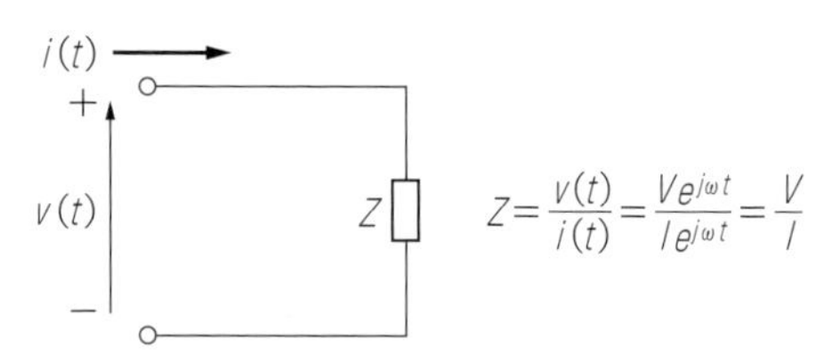

図 15.1　回路のインピーダンス

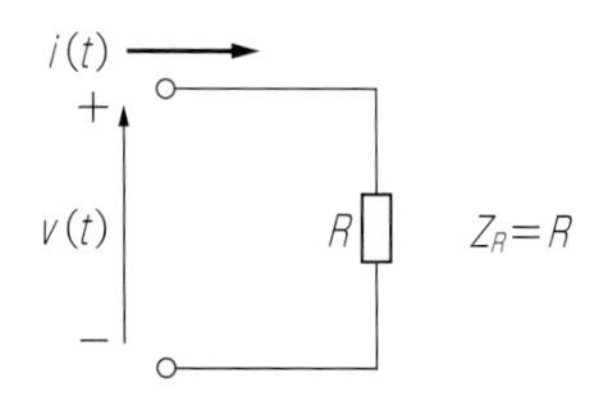

図 15.2　抵抗のインピーダンス

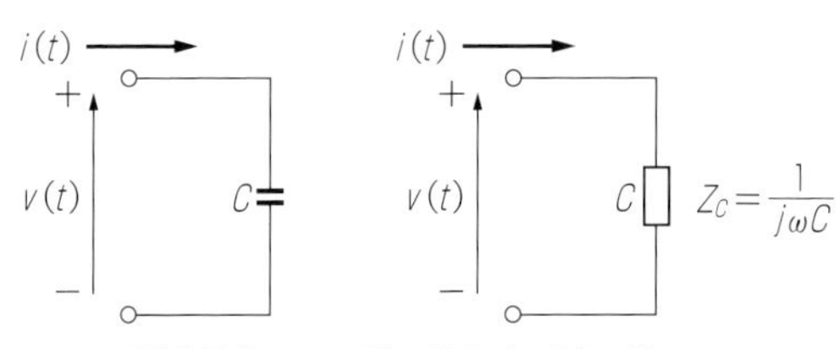

図 15.3　コンデンサのインピーダンス

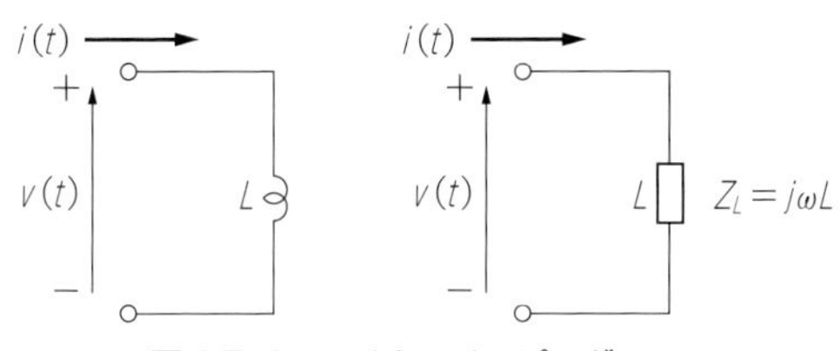

図 15.4　コイルのインピーダンス

次にコイルの場合は，電圧と電流の関係は(9.31)式より，

$$v(t)=L\frac{di(t)}{dt}=L\frac{dIe^{j\omega t}}{dt}=j\omega LIe^{j\omega t}=j\omega Li(t)$$

$$\therefore\quad Z_L=\frac{v(t)}{i(t)}=\frac{j\omega Li(t)}{i(t)}=j\omega L \qquad (15.3)$$

となります．

15.2　インピーダンスの直列と並列およびアドミッタンス Y

2 個のインピーダンスが直列に接続された場合の合成インピーダンスは，抵抗の直列接続の場合の(7.5)式と同じようになります．したがって，

$$Z=Z_1+Z_2$$

そして，n 個のインピーダンスが直列に接続された場合は，

$$Z=Z_1+Z_2+\cdots+Z_n \qquad (15.4)$$

となります．一般に，インピーダンス Z は実数部 R と虚数部 X からなり，

$$Z=R+jX \qquad (15.5)$$

のようになります．実数部 R は抵抗，虚数部 X はリアクタンスと呼ばれます．

また，2 個のインピーダンスが並列に接続された場合の合成インピーダンスは，抵抗の並列接続の場合の(7.7)式と同じようになります．したがって，

$$\frac{1}{Z}=\frac{1}{Z_1}+\frac{1}{Z_2},\quad Z=\frac{1}{\frac{1}{Z_1}+\frac{1}{Z_2}}$$

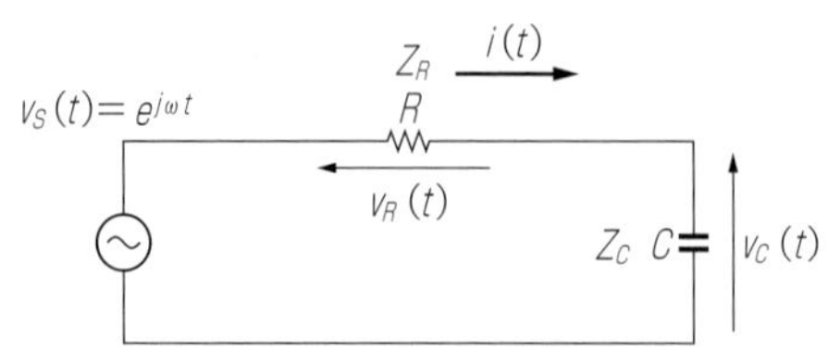

図 15.5　RC 回路の複素正弦波応答

となります．そして，n 個のインピーダンスが並列に接続された場合は，

$$\frac{1}{Z}=\frac{1}{Z_1}+\frac{1}{Z_2}+\cdots+\frac{1}{Z_n}$$

$$Z=\frac{1}{\dfrac{1}{Z_1}+\dfrac{1}{Z_2}+\cdots+\dfrac{1}{Z_n}} \quad \cdots\cdots (15.6)$$

となります．

インピーダンスの逆数をアドミッタンスといいます．記号は Y です．

$$Y=\frac{1}{Z} \quad \cdots\cdots (15.7)$$

これは，やはり実数部 G と虚数部 B からなります．

$$Y=G+jB \quad \cdots\cdots (15.8)$$

実数部 G はコンダクタンス，虚数部 B はサセプタンスと呼ばれます．

15.3　インピーダンスを用いた伝達関数の計算

図 14.1 の RC 回路をインピーダンスで表現すると，**図 15.5** のようになります．

図 15.5 の回路で，入力電圧は抵抗の両端電圧と出力電圧の和であることより，

$$e^{j\omega t}=v_R(t)+v_C(t)=i(t)Z_R+i(t)Z_C=i(t)\,(Z_R+Z_C)$$

$$\therefore\quad i(t)=\frac{e^{j\omega t}}{Z_R+Z_C}=\frac{e^{j\omega t}}{R+\dfrac{1}{j\omega C}}$$

したがって，

$$v(t)=v_C(t)=i(t)\cdot Z_C=\frac{e^{j\omega t}}{R+\dfrac{1}{j\omega C}}\frac{1}{j\omega C}=\frac{e^{j\omega t}}{1+j\omega RC}$$

となります．したがって，

$$H(j\omega)=\frac{v(t)}{v_s(t)}=\frac{1}{1+j\omega RC} \quad \cdots\cdots (15.9)$$

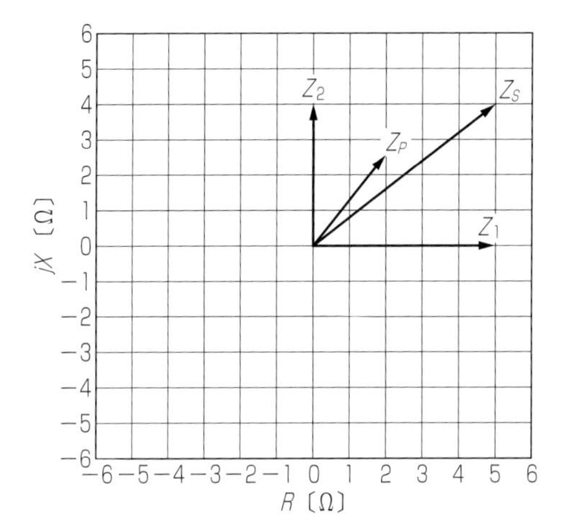

図 15.6　インピーダンスのベクトル表示

となって，(14.7)式と同じ伝達関数が得られました．

このようにインピーダンスを用いることにより，複素正弦波に対する伝達関数の計算は微分や積分を用いることなく，単に足し算や割り算で求めることができます．具体的なインピーダンスを計算してみます．インピーダンスは周波数に依存します．

たとえば，$f=1\text{kHz}$，$L=1\text{mH}$ の場合は，

$$Z_L=j\omega L=j2\pi fL=j\cdot2\pi\times10^3\times10^{-3}=j6.28〔\Omega〕$$

となります．また $Z_1=5\Omega$，$Z_2=j4\Omega$ のとき，直列インピーダンスは，

$$Z_P=Z_1+Z_2=5+j4〔\Omega〕$$

となります．並列インピーダンスは，

$$Z_P=\frac{Z_1\cdot Z_2}{Z_1+Z_2}=\frac{5\cdot j4}{5+j4}=\frac{5\cdot j4}{5+j4}\cdot\frac{5-j4}{5-j4}$$

$$=\frac{80+j100}{25+16}=\frac{80+j100}{41}=2+j2\cdot4〔\Omega〕$$

となります．これらをベクトル図に示すと，**図 15.6** のようになります．

次に**図 15.7** の LR 回路を考えます．

この場合もインピーダンスを用いて，

$$e^{j\omega t}=v_L(t)+v_R(t)=i(t)Z_L+i(t)Z_R=i(t)\,(Z_L+Z_R)$$

$$\therefore\quad i(t)=\frac{e^{j\omega t}}{Z_L+Z_R}=\frac{e^{j\omega t}}{j\omega L+R}$$

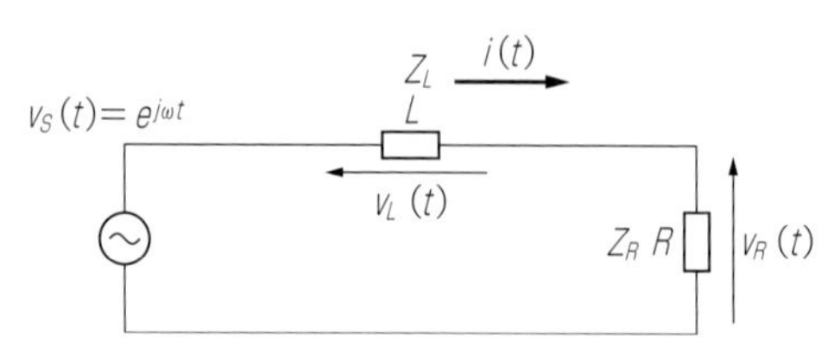

図 15.7　LR 回路の複素正弦波応答

したがって,

$$v(t)=v_R(t)=i(t)\cdot Z_R=\frac{e^{j\omega t}}{j\omega L+R}R=\frac{R}{R+j\omega L}e^{j\omega t}$$

となります．したがって,

$$H(j\omega)=\frac{v(t)}{v_s(t)}=\frac{R}{R+j\omega L}=\frac{1}{1+j\dfrac{\omega L}{R}} \quad \cdots\cdots (15.10)$$

となります．このようにインピーダンスを用いて，LR 回路の伝達関数も簡単に求めることができます．

第16章　RLC 共振回路

16.1　基本回路素子のインピーダンスの周波数特性

基本回路素子である抵抗 r, コンデンサ C, コイル L のインピーダンスが周波数によってどのように変わるかを調べます.

インピーダンスは抵抗分とリアクタンスによって,

$$Z=R+jX \quad \cdots\cdots (16.1)$$

のように表されます. 基本回路素子である抵抗 r のインピーダンスは,

$$Z_r=r$$

$$R=r,\ X=0 \quad \cdots\cdots (16.2)$$

であり, リアクタンス成分は 0 です. 実数部も周波数特性がなく一定です. $r=1\Omega$ の場合のグラフは, **図 16.1** のように水平な線になります.

次にコンデンサの場合のインピーダンスは,

$$Z_C=\frac{1}{j\omega C} \quad \cdots\cdots (16.3)$$

$$R=0,\ X=-\frac{1}{\omega C}$$

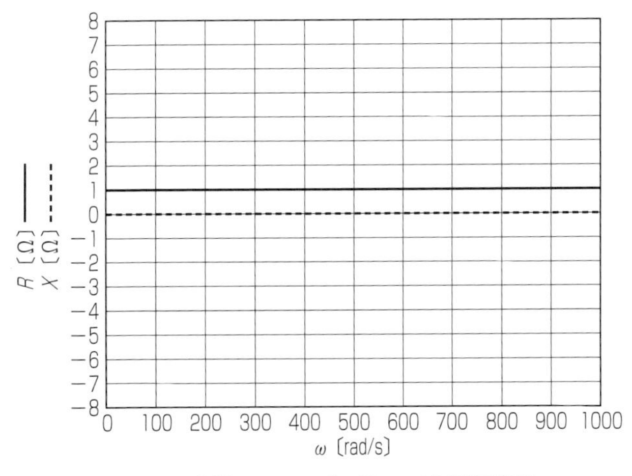

図 16.1　抵抗 r のインピーダンスの周波数特性

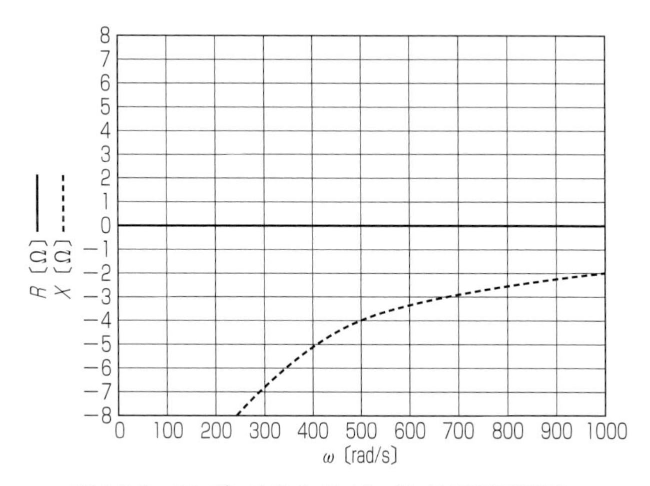

図 16.2　コンデンサ C のインピーダンスの周波数特性

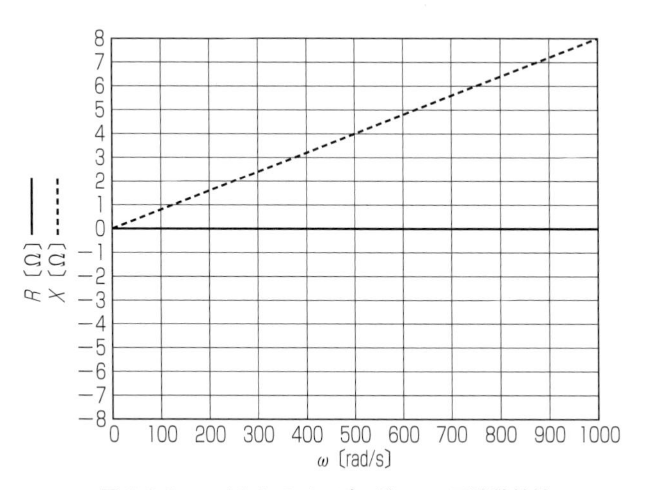

図 16.3　コイル L のインピーダンスの周波数特性

であり，抵抗成分は 0 です．リアクタンス成分は負であり，角周波数に反比例しています．したがって，$C=500\mu\mathrm{F}$ の場合のグラフは**図 16.2** のようになります．

次にコイルの場合のインピーダンスは，

$$Z_L = j\omega L \quad \cdots\cdots (16.4)$$

$$R=0,\ X=\omega L$$

となります．抵抗成分は 0 です．リアクタンス成分は正であり，角周波数に比

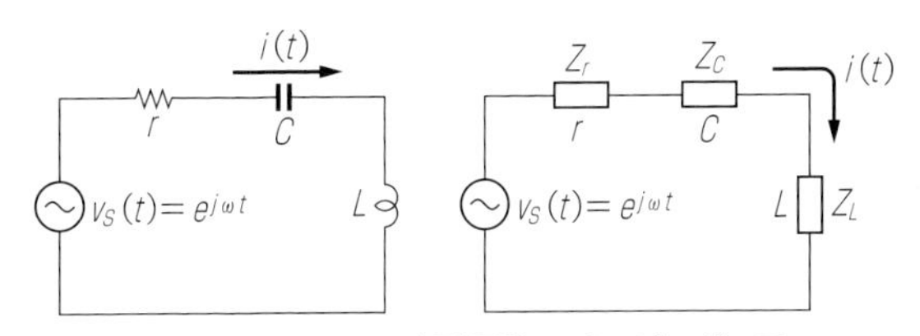

図 16.4　RCL 直列回路のインピーダンス

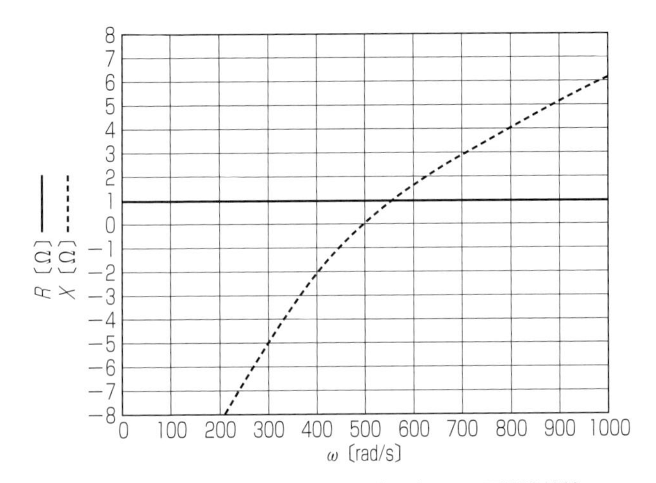

図 16.5　RCL 直列回路のインピーダンスの周波数特性

例しています．したがって，$L=8\mathrm{mH}$ の場合のグラフは，**図 16.3** のようになります．

16.2　抵抗，コンデンサ，コイルの直列インピーダンスの周波数特性

抵抗，コンデンサ，コイルが直列に接続された**図 16.4** の回路を考えます．この回路に流れる電流を求める場合，直列合成インピーダンスを Z とすると，

$$Z=Z_r+Z_C+Z_L=r-j\frac{1}{\omega C}+j\omega L \quad \cdots\cdots (16.5)$$

$$=r+j\left(\omega L-\frac{1}{\omega C}\right)$$

となり，この抵抗分とリアクタンス分は，

$$R=r,\ X=\omega L-\frac{1}{\omega C} \quad \cdots\cdots (16.6)$$

となります．

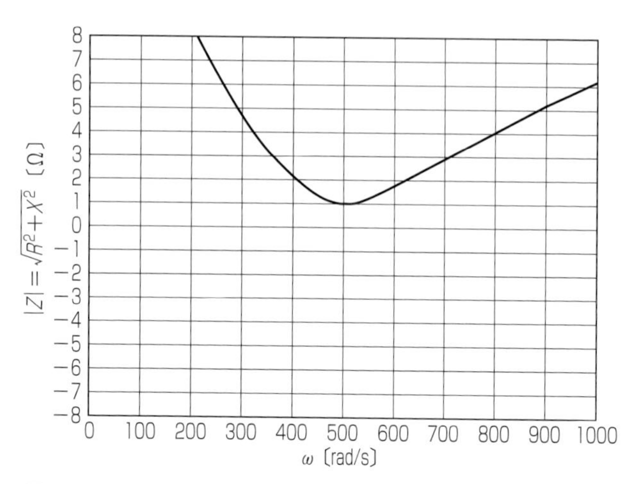

図 16.6　RCL 直列回路のインピーダンスの絶対値の周波数特性

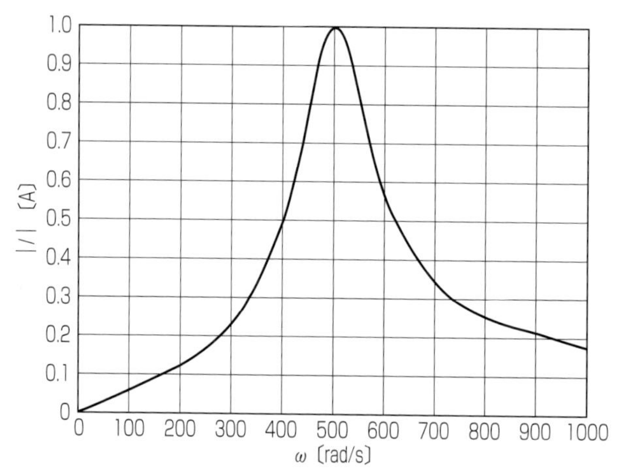

図 16.7　RCL 直列回路の電流の大きさの周波数特性

$r=1\Omega$，$C=500\mu\mathrm{F}$，$L=8\mathrm{mH}$

の場合の周波数特性は，**図 16.5** のようになります．

このインピーダンスの絶対値は，

$$|Z|=\sqrt{r^2+\left(\omega L-\frac{1}{\omega C}\right)^2} \quad\cdots\cdots\cdots\cdots\cdots\cdots\quad (16.7)$$

より，上の定数の場合の周波数特性は**図 16.6** のようになります．

したがって，電流の大きさは，

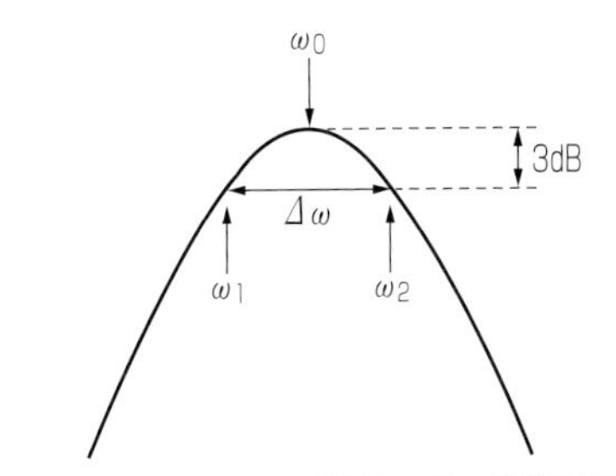

図 16.8　RCL 直列共振回路の選択度特性

$$|I|=\frac{|E|}{|Z|}=\frac{1}{\sqrt{r^2+\left(\omega L-\frac{1}{\omega C}\right)^2}} \quad \cdots\cdots (16.8)$$

となります．これをグラフにすると**図 16.7** のようになります．

インピーダンスのリアクタンスが 0 になる角周波数において電流が最大になります．これは(16.6)式より，

$$\omega L-\frac{1}{\omega C}=0$$

$$\omega^2=\frac{1}{LC} \qquad \therefore\ \omega=\frac{1}{\sqrt{LC}}=\omega_0 \quad \cdots\cdots (16.9)$$

となります．この角周波数ω_0を共振角周波数といいます．

$L=〔8\text{mH}〕,\ C=500〔\mu\text{F}〕$

の場合は，

$$\omega_0=\frac{1}{\sqrt{8\times10^{-3}\times500\times10^{-6}}}=\frac{1}{\sqrt{4\times10^{-6}}}=500〔\text{rad/s}〕$$

になります．

16.3　共振回路の選択性

共振回路は，見方を変えれば共振角周波数の近辺の信号のみを通過させる回路であるということができます．

このとき，ω_0の近辺のどの程度を通過させるかという通過帯域$\Delta\omega$は，要求度合いによって変わるファクターです．

何らかの理由によって通過帯域$\Delta\omega$が与えられたとき，これを実現する方法を調べます．ただし，通過帯域$\Delta\omega$は 3dB 幅とします．この意味は，通過帯域の

端における電流の大きさは共振角周波数での値に対して$\dfrac{1}{\sqrt{2}}$になるということです．

通過帯域$\Delta\omega$は，

$$\Delta\omega=\omega_2-\omega_1 \quad\cdots\cdots(16.10)$$

で与えられます．共振角周波数における電流と通過帯域の端における電流を，

$$I(\omega_0)=\frac{E}{\sqrt{r^2+\left(\omega_0L-\dfrac{1}{\omega_0C}\right)^2}}=\frac{E}{r}$$

および

$$I(\omega_2)=\frac{E}{\sqrt{r^2+\left(\omega_2L-\dfrac{1}{\omega_2C}\right)^2}}$$

とすると，その比は，

$$\frac{I(\omega_2)}{I(\omega_0)}=\frac{1}{\sqrt{2}}=\frac{r}{\sqrt{r^2+\left(\omega_2L-\dfrac{1}{\omega_2C}\right)^2}}$$

となります．分母分子をrで割ると，

$$\frac{1}{\sqrt{1+\left(\dfrac{\omega_2L-\dfrac{1}{\omega_2C}}{r}\right)^2}}=\frac{1}{\sqrt{2}}$$

となります．したがって，

$$\left(\frac{\omega_2L-\dfrac{1}{\omega_2C}}{r}\right)^2=1$$

となります．$\omega_2>\omega_0$の場合は，

$$\begin{aligned}\frac{\omega_2L-\dfrac{1}{\omega_2C}}{r}&=\frac{\omega_2L}{r}\left(1-\frac{1}{\omega_2{}^2LC}\right)=\frac{\omega_2L}{r}\left(1-\frac{\omega_0{}^2}{\omega_2{}^2}\right)\\&=\frac{\omega_2L}{r}\left(1+\frac{\omega_0}{\omega_2}\right)\left(1-\frac{\omega_0}{\omega_2}\right)\\&=\frac{\omega_2L}{r}\left(1+\frac{\omega_0}{\omega_2}\right)\left(\frac{\omega_2-\omega_0}{\omega_2}\right)=1\end{aligned}$$

となります．したがって，

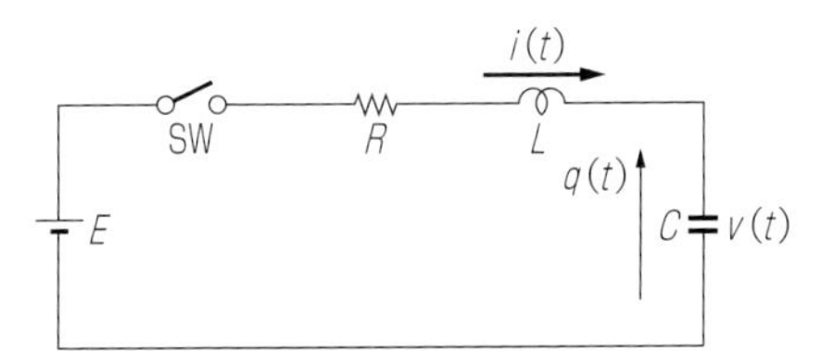

図 16.9　RLC 直列共振回路のステップ応答

$$\frac{\omega_2 L}{r}=\frac{1}{\left(1+\dfrac{\omega_0}{\omega_2}\right)\left(\dfrac{\omega_2-\omega_0}{\omega_2}\right)}$$

になります．ここで，ω_0 と ω_2 はかなり近い値として，この式を

$$\frac{\omega_2 L}{r}=\frac{\omega_2}{2(\omega_2-\omega_0)}=\frac{\omega_0}{2(\omega_2-\omega_0)}=\frac{\omega_0 L}{r}$$

と近似します．また，

$$\omega_0-\omega_1=\omega_2-\omega_0$$

とおくと，

$$2(\omega_2-\omega_0)=\omega_2-\omega_0+\omega_0-\omega_1=\omega_2-\omega_1=\Delta\omega$$

となり，

$$\frac{\omega_0 L}{r}=\frac{\omega_0}{\Delta\omega}=Q \quad \cdots\cdots (16.11)$$

が得られます．ここで Q は選択度を示します．Q が与えられると L と r の関係が決定でき，設計が可能になります．

なお，Q はコイルの良さを示す数値でもあります．なぜなら現実のコイルは銅線などを巻いて作成しますが，銅線自身にも抵抗成分が存在します．したがって，外部抵抗 0 の状態で実現できる選択度特性が，そのコイルで実現できる最大の選択度特性になります．したがって，Q はコイルの良さを示す指標としても用いられています．

16.4* 共振回路のステップ応答

図 16.9 の共振回路のステップ応答を考えます．

$t>0$ においては，

$$E=i(t)\cdot R+L\frac{di(t)}{dt}+v(t) \quad \cdots\cdots (16.12)$$

となります．q を変数にすると，

$$E = R\frac{dq}{dt} + L\frac{d^2q}{dt^2} + \frac{q}{C} \quad \cdots\cdots (16.13)$$

となり，整理して，

$$\frac{d^2q}{dt^2} + \frac{R}{L}\frac{dq}{dt} + \frac{q}{LC} = \frac{E}{L} \quad \cdots\cdots (16.14)$$

となり，さらに，

$$\frac{d^2q}{dt^2} + \frac{R}{L}\frac{dq}{dt} + \frac{q - EC}{LC} = 0 \quad \cdots\cdots (16.15)$$

のようになります．ここで，

$$x = q - EC \quad \cdots\cdots (16.16)$$

とおいて，変数を q から x に変換します．この場合，

$$\frac{dq}{dt} = \frac{dx}{dt},\ \frac{d^2q}{dt^2} = \frac{d^2x}{dt^2} \quad \cdots\cdots (16.17)$$

となり，(16.15)式は，

$$\frac{d^2x}{dt^2} + \frac{R}{L}\frac{dx}{dt} + \frac{x}{LC} = 0 \quad \cdots\cdots (16.18)$$

となります．ここで，この2次の微分方程式の解を，

$$x = Ae^{\alpha t} + Be^{\beta t} \quad \cdots\cdots (16.19)$$

と仮定して，係数 A，B，α，β を求める方法を用います．

x を1回微分すると，

$$\frac{dx(t)}{dt} = A\alpha e^{\alpha t} + B\beta e^{\beta t} \quad \cdots\cdots (16.20)$$

となります．もう一度微分すると，

$$\frac{d^2x(t)}{dt^2} = A\alpha^2 e^{\alpha t} + B\beta^2 e^{\beta t} \quad \cdots\cdots (16.21)$$

となります．これらを，(16.18)式に代入すると，

$$A\alpha^2 e^{\alpha t} + B\beta^2 e^{\beta t} + \frac{R}{L}(A\alpha e^{\alpha t} + B\beta e^{\beta t}) + \frac{1}{LC}(Ae^{\alpha t} + Be^{\beta t}) = 0 \quad \cdots\cdots (16.22)$$

となります．これを整理して，

$$Ae^{\alpha t}\left(\alpha^2 + \frac{R}{L}\alpha + \frac{1}{LC}\right) + Be^{\beta t}\left(\beta^2 + \frac{R}{L}\beta + \frac{1}{LC}\right) = 0 \quad \cdots\cdots (16.23)$$

が得られます．したがって，

$$\alpha^2+\frac{R}{L}\alpha+\frac{1}{LC}=0,\ \beta^2+\frac{R}{L}\beta+\frac{1}{LC}=0 \quad\cdots\cdots (16.24)$$

が成立します．すなわち α, β は,

$$\lambda^2+\frac{R}{L}\lambda+\frac{1}{LC}=0 \quad\cdots\cdots (16.25)$$

の 2 根であることがわかります．ここで変数を q に戻すと,

$$q(t)=x(t)+EC \quad\cdots\cdots (16.26)$$

となり,

$$q(t)=x(t)+EC=Ae^{\alpha t}+Be^{\beta t}+EC \quad\cdots\cdots (16.27)$$

となります．初期条件として $t=+0$ で,

$$q(+0)=A+B+EC=0 \quad \therefore \quad B=-A-EC \quad\cdots\cdots (16.28)$$

が成立しています．コイルの電流も初期値はスイッチの入る前と後では変化なく，この場合は 0 になります．(16.28)式を用いて,

$$i(+0)=\left.\frac{dq(t)}{dt}\right|_{t=+0}=A\alpha+B\beta=A(\alpha-\beta)-EC\beta=0 \quad\cdots\cdots (16.29)$$

が成立します．これと(16.28)式より,

$$A=\frac{\beta EC}{\alpha-\beta},\ B=-\frac{\beta EC}{\alpha-\beta}-EC=-\frac{\alpha EC}{\alpha-\beta} \quad\cdots\cdots (16.30)$$

が得られます．したがって，(16.27)式は,

$$q(t)=\frac{EC}{\alpha-\beta}(\beta e^{\alpha t}-\alpha e^{\beta t})+EC \quad\cdots\cdots (16.31)$$

となります．また出力電圧は,

$$v(t)=\frac{q(t)}{C}=\frac{E}{\alpha-\beta}(\beta e^{\alpha t}-\alpha e^{\beta t})+E \quad\cdots\cdots (16.32)$$

となります．ここで 2 根が,

① 相異なる 2 実根

② 共役複素根

③ 重根

の場合に分けて波形を求めます．

① 相異なる 2 実根の場合

この場合は(16.32)式のままで,

$$v(t)=\frac{E}{\alpha-\beta}(\beta e^{\alpha t}-\alpha e^{\beta t})+E$$

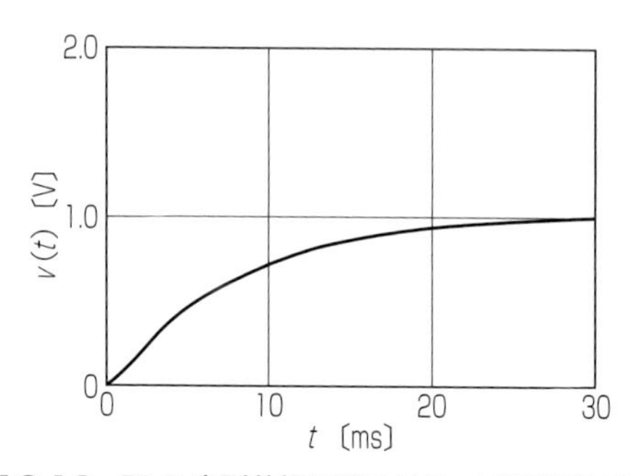

図 16.10　RLC 直列共振回路のステップ応答(2 実根)

となります.

$R=16$〔Ω〕, $L=8$〔mH〕, $C=500$〔μF〕

の場合は,

$\alpha=-134$〔rad/s〕, $\beta=-1866$〔rad/s〕

となり，ステップ応答波形は**図 16.10** のようになります.

② 共役複素根の場合

$$\alpha=-\sigma+j\omega$$
$$\beta=-\sigma-j\omega \quad \cdots\cdots (16.33)$$

とします．これを(16.32)式に代入すると,

$$v(t)=\frac{E}{j2\omega}e^{-\sigma t}\Big((-\sigma-j\omega)e^{j\omega t}-(-\sigma+j\omega)e^{-j\omega t}\Big)+E \quad \cdots\cdots (16.34)$$

となり，これは,

$$v(t)=\frac{E}{j2\omega}e^{-\sigma t}\Big(-\sigma(e^{j\omega t}-e^{-j\omega t})-j\omega(e^{j\omega t}+e^{-j\omega t})\Big)+E \quad \cdots\cdots (16.35)$$

となります．さらにこれは,

$$v(t)=Ee^{-\sigma t}\left(\frac{-\sigma}{\omega}\frac{(e^{j\omega t}-e^{-j\omega t})}{2j}-\frac{e^{j\omega t}+e^{-j\omega t}}{2}\right)+E \quad \cdots\cdots (16.36)$$

となり，オイラーの公式により,

$$v(t)=Ee^{-\sigma t}\left(\frac{-\sigma}{\omega}\sin\omega t-\cos\omega t\right)+E \quad \cdots\cdots (16.37)$$

となります.

$R=1$〔Ω〕, $L=8$〔mH〕, $C=500$〔μF〕

の場合は,

$\alpha=-62.5+j496$〔rad/s〕, $\beta=-62.5-j496$〔rad/s〕

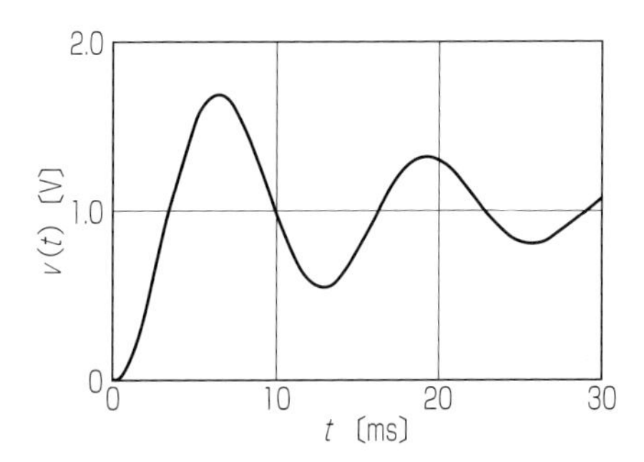

図 16.11　RLC 直列共振回路のステップ応答(複素根)

となり，ステップ応答波形は**図 16.11** のようになります.

③　重根の場合

この場合は，$\alpha=\beta$ となりますが，これは(16.32)式で $\alpha\to\beta$ にしたものと考えることができます．すなわち，

$$v(t)=\lim_{\alpha\to\beta}\frac{E}{\alpha-\beta}(\beta e^{\alpha t}-\alpha e^{\beta t})+E \quad\cdots\cdots (16.38)$$

$$=\lim_{\alpha\to\beta}\frac{E}{\alpha-\beta}(\beta e^{\alpha t}-\alpha e^{\alpha t}+\alpha e^{\alpha t}-\alpha e^{\beta t})+E$$

$$=\lim_{\alpha\to\beta}\frac{E}{\alpha-\beta}\left(-(\alpha-\beta)e^{\alpha t}+\alpha(e^{\alpha t}-e^{\beta t})\right)+E$$

$$=\lim_{\alpha\to\beta}E\left(-e^{\alpha t}+\frac{\alpha(e^{\alpha t}-e^{\beta t})}{\alpha-\beta}\right)+E \quad\cdots\cdots (16.39)$$

となり，これは，

$$v(t)=E(-e^{\alpha t}+\alpha te^{\alpha t})+E \quad\cdots\cdots (16.40)$$

となります．ただし，

$$\lim_{\alpha\to\beta}\frac{e^{\alpha t}-e^{\beta t}}{\alpha-\beta}$$

$$=\lim_{\alpha\to\beta}\frac{1+\alpha t+\frac{1}{2}\alpha^2t^2+\frac{1}{3!}\alpha^3t^3+\cdots-1-\beta t-\frac{1}{2}\beta^2t^2-\frac{1}{3!}\beta^3t^3-\cdots}{\alpha-\beta}$$

$$\cdots\cdots (16.41)$$

$$=\lim_{\alpha\to\beta}\frac{(\alpha-\beta)t+\frac{1}{2}(\alpha^2-\beta^2)t^2+\frac{1}{3!}(\alpha^3-\beta^3)t^3+\cdots}{\alpha-\beta} \quad\cdots\cdots (16.42)$$

$$=\lim_{\alpha\to\beta}\left(t+\frac{1}{2}(\alpha+\beta)t^2+\frac{1}{3!}(\alpha^2+\alpha\beta+\beta^2)t^3+\cdots\right) \quad\cdots\cdots (16.43)$$

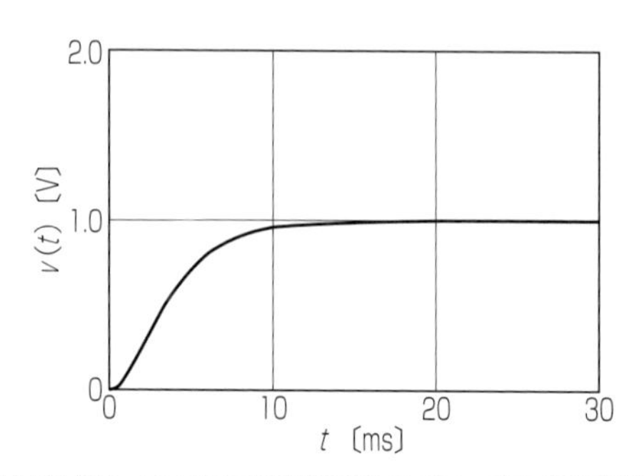

図 16.12　RLC 直列共振回路のステップ応答(重根)

$$=t+\alpha t^2+\frac{1}{2!}\alpha^2 t^3+\cdots=t\left(1+\alpha t+\frac{1}{2!}\alpha^2 t^2+\cdots\right)=te^{\alpha t} \quad \cdots\cdots (16.44)$$

となることを用います.

$R=8$〔Ω〕, $L=8$〔mH〕, $C=500$〔μF〕

の場合は,

$\alpha=\beta=-500$〔rad/s〕

となり, ステップ応答波形は**図 16.12** のようになります.

なお, 一般的に L や C が 2 個以上(2 次以上)の場合の計算方法として, 線形代数学を応用した状態方程式を導入する方法があります. その場合は微分方程式が 1 次になり, 非常に見通しがよくなります.

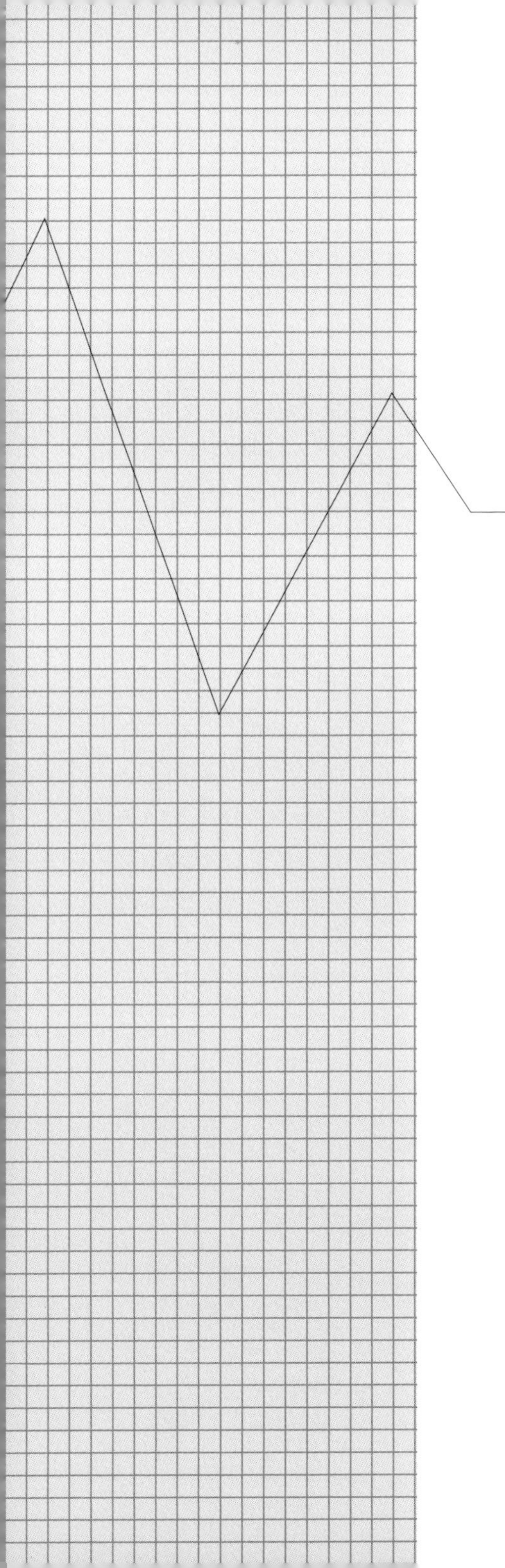

第3部

半導体素子

第17章　半導体の性質

17.1　半導体とは

半導体の定義方法は種々ありますが，ここでは4種類の電荷が存在するものと定義します．すなわち半導体とは，2種類の動ける電荷と2種類の動けない電荷が存在するものです．動ける電荷には負電荷である電子(−)と，正電荷である正孔(＋)とがあります．これらはキャリアといいます．動けない電荷にも負の電荷⊖と正の電荷⊕の2種類があります．

単位体積($1m^3$)当たりの電子の数(濃度)をn，正孔の数をpで表し，

$n > p$のものをN形半導体

$n < p$のものをP形半導体

$n = p$のものをI形半導体(真性半導体)　I：Intrinsic

といいます．

N形半導体はV族の元素であるP(リン)，As(砒素)，Sb(アンチモン)をⅣ族のSi(シリコン)に添加して作ります．これらの添加される元素を不純物といいます．V族の不純物原子は動ける電子を放出し，自らは動けない正電荷⊕になります．

P形半導体はⅢ族の元素であるB(ボロン)をシリコンに添加して作ります．不純物原子は動ける正孔を放出し，自らは動けない負電荷⊖になります．

電子と正孔の数には次の関係があります．

$$pn = n_i^2 \quad \cdots\cdots \quad (17.1)$$

ただし，$n_i = 1.5 \times 10^{16}$〔個/m^3〕（室温のシリコン）

表17.1　N形半導体とP形半導体

	N形	P形
不純物	V族(P，As，Sb)，濃度N_D	Ⅲ族(B)，濃度N_A
動ける電荷	−−−−−　−＋	＋＋＋＋＋　＋−
	多数キャリア　電子	多数キャリア　正孔
	少数キャリア　正孔	少数キャリア　電子
動けない電荷	⊕⊕⊕⊕⊕	⊖⊖⊖⊖⊖

以上をまとめると，**表 17.1** のようになります．

17.2　キャリアの動き

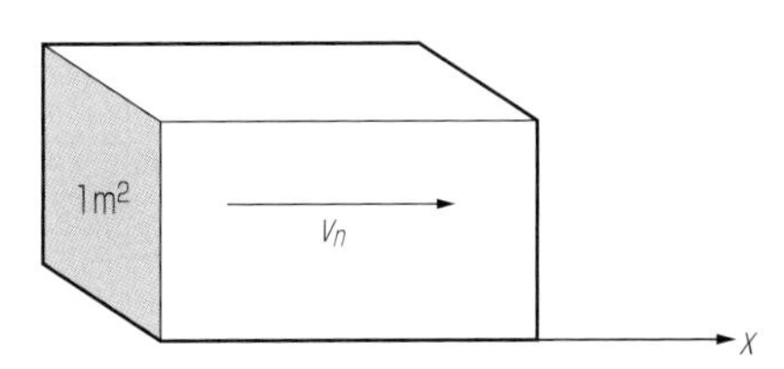

図 17.1　単位時間に移動する電子の距離

電流は，単位時間に流れる電荷 dQ/dt です．電流にはドリフト電流と拡散電流とがあります．

ドリフト電流は，電界によって流れる電流です．電子は電圧の正の方向に移動します．電子の単位時間の移動距離は電子の速度 v_n です．単位面積を考えると，v_n〔m^3〕の体積中の電子が移動することになります．

この速度は電界に比例します．比例定数を移動度 μ_n といいます．したがって，電界によって単位時間に移動する電子の量は，電界と電子の数に比例します．$v_n = -\mu_n E$，$v_p = \mu_p E$ の関係より，電子および正孔のドリフト電流は次式で示されます．

$$電子電流（ドリフト）I_n = -qv_n n = q\mu_n nE = -q\mu_n n\frac{dV}{dx} \quad \cdots\cdots\cdots\cdots \quad (17.2)$$

$$正孔電流（ドリフト）I_p = qv_p p = q\mu_p pE = -q\mu_p p\frac{dV}{dx} \quad \cdots\cdots\cdots\cdots \quad (17.3)$$

$$電界\ E = -\frac{dV}{dx} \quad \cdots\cdots\cdots\cdots \quad (17.4)$$

ただし，q は電子の電荷量，v_n，v_p は電子および正孔の移動速度，μ_n，μ_p は電子および正孔の移動度です．

次に，拡散電流の基になる拡散現象とは，物質がその濃度が高い部分から低い部分に移動する現象です．水しか入っていないコップにインクを1滴落としたとすると，その瞬間，その部分はインクの濃度が濃く，周りの濃度は0です．必ずインクは周りのほうに広がって行きます．濃度の濃い部分のインクの分子も，薄い部分のインクの分子も同じ熱エネルギーを受けてランダムに動くので濃度の差，一般的には濃度勾配に比例して，正味の移動が起こります．したがって，電子の拡散電流は，

$$電子電流（拡散）I_n = qD_n\frac{dn}{dx} \quad \cdots\cdots\cdots\cdots \quad (17.5)$$

同様にして，正孔の拡散電流も次のようになります．

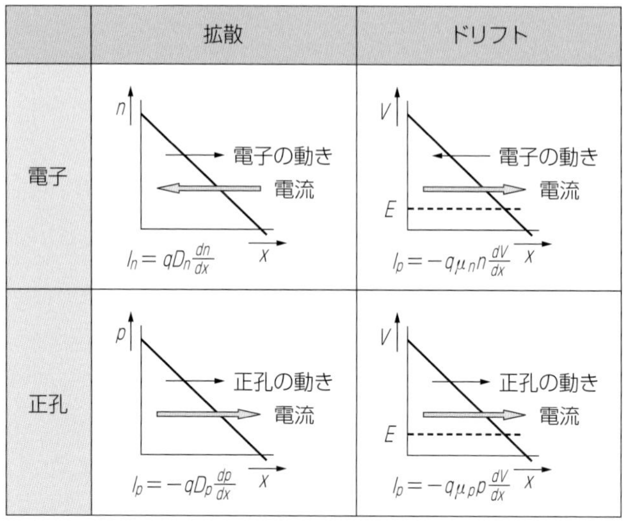

図 17.2　キャリアの動き

$$正孔電流(拡散) I_p = -qD_p \frac{dp}{dx} \quad \cdots\cdots (17.6)$$

ここで，D_n，D_p は電子および正孔の拡散係数です．ただし，正孔の場合は電子と電荷の符号が反対のため負号が付いています．これらの関係を図 17.2 にまとめて示します．

電子電流も正孔電流もドリフト電流と拡散電流の和，すなわち，

$$\left.\begin{aligned} I_n &= qD_n \frac{dn}{dx} + q\mu_n nE \\ I_p &= -qD_p \frac{dp}{dx} + q\mu_p pE \end{aligned}\right\} \quad \cdots\cdots (17.7)$$

となります．

17.3　拡散電圧

半導体のある部分(領域 1)と，別の部分(領域 2)で電子濃度に差がある場合は拡散電流が流れます．

しかしその電流は一瞬だけで，定常的に流れることはありません．その理由は，濃度差によって電子が領域 2 から領域 1 へ移動すると，その後に動けない不純物原子の正の電荷が表れます．この正の電荷は電子を引き戻すドリフト電界を発生させます．したがって，逆方向にドリフト電流が流れます．このドリフト電流

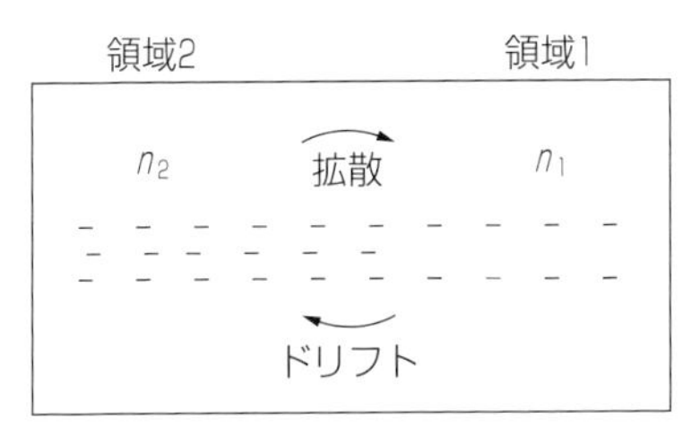

図 17.3　半導体中のキャリア濃度の差

と拡散電流がちょうど打ち消しあって，電子電流は定常状態では 0 になります．同様に正孔電流も 0 になります．この電界を発生させる電圧を拡散電圧といいます．この電圧を導きます．まず(17.7)式を 0 とおき，

$$I_n = qD_n\frac{dn}{dx} + q\mu_n nE = 0$$

$$\therefore \quad D_n\frac{dn}{dx} + \mu_n nE = 0$$

$$\therefore \quad D_n\frac{dn}{dx} - \mu_n n\frac{dV}{dx} = 0 \quad \cdots\cdots \quad (17.8)$$

ここで両辺に dx をかけると，

$$D_n dn - \mu_n ndV = 0$$

したがって，

$$\frac{dn}{n} = \frac{\mu_n}{D_n}dV \quad \cdots\cdots \quad (17.9)$$

となり，**第 9 章**で扱った変数分離形の微分方程式になります．

さらにアインシュタインの関係式

$$\frac{\mu_n}{D_n} = \frac{q}{kT} \quad \cdots\cdots \quad (17.10)$$

を用いて，

$$\frac{dn}{n} = \frac{q}{kT}dV \quad \cdots\cdots \quad (17.11)$$

を領域 1 から領域 2 まで積分すると，

$$\int_{n_1}^{n_2}\frac{dn}{n} = \int_{V_1}^{V_2}\frac{q}{kT}dV$$

となり，これは，

$$\int_{n_1}^{n_2}\frac{dn}{n}=\ln n\Big|_{n_1}^{n_2}=\ln n_2-\ln n_1=\ln\frac{n_2}{n_1}$$

$$=\int_{V_1}^{V_2}\frac{q}{kT}dV=\frac{q}{kT}V\Big|_{V_1}^{V_2}=\frac{q}{kT}(V_2-V_1)$$

すなわち，

$$V_2-V_1=\frac{kT}{q}\ln\frac{n_2}{n_1} \quad \cdots\cdots (17.12)$$

が得られます．これは，半導体中で濃度比がわかれば，その間の電圧差を求めることができることを示しています．逆に電圧差がわかれば濃度比は，

$$\frac{n_2}{n_1}=e^{\frac{q}{kT}(V_2-V_1)} \quad \cdots\cdots (17.13)$$

によって与えられることを示します．以上は電子電流について求めましたが，正孔電流からは，

$$V_2-V_1=\frac{kT}{q}\ln\frac{p_1}{p_2} \quad \cdots\cdots (17.14)$$

が得られます．これらの式を拡散電圧の式といいます．

ここで，q は電子の電荷量，k はボルツマン定数，T は絶対温度で，

$q=1.6\times10^{-19}$〔C〕，$k=1.38\times10^{-23}$〔J/K〕，$T=300$〔K〕

を代入すると，thermal voltage V_t は，

$$V_t=\frac{kT}{q}=25.9\fallingdotseq 26\text{〔mV〕} \quad \cdots\cdots (17.15)$$

となります．これも覚えておくと役に立つ数値です．

第18章　ダイオードの性質

18.1　PN接合

N形半導体とP形半導体が接しているところにPN接合ができます．これが半導体を形成する第一の要素です．接合(Junction)を作っていないときは，**図18.1**に示すようにN形，P形半導体のすべての場所で中性です．

次に，PN接合が作られた状態を考えます．今，**図18.2**のような単一結晶体の中で，一方がN形で他方がP形であるものを考えます．

N形の部分から電子はP形領域に拡散し，その後に動けない正電荷を残します．P形の部分から正孔はN形領域に拡散し，動けない負電荷を残します．P形領域に拡散した電子は，多数キャリアである正孔と結合し消滅します．同様に，N形領域に拡散した正孔はN形領域の多数キャリアである電子と結合して消滅します．これをキャリアの再結合といいます．

電子，正孔のあった領域には，動けない正負両方の電荷が残ります．この領域を空乏層といいます．空乏層には正味の電荷が存在することになり，電界が生じます．

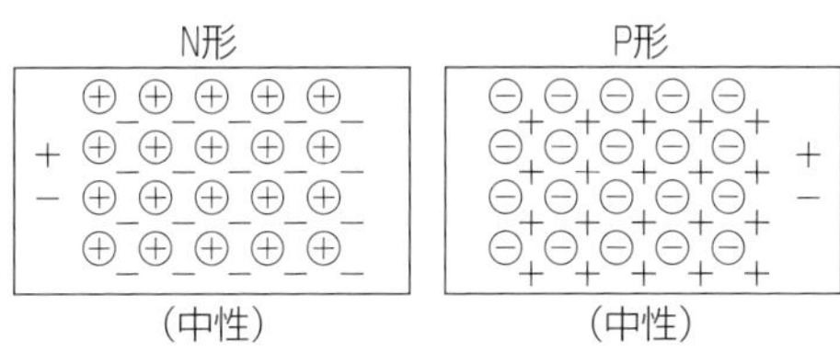

図18.1　接合を作っていない状態

この状態，すなわち，PN接合に外部電圧が印加されていない状態(これを平衡状態という)での，電子および正孔の濃度は**図18.3**に示すようになっています．

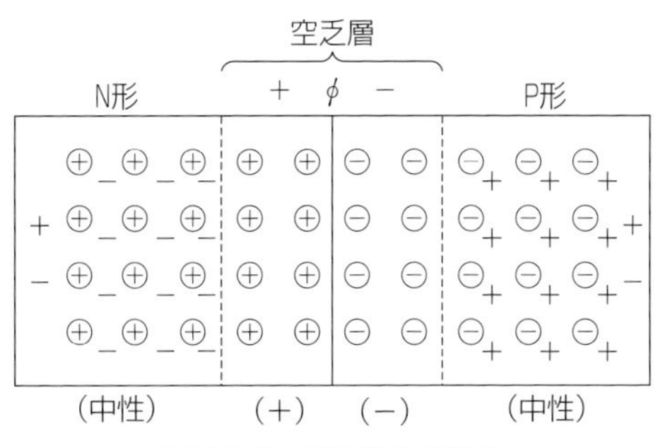

図18.2　PN接合の形成

N形領域の電子濃度n_Nは，室温においてはほぼ不純物濃度N_Dに等しくなります．また，P形領域の正孔濃度p_Pも不純物濃度N_Aに等しくなります．P形領域の少数キャリアである電子濃度n_Pは(17.1)式から決

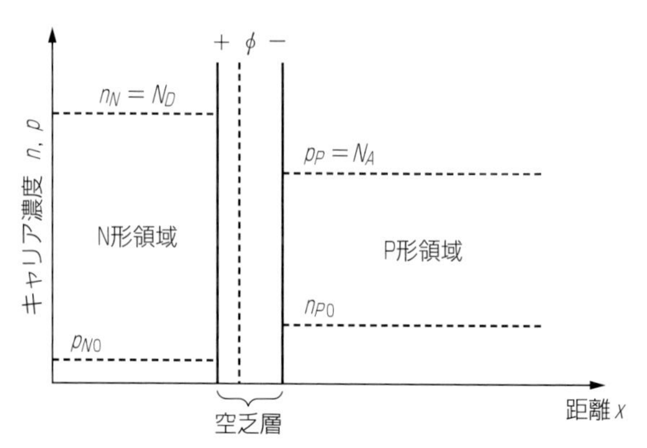

図 18.3　平衡状態での電子，正孔濃度分布

まります．すなわち，

$$n_P = \frac{n_i^2}{p_P} = \frac{n_i^2}{N_A} = n_{P0} \quad \cdots\cdots\cdots\cdots \quad (18.1)$$

となります．平衡状態での値という意味で，サフィックスに 0 を付けています．N 形領域の正孔濃度も同様に決定されます．空乏層の両端の電圧は(17.12)式より，

$$V_2 - V_1 = \frac{kT}{q}\ln\frac{n_2}{n_1} = \frac{kT}{q}\ln\frac{n_N}{n_{P0}} = \frac{kT}{q}\ln\frac{N_D}{\dfrac{n_i^2}{N_A}}$$

$$= \frac{kT}{q}\ln\frac{N_D N_A}{n_i^2} \equiv \phi \quad \cdots\cdots\cdots\cdots \quad (18.2)$$

となります．この平衡状態での PN 接合電圧を特に ϕ と表し，ビルトイン電圧と呼びます．この状態では P 形領域での電子濃度に勾配はありません．したがって，空乏層外の P 形領域では拡散電流は 0 です．

18.2　PN 接合への順方向電圧印加

平衡状態の PN 接合の空乏層の両端の電圧は ϕ ですが，**図 18.4** に示すように，外部から電圧を印加して空乏層にかかる電圧を ϕ より小さく $\phi - V$ となるようにします．すなわち，N 形に対して P 形に $+V$ なる電圧を外部から印加します．

この結果，空乏層の両端の電位差が小さくなり，(17.13)式により，この両端での電子濃度の比率が小さくなります．すなわち，

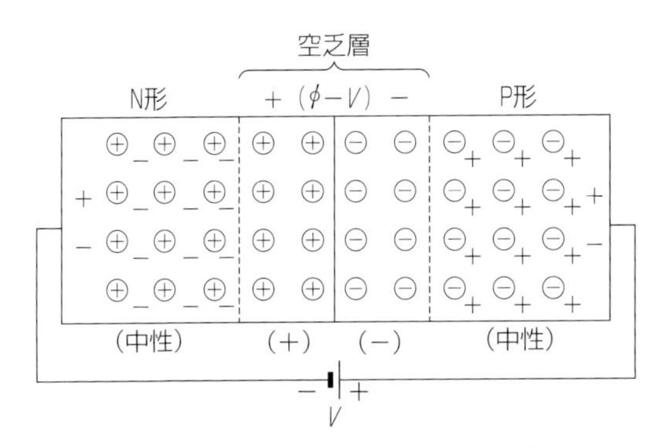

図 18.4　PN 接合に外部から電圧を印加

$$\frac{n_N}{n_P}=e^{\frac{q}{kT}(\phi-V)}=e^{\frac{q}{kT}\phi}e^{-\frac{q}{kT}V} \quad \cdots\cdots (18.3)$$

となります．N 形領域の電子濃度は N_D のままで変わりません．したがって，P 形領域の電子濃度が変化します．すなわち，

$$\frac{N_D}{n_P}=e^{\frac{q}{kT}\phi}e^{-\frac{q}{kT}V}=\frac{N_D}{n_{P0}}e^{-\frac{q}{kT}V} \quad \cdots\cdots (18.4)$$

となって，P 形領域の電子濃度は，

$$n_P=n_{P0}e^{\frac{q}{kT}V} \quad \cdots\cdots (18.5)$$

となります．すなわち，平衡状態の濃度の $e^{\frac{q}{kT}V}$ 倍になっています．これは，電子が N 形領域から P 形領域に入ってくることを意味します．これを注入といいます．この注入された電子は，P 形領域の多数キャリアである正孔と結合して徐々に消滅し，距離の増加に従い，平衡状態の濃度に近づきます．濃度分布は**図 18.5** のようになります．

P 形領域には電子の濃度勾配が発生します．これは，拡散電流が流れていることを示しています．この電子濃度分布は x の指数関数で表されます．すなわち，

$$n(x)=n_{P0}(e^{\frac{qV}{kT}}-1)e^{-\frac{x}{L_n}}+n_{P0} \quad \cdots\cdots (18.6)$$

となります．ここで，L_n は拡散長と呼ばれる定数です．(18.6)式で $x=0$ とおくと，

$$n(0)=n_{P0}e^{\frac{qV}{kT}} \quad \cdots\cdots (18.7)$$

となり，$x=\infty$ とおくと，

$$n(\infty)=n_{P0}$$

となります．空乏層の右端における電子の拡散電流は(18.6)式を微分し，$x=0$ を代入して求めることができます．すなわち，(17.5)式より，

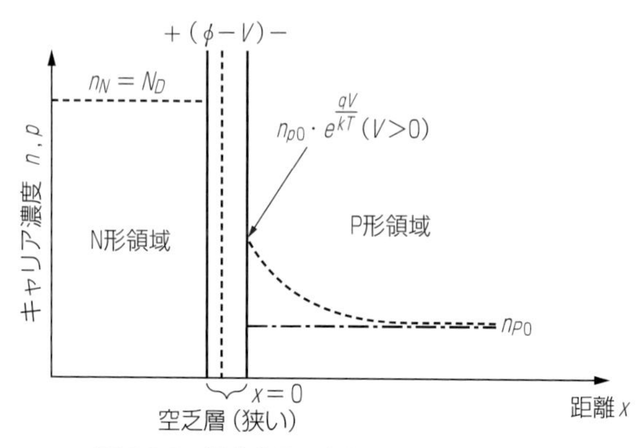

図 18.5　順方向電圧印加時の電子濃度分布

$$I_n = qD_n \frac{dn_p}{dx}\bigg|_{x=0} = -\frac{qD_n}{L_n} n_{Po}\left(e^{\frac{qV}{kT}} - 1\right) \quad \cdots\cdots (18.8)$$

となります.

同じことが正孔に関しても N 形領域で起こっています．空乏層の左端における正孔の拡散電流は,

$$I_p = -qD_p \frac{dp_N}{dx}\bigg|_{x'=0} = -\frac{qD_p}{L_p} p_{N0}\left(e^{\frac{qV}{kT}} - 1\right) \quad \cdots\cdots (18.9)$$

となります．ここで L_p は正孔の拡散長，$x'=0$ は距離の原点を空乏層の左端にするという意味です.

これら 2 つの電流の和が，PN 接合に流れる電流 I_D です．すなわち,

$$I_D = -(I_n + I_p) = \left(\frac{qD_n}{L_n} n_{P0} + \frac{qD_p}{L_p} p_{N0}\right)\left(e^{\frac{qV_D}{kT}} - 1\right)$$

$$= I_S\left(e^{\frac{qV_D}{kT}} - 1\right) \quad \cdots\cdots (18.10)$$

ただし，I_S は飽和電流と呼ばれます.

$$I_S = \frac{qD_n}{L_n} n_{P0} + \frac{qD_p}{L_p} p_{N0} \quad \cdots\cdots (18.11)$$

ここでは，I_D の正の方向として P 形から N 形に流れる向きに取っています．また，ダイオード電圧という意味で V_D を用いています.

18.3　PN 接合への逆方向電圧印加

外部から印加する電圧を負にすると，$\phi - V$ は ϕ より大きくなります．その結

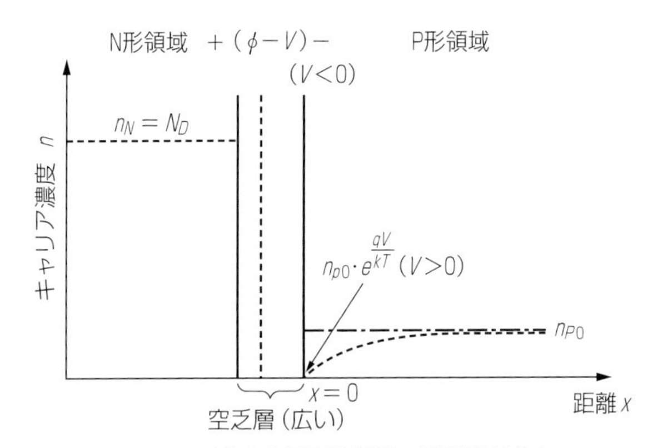

図 18.6　逆方向電圧印加時の電子濃度分布

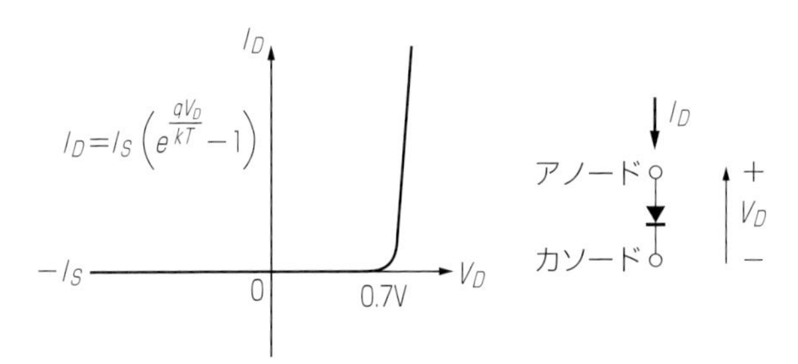

図 18.7　ダイオードの電圧対電流グラフと回路記号

果，この両端での電子濃度の比率が大きくなります．N 形領域の電子濃度は N_D のままで変わりません．したがって，P 形領域の電子濃度が減少します．平衡状態の濃度の $e^{\frac{q}{kT}V}$ 倍になっていますが，V が負なので平衡状態の濃度より小さくなり，**図 18.6** のような濃度分布になります．

順方向とは逆の濃度勾配が発生しています．これは，電子が P 形領域から N 形領域へ出て行くことを意味します．平衡状態より濃度が小さくなっていても，電子濃度は(18.6)式で表現されるので，電流は(18.10)式で与えられます．

すなわち，(18.10)式は，順方向でも逆方向でも成り立ちます．順方向では，電流は V の増加に伴って急激に増大します．しかし，逆方向では電圧を大きくしても $-I_S$ 以上の電流は流れません．これをグラフに描くと**図 18.7** のようになります．

PN 接合の場合，P 形をアノード(陽極)，N 形をカソード(陰極)といいます．2 つの端子(陽極，陰極)からなり，ダイオードといいます．

第19章　バイポーラトランジスタの性質

19.1　NPN トランジスタ

NPN トランジスタとは，**図 19.1** のように PN 接合の P 形部分にもう 1 つ PN 接合を追加したものです．順方向に外部電圧を印加する N 形領域はエミッタ，逆方向に外部電圧を印加する N 形領域をコレクタ，中間の共通 P 形領域をベースといいます．

外部電圧 V_{BE}，V_{CB} が 0 の場合の電子，正孔濃度分布は**図 19.2** のようになっています．

この状態では，P 形領域(ベース領域)には電子濃度勾配はなく電流は 0 です．

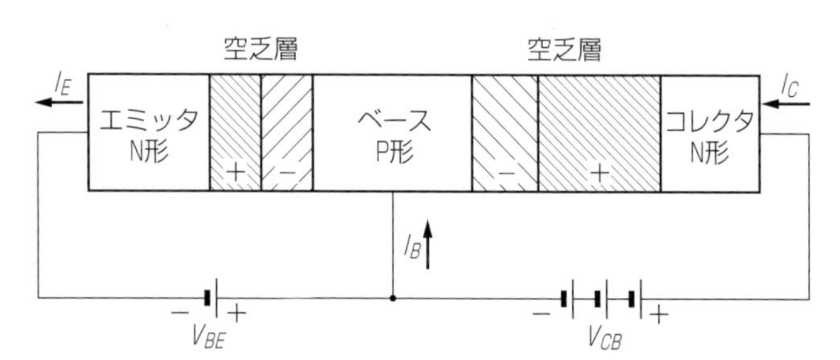

図 19.1　バイポーラトランジスタの構造

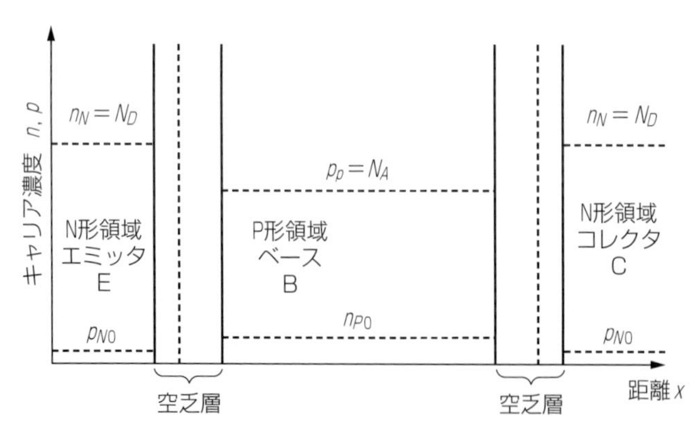

図 19.2　平衡状態での電子，正孔濃度分布(外部電圧 0V)

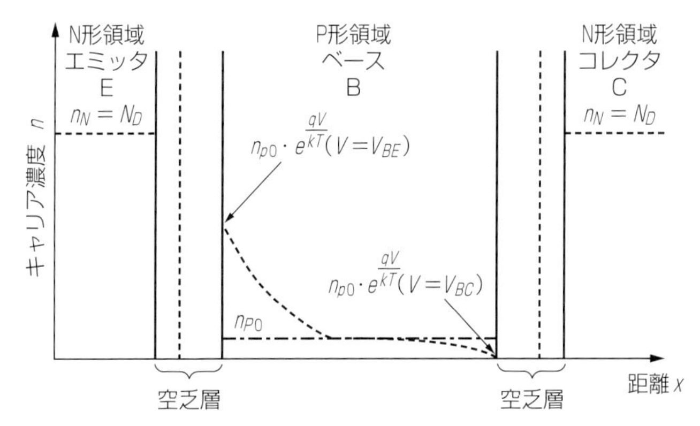

図 19.3　標準バイアス状態での電子濃度分布(ベース幅が大きいとき)

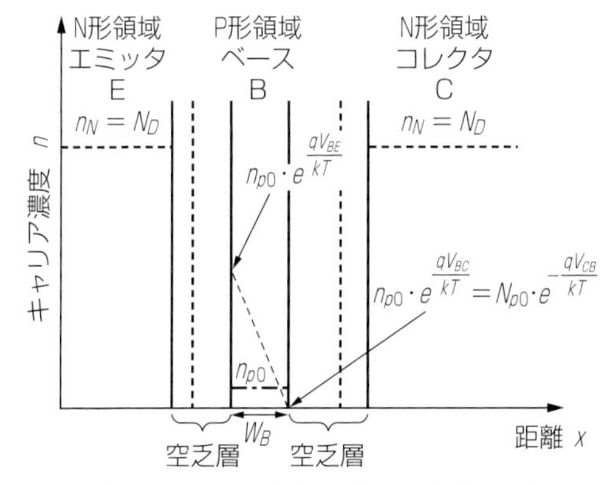

図 19.4　標準バイアス状態での電子濃度分布(ベース幅が小さいとき)

次に標準バイアス電圧，すなわちベース･エミッタ間は順方向，ベース･コレクタ間は逆方向に外部電圧を印加した場合を考えます．この場合の電子濃度分布は**図 19.3** のようになります．

ただし，これはベース幅が大きく，2 個の PN 接合は別々に動作をしているに過ぎない状態を示しています．この場合はエミッタ電流，ベース電流は(18.10)式で $V_D > 0$ の場合の大きな電流が流れますが，コレクタ電流は飽和電流 I_S しか流れずほとんど 0 です．これに対して，ベース幅が拡散長より小さい場合を**図 19.4** に示します．

このときはベース P 形領域のエミッタ側からコレクタ側まで電子濃度が直線的勾配になり，電子の拡散電流はコレクタ側とエミッタ側でほとんど等しくなります．ベース幅を W_B とすると，

$$I_E \fallingdotseq I_C \fallingdotseq qD_n \frac{n_{P0} \cdot \left(e^{\frac{qV_{BE}}{kT}} - e^{-\frac{qV_{CB}}{kT}}\right)}{W_B}$$

$$\fallingdotseq qD_n \frac{n_{P0} \cdot e^{\frac{qV_{BE}}{kT}}}{W_B} \fallingdotseq I_S \cdot e^{\frac{qV_{BE}}{kT}} \quad \cdots\cdots (19.1)$$

となります．すなわち，エミッタから注入された電子がそのままコレクタに到達するようになります．ベース領域の電子の濃度勾配は外部から印加するベース・エミッタ間電圧 V_{BE} により制御できます．コレクタ電流 I_C は電子濃度勾配によって決定されますが，V_{CB} が正であれば，V_{CB} が大きくなってもコレクタ側の濃度は限りなく 0 に近づくだけで，ベース領域全体での勾配はほとんど変わりません．つまり，コレクタ電流 I_C は V_{CB} によって変化せず一定です．これはすなわち，電流源の性質を持っていることを示しています．

したがって，トランジスタのコレクタ側は電圧制御電流源と見なすことができます．

以上，ベースP形領域の電子濃度のみを議論をしてきました．実際にはベースからエミッタへ正孔が注入されています．この電流はベース電流およびエミッタ電流の一部です．ベース幅が小さい場合には再結合電流を無視することができ，この電流はベース電流のすべてであると近似できます．

また，実際のトランジスタではエミッタ電流に比べてベース電流が小さくなるように設計されています．ベース電流の小ささを示す指標として，h_{FE} というパラメータがあります．すなわち，

$$h_{FE} = \frac{I_C}{I_B} \quad \cdots\cdots (19.2)$$

として定義されます．h_{FE} は電流増幅率といわれ，コレクタ電流とベース電流の比を示し，h_{FE} が大きいほどベース電流は小さくなります．ベース電流はダイオード電流式(18.10)式の正孔電流成分であり，順方向電圧では指数項に比べて 1 は無視できるので，

$$I_B = \frac{qD_p p_{N0}}{L_p} e^{\frac{qV_{BE}}{kT}} = \frac{qD_p n_i^2}{L_p N_D} e^{\frac{qV_{BE}}{kT}} \quad \cdots\cdots (19.3)$$

のように近似できます．またコレクタ電流は(19.1)式より，

$$I_C = \frac{qD_n n_{P0}}{W_B} e^{\frac{qV_{BE}}{kT}} = \frac{qD_n n_i^2}{W_B N_A} e^{\frac{qV_{BE}}{kT}} \quad \cdots\cdots (19.4)$$

となり，

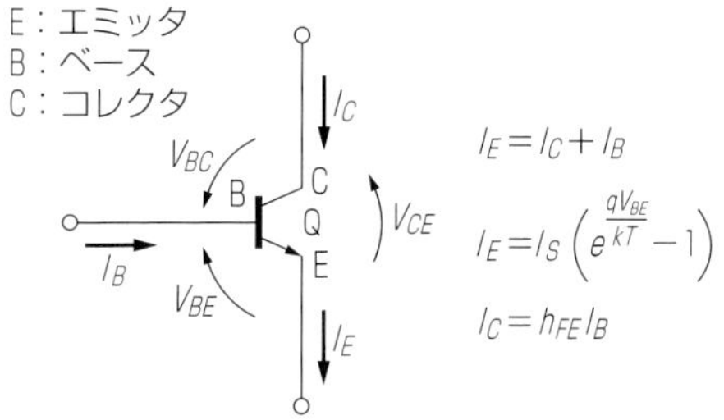

図 19.5　NPN トランジスタの電流の正の向き

$$h_{FE}=\frac{I_C}{I_B}=\frac{\dfrac{qD_n n_i^2}{W_B N_A}e^{\frac{qV_{BE}}{kT}}}{\dfrac{qD_p n_i^2}{L_p N_D}e^{\frac{qV_{BE}}{kT}}}=\frac{\dfrac{D_n}{W_B N_A}}{\dfrac{D_p}{L_p N_D}}=\frac{D_n L_p N_D}{D_p W_B N_A} \quad \cdots\cdots (19.5)$$

となります．したがって，$N_D \gg N_A$ とすれば h_{FE} は大きくできます．h_{FE} は大きいほど理想トランジスタに近いとされます．

標準バイアス状態でのトランジスタ特性の式をまとめると，以下のようになります．

$$I_E=I_S e^{\frac{qV_{BE}}{kT}} \quad \cdots\cdots (19.6)$$

$$I_C=h_{FE} I_B \quad \cdots\cdots (19.7)$$

$$I_E=I_C+I_B \quad \cdots\cdots (19.8)$$

$$\therefore \quad I_E=I_B+I_C=I_B(1+h_{FE})$$

$$\therefore \quad I_B=\frac{1}{1+h_{FE}}I_E$$

$$\therefore \quad I_C=h_{FE}I_B=\frac{h_{FE}}{1+h_{FE}}I_E \equiv \alpha I_E \quad \cdots\cdots (19.9)$$

$$\alpha=\frac{h_{FE}}{1+h_{FE}}$$

なお，(19.6)式を見ると，温度が上昇するとエミッタ電流は減少するように見えますが，実際は I_S が温度によってもっと大きく増加するため，エミッタ電流は増加します．1℃の上昇に対して，同じエミッタ電流を流すのに必要なベース・エミッタ間の電圧は約 1.8mV 減少します．すなわち，

$$\left.\frac{dV_{BE}}{dT}\right|_{I_E}=-1.8〔\text{mV/℃}〕 \quad \cdots\cdots (19.10)$$

が設計上利用されています．

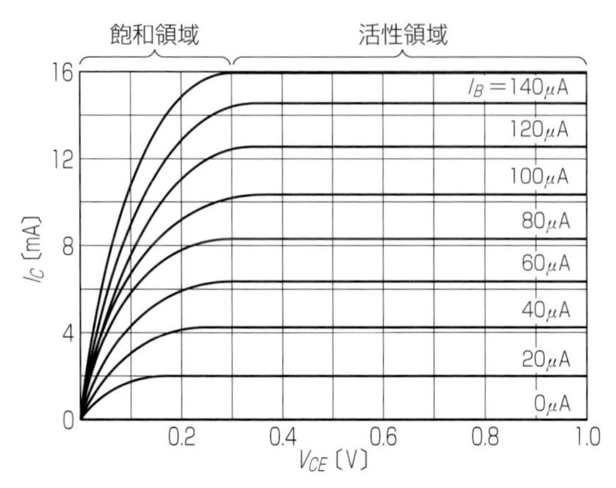

図 19.6　V_{CE} 対 I_C 特性

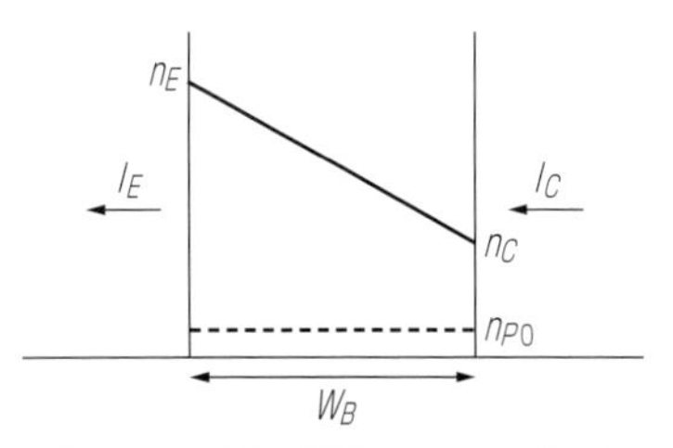

図 19.7　飽和領域でのベース電子濃度分布

19.2　トランジスタ特性

NPN トランジスタの電流，電圧の方向の約束は**図 19.5** とします．

NPN トランジスタの I_C-V_{CE} 特性は**図 19.6** のようになります．

コレクタ・エミッタ間電圧の変化に対して，ほとんどコレクタ電流が変化しない領域を，定電流領域または活性領域といいます．また，コレクタ・エミッタ間電圧の変化に対して，電流変化の激しい領域を飽和領域といいます．

飽和領域では，ベース・エミッタ接合およびコレクタ・ベース接合がともに順方向になっています．標準バイアス状態ではコレクタ側の電子濃度は 0 に近く，コレクタ電圧が変化しても電子濃度勾配は変化しません．しかしコレクタ・ベース接合が順方向になると，コレクタ側の電子濃度が上昇し，濃度勾配が減少します．そしてコレクタ電流は小さくなります．コレクタ電流は次式で与えられます．

$$I_C = qD_n\frac{n_E - n_C}{W_B} \quad \cdots\cdots (19.11)$$

電子濃度分布は**図 19.7** のようになります．

19.3　PNP トランジスタ

以上，ベースが P 形の NPN トランジスタのことを調べてきました．これと

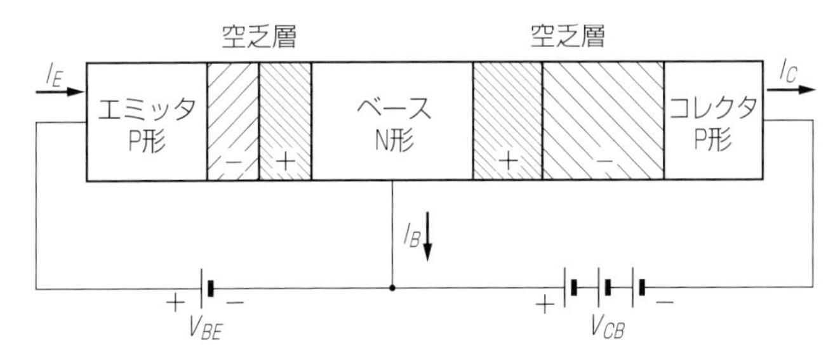

図 19.8　PNP トランジスタの構造

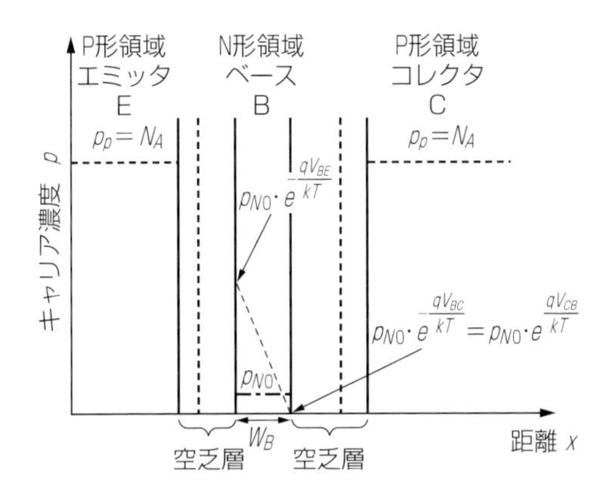

図 19.9　標準バイアス状態での正孔濃度分布

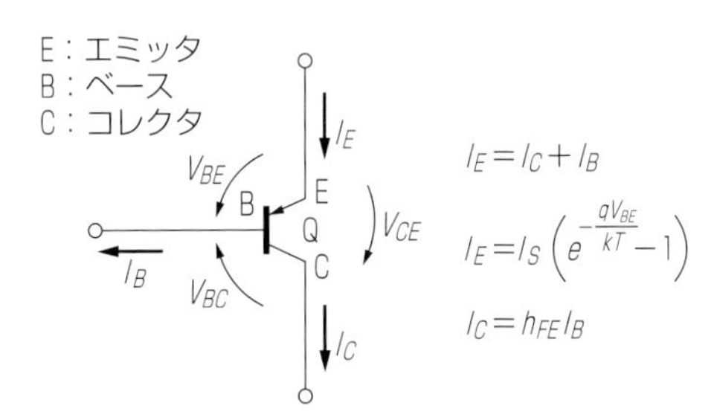

図 19.10　PNP トランジスタの電流の正の向き

は反対に，ベースが N 形の PNP トランジスタが存在します．

基本的な動作原理は NPN 形と相似ですが，ベース領域の拡散電流は正孔によって流されます．**図 19.8** に構造を示します．

標準バイアス状態での正孔濃度分布は**図 19.9** に示します．

また，PNP トランジスタの電流，電圧の方向の約束は**図 19.10** とします．

また，PNP トランジスタの I_C-V_{CE} 特性は**図 19.11** のようになります．

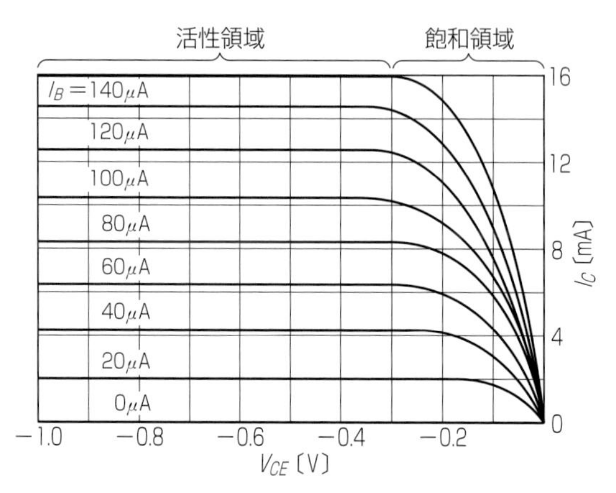

図 19.11　PNP トランジスタの V_{CE} 対 I_C 特性

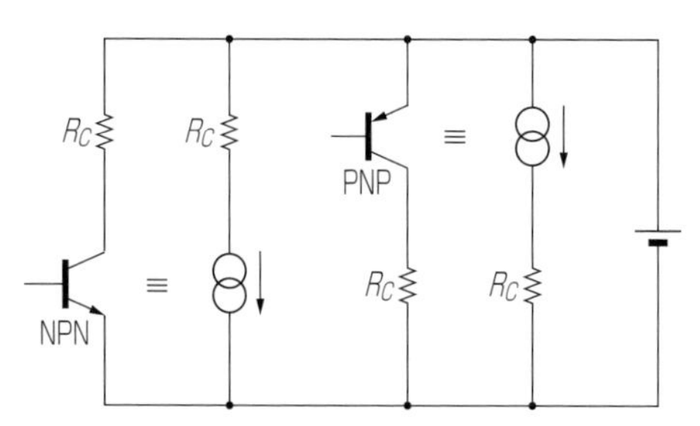

図 19.12　PNP トランジスタと NPN トランジスタによる電流源

PNP トランジスタの特徴は，コレクタ電流の正の方向が NPN トランジスタとは逆方向であることです．これによって，回路設計の自由度が大幅に増大します．トランジスタを電流源で表示した場合，**図 19.12** のようになります．

19.4＊　飽和領域の計算式

飽和領域における電子濃度分布図は**図 19.7** のようになりますが，これを**図 19.13** に示すように，2 つの分布図に分解して考えることができます．

左側は標準バイアス状態の分布です．この分布図では活性領域の電流式が成り立ちます．これを順方向と名付けます．右側の分布図は，エミッタ接合が逆バイアスでコレクタ接合が順バイアスの場合を示しています．ちょうどコレクタとエミッタの役目が逆になっていますので，逆方向と名付けます．ここでは，各電流を順方向の電流と逆方向の電流の和と考えます．順方向成分は，

$$I_{E1}=I_{ES}e^{\frac{qV_{BE}}{kT}}$$

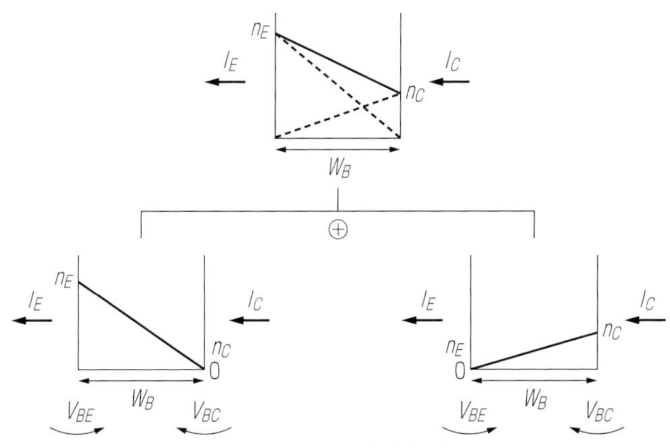

図 19.13　ベース電子濃度の順方向成分と逆方向成分

$$I_{C1}=\alpha_F I_{E1}$$

$$I_{B1}=I_{E1}-I_{C1} \quad \cdots\cdots (19.12)$$

となります．

また逆方向成分は，

$$I_{C2}=I_{CS}e^{\frac{qV_{BC}}{kT}}$$

$$I_{E2}=\alpha_R I_{C2}$$

$$I_{B2}=I_{C2}-I_{E2} \quad \cdots\cdots (19.13)$$

となります．電流の向きを考えてそれぞれの成分を加え合わせると，次の Ebers-Moll の式が得られます．

$$I_E=I_{ES}e^{\frac{qV_{BE}}{kT}}-\alpha_R I_{CS}e^{\frac{qV_{BC}}{kT}} \quad \cdots\cdots (19.14)$$

$$I_C=\alpha_F I_{ES}e^{\frac{qV_{BE}}{kT}}-I_{CS}e^{\frac{qV_{BC}}{kT}} \quad \cdots\cdots (19.15)$$

$$I_B=I_E-I_C \quad \cdots\cdots (19.16)$$

第20章　MOS構造とMOSソース構造

20.1　MOS構造

半導体を構成する第2の要素としてMOS構造があります．その構造を**図20.1**に示します．

シリコン基板(Semiconductor)の表面が酸化され酸化膜(Oxide)になり，その上に配線などの金属(Metal)が配置されればMetal Oxide Semiconductor(MOS)構造ができます．配線が通る部分の酸化膜は厚く作られ，絶縁が保たれるようになっています．MOSトランジスタの制御端子(ゲート)として利用する場合は，**図20.2**のように酸化膜を薄くしています．P形ポリシリコンは，高濃度のP形半導体ですが金属の役目をしています．

P形シリコン基板に対して，ゲートに負の電圧を印加した場合を考えます．こ

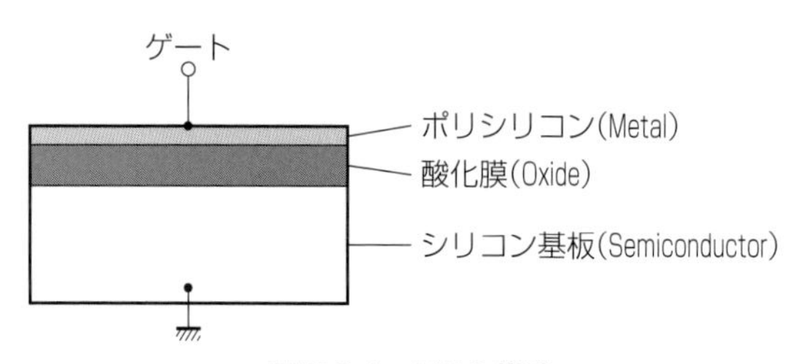

図20.1　MOS構造

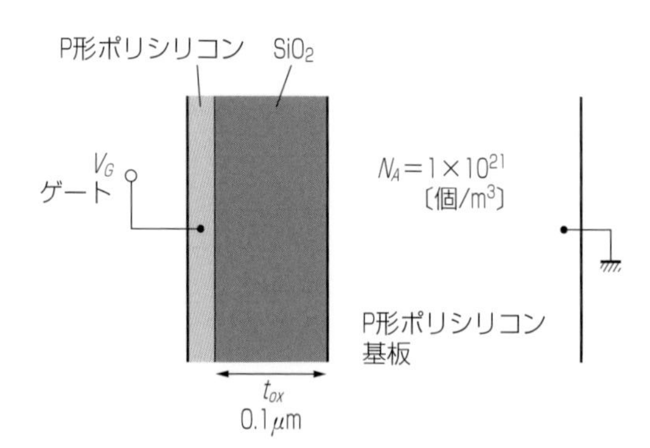

図20.2　MOS構造(ゲート用)

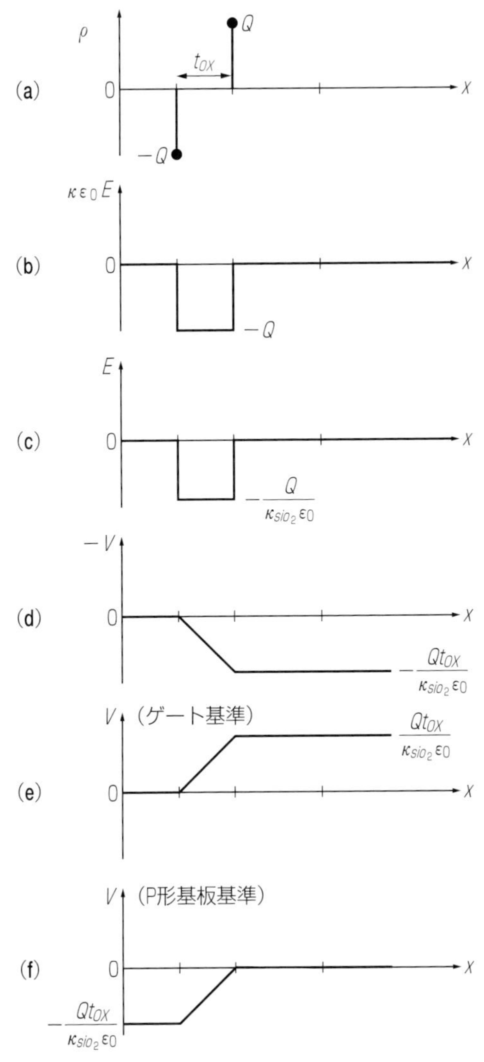

図 20.3　MOS 構造の電荷，電界，電圧分布図($V_G < 0$)

のときはゲートに負の電荷が与えられ，P 形シリコン基板中の正孔はゲートの負の電荷に引き寄せられ，基板の表面に集中します(**図 20.3(a)**)．この電荷密度図をポアソンの式の手法で 1 回積分すると $\kappa\varepsilon_0 E$ が得られます(**b**)．これを $\kappa\varepsilon_0$ で割ると電界 E が得られます(**c**)．これをそのまま積分すると $-V$ となります(**d**)．上下反転するとゲートを基準とした電圧 V が得られ(**e**)，P 形基板の右端を基準

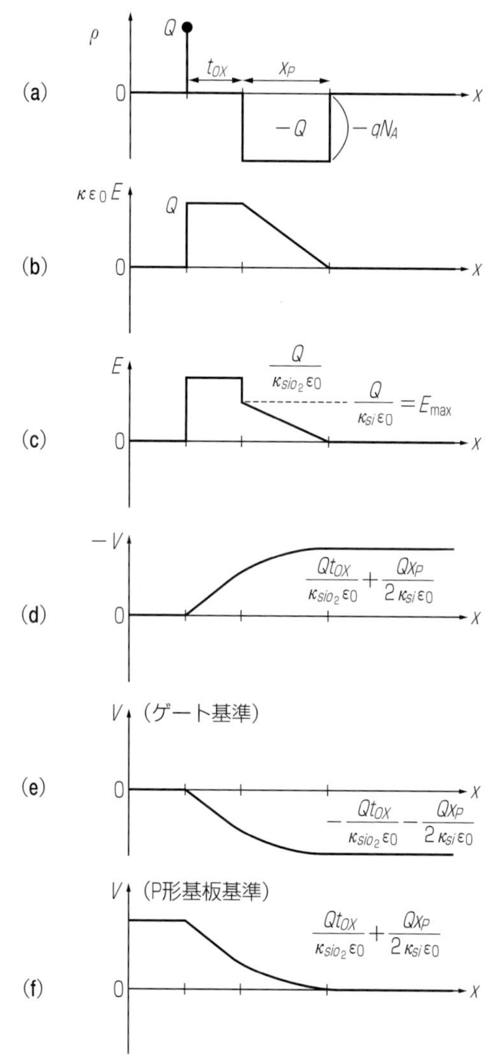

図 20.4　MOS 構造の電荷，電界，電圧分布図($V_G > 0$)

とする電圧 V は(f)のようになります．

次に，ゲートに正の電圧を印加した場合を考えます．このときは，ゲートに正の電荷が与えられます．P 形シリコン基板中の正孔は，ゲートの正の電荷と反発し，右端のアースに逃げていきます．このため，空乏層が基板表面から右に向かって伸びる方向で発生します(**図 20.4(a)**)．ただし，

$$Q=qN_A x_p \quad \cdots\cdots (20.1)$$

1回積分して $\kappa\varepsilon_0$ で割ると電界が得られます．ただし，酸化膜中とシリコン基板中では比誘電率が異なり，電界に段差が見えます(**図20.4(c)**)．この電界をそのまま積分して $-V$ を得ます．

酸化膜中の電界は一定であり，両端の電圧は，

$$V_{OX}=Et_{OX}=\frac{Q}{\kappa_{Sio_2}\varepsilon_0}t_{OX} \quad \cdots\cdots (20.2)$$

となります．また，P形シリコン基板の空乏層中の電界は，三角形の面積を求める方法で，

$$V_{Si}=E_{\max}\frac{x_P}{2}=\frac{Q}{\kappa_{Si}\varepsilon_0}\frac{x_P}{2}=\frac{Qx_p}{2\kappa_{Si}\varepsilon_0} \quad \cdots\cdots (20.3)$$

として求められます．これらを加算し，正負を反転してゲート基準の電圧**図20.4(e)**およびP形基板基準の電圧**(f)**，

$$V_G=V_{OX}+V_{Si}=\frac{Qt_{OX}}{\kappa_{Sio_2}\varepsilon_0}+\frac{Qx_P}{2\kappa_{Si}\varepsilon_0} \quad \cdots\cdots (20.4)$$

が得られます．

20.2　MOS構造の反転層

図20.4(f)で注目すべきことは，P形シリコン基板の空乏層によって，P形基板の内部に電圧差が発生していることです．基板の中性領域に比較して基板表面電位は，

$$V_{Si}=\frac{Qx_P}{2\kappa_{Si}\varepsilon_0} \quad \cdots\cdots (20.5)$$

だけ高くなっています．これは(17.13)式により，電子の濃度が表面では大きくなっていることを示します．すなわち，

$$n_S=n_{P0}e^{\frac{qV_{Si}}{kT}} \quad \cdots\cdots (20.6)$$

ただし，n_S は表面の電子濃度です．

もともと正孔によりP形であった領域から正孔がいなくなり，替わって電子が増加してきます．N形に反転したように見えるので，表面の電子層を反転層といいます．ゲート電圧 V_G がさらに大きくなれば，電子濃度はどんどん大きくなり，ついにはもともとの正孔濃度 N_A にまで上昇します．この状態を強反転といいます．

強反転になると，ゲート電圧を上昇させると電子濃度が急激に上昇し，空乏層

幅の増加は起こりません．この強反転が起こるゲート電圧を閾値電圧 V_{TH} といいます．この電圧を求めます．

まず，強反転するための空乏層電圧 V_{Si} を求めます．

$$N_A = n_{P0} e^{\frac{qV_{Si}}{kT}} \quad \cdots\cdots (20.7)$$

$$V_{Si} = \frac{kT}{q} \ln \frac{N_A}{n_{P0}} = \frac{kT}{q} \ln \frac{N_A}{\frac{{n_i}^2}{N_A}} = \frac{kT}{q} \ln \frac{{N_A}^2}{{n_i}^2} = 2\frac{kT}{q} \ln \frac{N_A}{n_i} \cdots (20.8)$$

となります．ここで，

$$\phi_i \equiv \frac{kT}{q} \ln \frac{N_A}{n_i} \quad \cdots\cdots (20.9)$$

とおくと，

$$V_{Si} = 2\phi_i \quad \cdots\cdots (20.10)$$

となります．これは，一方では(20.3)式に等しく，また(20.1)式を代入すると x_p が求まります．すなわち，

$$Q = qN_A x_P$$

$$V_{Si} = \frac{Qx_P}{2\kappa_{Si}\varepsilon_0} = \frac{qN_A {x_P}^2}{2\kappa_{Si}\varepsilon_0} = 2\phi_i$$

$$\therefore \quad {x_P}^2 = 2\phi_i \frac{2\kappa_{Si}\varepsilon_0}{qN_A} = \frac{4\phi_i \kappa_{Si}\varepsilon_0}{qN_A}$$

よって，

$$x_P = 2\sqrt{\frac{\phi_i \kappa_{Si}\varepsilon_0}{qN_A}} \quad \cdots\cdots (20.11)$$

となり，Q は，

$$Q = qN_A x_P = 2\sqrt{qN_A \phi_i \kappa_{Si}\varepsilon_0} \quad \cdots\cdots (20.12)$$

となります．これより，酸化膜の両端の電圧は，

$$V_{OX} = \frac{Q}{\kappa_{Sio_2}\varepsilon_0} t_{OX} = \frac{2\sqrt{qN_A \phi_i \kappa_{Si}\varepsilon_0}}{\kappa_{Sio_2}\varepsilon_0} t_{OX} \quad \cdots\cdots (20.13)$$

となります．したがって，強反転になるゲート電圧 V_{TH} は，これらの和として，

$$V_G = V_{TH} = V_{OX} + V_{Si} = \frac{2\sqrt{qN_A \phi_i \kappa_{Si}\varepsilon_0}}{\kappa_{Sio_2}\varepsilon_0} t_{OX} + 2\phi_i \quad \cdots\cdots (20.14)$$

になります．ここで，

$$V_\delta = \frac{qN_A \kappa_{Si} {t_{OX}}^2}{2{\kappa_{Sio_2}}^2 \varepsilon_0} \quad \cdots\cdots (20.15)$$

を用いると，

$$V_G = V_{TH} = 2\sqrt{V_\delta \cdot 2\phi_i} + 2\phi_i$$

のように少し表現が簡単になります.

20.3　MOS 構造の容量

ここで MOS 構造の容量を求めます. まず, ゲートに負の電圧が印加された**図 20.3** の場合を考えます. この電荷分布図は, 並行平板コンデンサと同じです. したがって, 単位面積当たりの容量は,

$$C = \frac{Q}{V} = \frac{Q}{\dfrac{Q}{\kappa_{Sio_2}\varepsilon_0} t_{OX}} = \frac{\kappa_{Sio_2}\varepsilon_0}{t_{OX}} \quad \cdots\cdots (20.16)$$

となります.

次にゲートに正の電圧が印加された場合を考えます. ゲート電圧は(20.4)式により,

$$V_G = V_{OX} + V_{Si} = \frac{Qt_{OX}}{\kappa_{Sio_2}\varepsilon_0} + \frac{Qx_P}{2\kappa_{Si}\varepsilon_0}$$

となります. (20.1)式の

$$x_P = \frac{Q}{qN_A}$$

を代入すると,

$$V_{Si} = \frac{Q^2}{2qN_A\kappa_{Si}\varepsilon_0} \quad \cdots\cdots (20.17)$$

したがって,

$$V_G = \frac{Qt_{OX}}{\kappa_{Sio_2}\varepsilon_0} + \frac{Q^2}{2qN_A\kappa_{Si}\varepsilon_0} \quad \cdots\cdots (20.18)$$

となります. この場合の容量は微分により,

$$\frac{1}{C} = \frac{dV_G}{dQ} = \frac{t_{OX}}{\kappa_{Sio_2}\varepsilon_0} + \frac{Q}{qN_A\kappa_{Si}\varepsilon_0} \quad \cdots\cdots (20.19)$$

となります. (20.1)式を代入すると,

$$\frac{1}{C} = \frac{t_{OX}}{\kappa_{Sio_2}\varepsilon_0} + \frac{x_P}{\kappa_{Si}\varepsilon_0} = \frac{1}{\dfrac{\kappa_{Sio_2}\varepsilon_0}{t_{OX}}} + \frac{1}{\dfrac{\kappa_{Si}\varepsilon_0}{x_P}} = \frac{1}{C_{OX}} + \frac{1}{C_{Si}} \quad \cdots\cdots (20.20)$$

と表現でき, 酸化膜容量と半導体空乏層容量の直列接続であることがわかります.

(20.19)式に戻り, 右辺第 2 項の Q は(20.18)式の 2 次方程式

$$Q^2+\frac{2qN_A\kappa_{Si}t_{OX}Q}{\kappa_{Sio_2}}-2qN_A\kappa_{Si}\varepsilon_0V_G=0 \quad \cdots\cdots (20.21)$$

を解き,

$$Q=\frac{-\frac{2qN_A\kappa_{Si}t_{OX}}{\kappa_{SiO_2}}+\sqrt{\left(\frac{2qN_A\kappa_{Si}t_{OX}}{\kappa_{SiO_2}}\right)^2+8qN_A\kappa_{Si}\varepsilon_0V_G}}{2}$$

$$=-\frac{qN_A\kappa_{Si}t_{OX}}{\kappa_{SiO_2}}+\sqrt{\left(\frac{qN_A\kappa_{Si}t_{OX}}{\kappa_{Sio_2}}\right)^2+2qN_A\kappa_{Si}\varepsilon_0V_G}$$

$$=-\frac{qN_A\kappa_{Si}t_{OX}}{\kappa_{SiO_2}}+\frac{qN_A\kappa_{Si}t_{OX}}{\kappa_{SiO_2}}\sqrt{1+\frac{2qN_A\kappa_{Si}\varepsilon_0V_G}{\left(\frac{qN_A\kappa_{Si}t_{OX}}{\kappa_{SiO_2}}\right)^2}}$$

となります．したがって，(20.19)式の第2項は，

$$\frac{Q}{qN_A\kappa_{Si}\varepsilon_0}=-\frac{t_{OX}}{\kappa_{SiO_2}\varepsilon_0}+\frac{t_{OX}}{\kappa_{SiO_2}\varepsilon_0}\sqrt{1+\frac{2\kappa_{SiO_2}{}^2\varepsilon_0V_G}{qN_A\kappa_{Si}t_{OX}{}^2}}$$

$$=-\frac{t_{OX}}{\kappa_{SiO_2}\varepsilon_0}+\frac{t_{OX}}{\kappa_{SiO_2}\varepsilon_0}\sqrt{1+\frac{V_G}{\frac{qN_A\kappa_{Si}t_{OX}{}^2}{2\kappa_{Sio_2}{}^2\varepsilon_0}}}$$

$$=-\frac{1}{C_{OX}}+\frac{1}{C_{OX}}\sqrt{1+\frac{V_G}{V_\delta}}$$

となり，(20.19)式に代入すると，

$$\frac{1}{C}=\frac{1}{C_{OX}}\sqrt{1+\frac{V_G}{V_\delta}}$$

となり，

$$C=\frac{C_{OX}}{\sqrt{1+\frac{V_G}{V_\delta}}} \quad \cdots\cdots (20.22)$$

となります．ただし，

$$C_{OX}=\frac{\kappa_{Sio_2}\varepsilon_0}{t_{OX}}$$

$$V_\delta=\frac{qN_A\kappa_{Si}t_{OX}{}^2}{2\kappa_{Sio_2}{}^2\varepsilon_0}$$

です．この V_δ は，たとえば図 20.5 のような酸化膜厚が

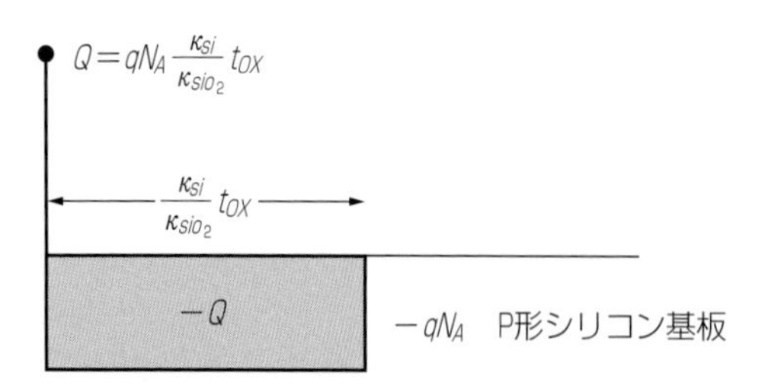

図 20.5　V_δを発生する空乏層構造

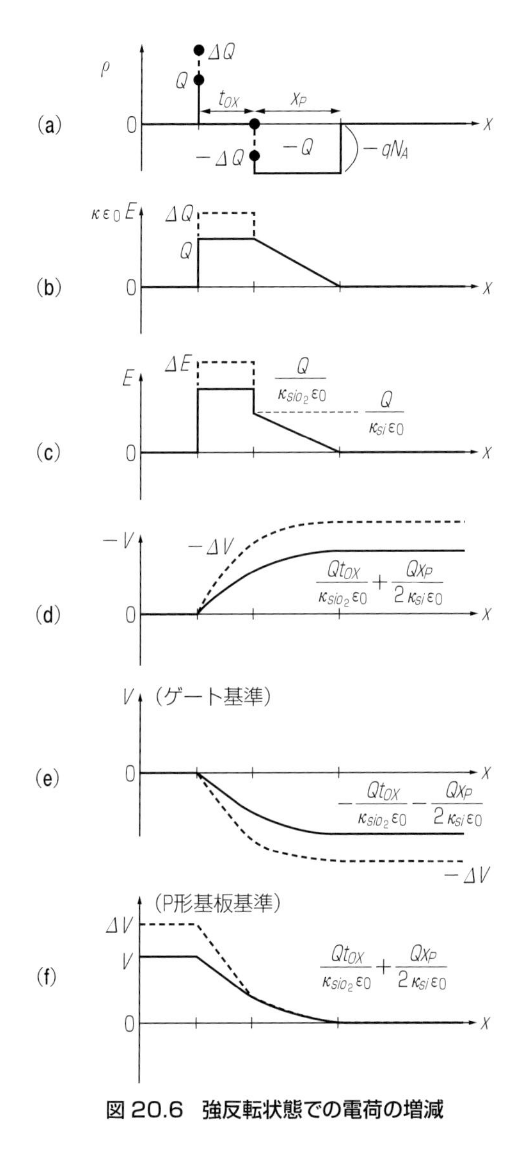

図 20.6　強反転状態での電荷の増減

0 の MOS 構造で，空乏層の長さが図に示す大きさのものの両端の電圧となります．

さて，(20.22)式で表現される容量は，V_G が大きくなるに従って小さくなります．しかし，表面が強反転状態になると，**図 20.6** のように空乏層はそれ以上広がらず，表面の電子の増減により，ゲート電極の正の電荷の増加に対応します．したがって，酸化膜容量の大きさに戻ります．

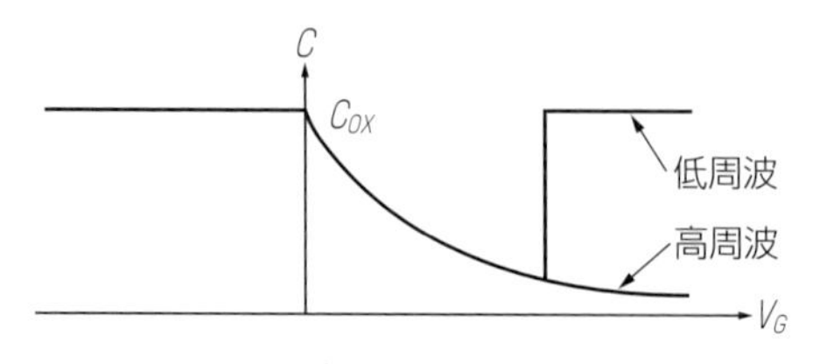

図 20.7　反転層を考慮した C-V 曲線

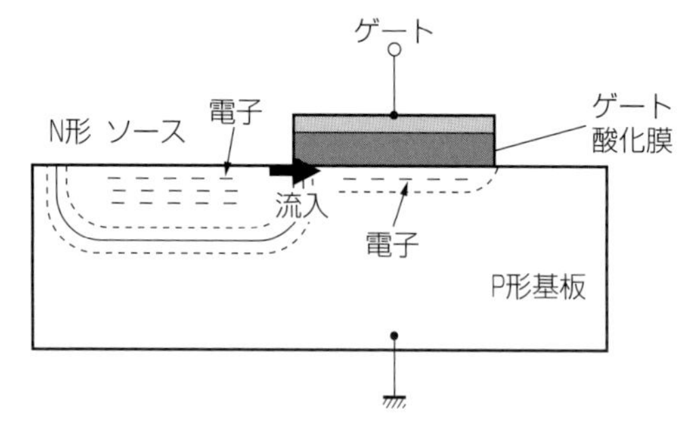

図 20.8　MOS ソース構造

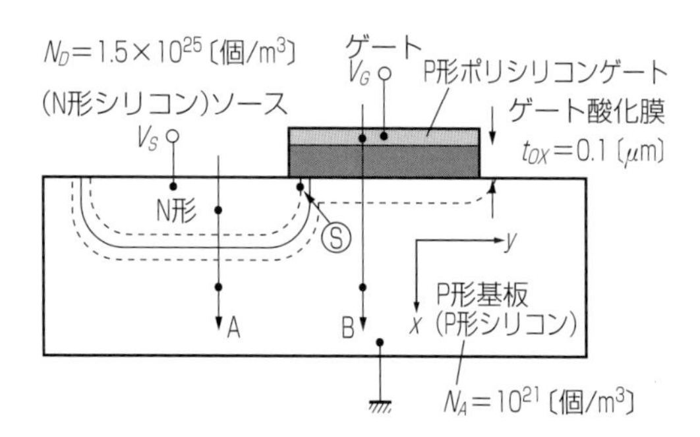

図 20.9　MOS ソース構造の A 線と B 線

しかし，この反転層の電子は熱平衡状態で発生するため，有限の時間が必要です．したがって，高周波信号に対しては応答できず，容量は減少し続けます．したがって，**図 20.7** のように低周波と高周波で曲線が変わります．これではゲートの電圧を駆動して，電子濃度を高速で制御するという目的は達せられないことになります．この壁を破る構造が次の MOS ソース構造です．

20.4　MOS ソース構造

MOS ソース構造は，**図 20.8** に示すように MOS 構造の横に PN 接合を隣接させたものです．ゲートに正の電圧を印加して，反転電子が増加できる状態にな

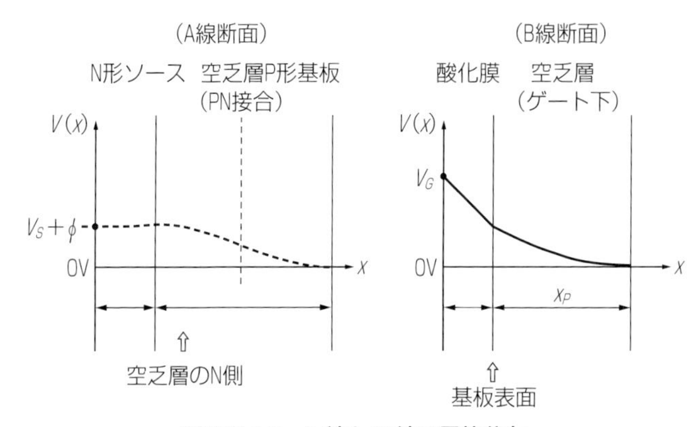

図 20.10　A 線と B 線の電位分布

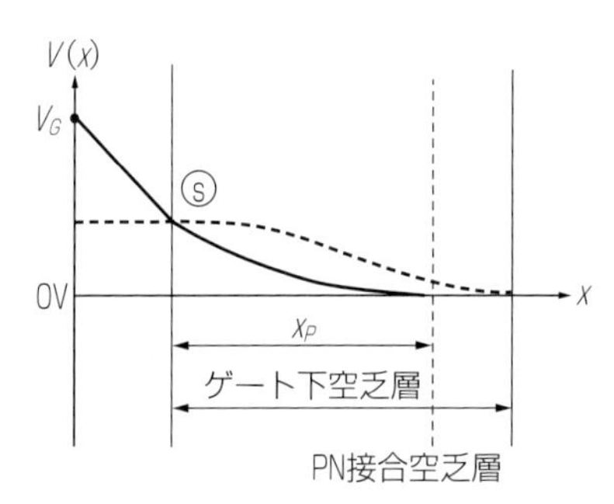

図 20.11　A 線と B 線の重ね合わせ

ったときに，熱平衡の時間を待たずに隣接する N 形領域から電子が直ちに入り込める構造です．これを電子の流入といいます．

電子が流入するメカニズムを，**図 20.9** の A 線と B 線の電圧を比較することにより理解することにします．

図 20.9 の A 線は，P 形基板と N 形ソースで形成される PN 接合の空乏層の部分です．B 線は MOS 構造のゲート酸化膜と P 形基板の部分です．それぞれの電圧を P 形基板中性部分の電圧を基準にした電圧（電位ともいう）の図を描くと，**図 20.10** のようになります．

20.5　電子の流入

これらの電位図を重ねたものが**図 20.11** です．この図でⓈ点は，ゲート下と PN 接合の接している部分です．この点で A 線と B 線の電位が等しい場合，ソース領域の電子はゲート下に流入することができます．もし PN 接合の電位が高

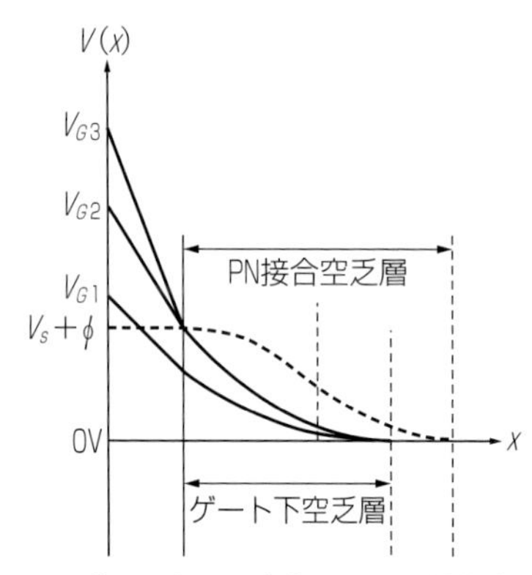

図 20.12　ゲート電圧の変化による電位分布図の変化

ければ，電子はソースの側に引かれてゲート下には入ってきません．

ここで，流入が起こるゲート電圧 V_{TH}(閾値電圧)を求めます．

$$V_G = V_{TH} = V_{OX} + V_{Si} \quad \cdots\cdots (20.23)$$

において，

$$V_{Si} = V_S + \phi$$

および，(20.17)式から，

$$V_{Si} = \frac{Q^2}{2qN_A\kappa_{Si}\varepsilon_0}, \quad V_{OX} = \frac{Q}{C_{OX}} = \frac{\sqrt{2qN_A\kappa_{Si}\varepsilon_0(V_S+\phi)}}{C_{OX}}$$

を代入して，

$$V_G = V_{TH} = \frac{\sqrt{2qN_A\kappa_{Si}\varepsilon_0(V_S+\phi)}}{C_{OX}} + V_S + \phi$$

$$= 2\sqrt{V_\delta(V_S+\phi)} + V_S + \phi \quad \cdots\cdots (20.24)$$

となります．

図 20.12 は，ゲート電圧が変化したときの電位分布図のようすを示します．V_{G1} ではゲート下の電位がソース電位より低く，流入は起こりません．V_{G2} はちょうど流入が起こっている状態です．V_{G3} は流入が強く起こっている状態です．ゲート下のP形空乏層はPN接合の電位に固定されています．したがって，ゲート下の空乏層電荷もこれで固定されます．このときの電荷量を Q_B と記します．すなわち，

$$Q_B = \sqrt{2qN_A\kappa_{Si}\varepsilon_0(V_S+\phi)} = 2C_{OX}\sqrt{V_\delta(V_S+\phi)} \quad \cdots\cdots (20.25)$$

PN接合の電位は，ビルトイン電圧 ϕ と外部から印加された電圧 V_S の和になっています．

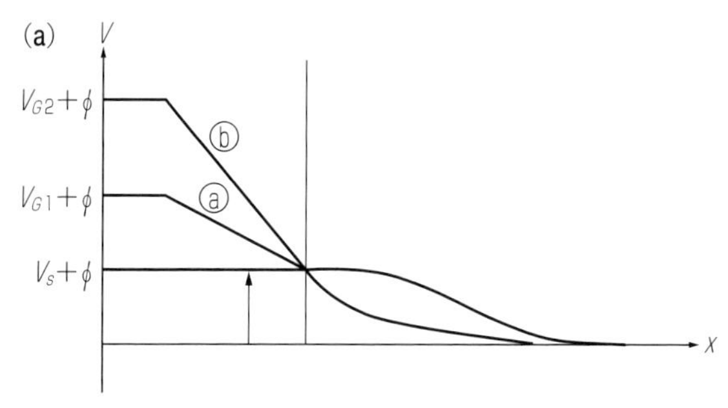

図 20.13　流入状態での電位分布図

20.6　N 形ポリシリコンゲートの場合

いままではP形ポリシリコンゲートの場合を考えてきました．ゲートがN形の場合は，ビルトイン電圧がP形基板とN形ゲートの間に発生します．外部ゲート電圧が0でも基板に対して，ゲートに正のビルトイン電圧ϕが加わっています．したがって，ゲートの内部電圧は$V_G+\phi$になっています．したがって，(20.24)式に対応して，

$$V_G+\phi=2\sqrt{V_\delta(V_S+\phi)}+V_S+\phi$$

したがって，流入をスタートさせるゲート電圧V_Gは，

$$V_G=2\sqrt{V_\delta(V_S+\phi)}+V_S \quad \cdots\cdots (20.26)$$

となります．

20.7　流入電荷量(N 形ゲート)

図 20.13 のように，N形ゲートにおいて流入状態にある場合，その電荷量を求めることにします．電圧分布図の極性を換え，1回微分すると**図 20.14(c)**のようになり，電界Eが得られます．

この電界に$\kappa\varepsilon_0$をかけ，もう一度微分すると電荷密度が得られます(**図 20.15 (e)**)．

図より，

$$Q(V_{G2})=Q_n(V_{G2})+Q_B$$
$$Q(V_{G1})=Q_n(V_{G1})+Q_B$$

したがって，

$$\begin{aligned}Q_n&=Q-Q_B=C_{OX}V_{OX}-Q_B\\&=C_{OX}\big((V_G+\phi)-(V_S+\phi)\big)-Q_B=C_{OX}(V_G-V_S)-Q_B\\&=C_{OX}(V_G-V_S)-2C_{OX}\sqrt{V_\delta(V_S+\phi)} \quad \cdots\cdots (20.27)\end{aligned}$$

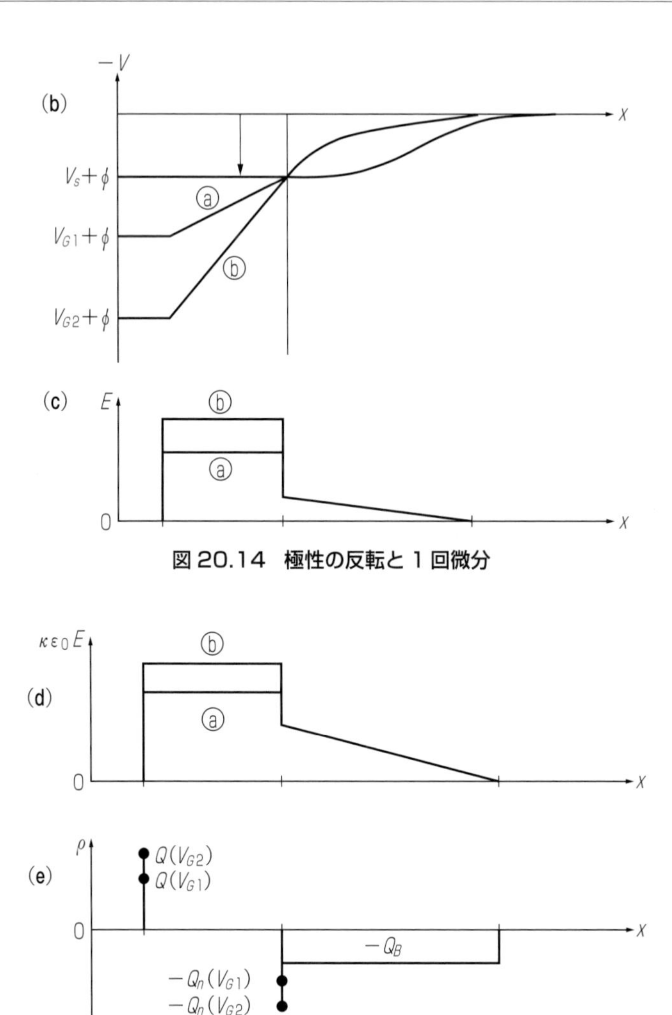

図 20.14　極性の反転と 1 回微分

図 20.15　2 回微分と電荷密度

これより，動ける流入電荷量は，ゲート電圧 V_G に 1 次関数で増加し，V_S に対しては減少することがわかります．この流入電子を制御する素子が，次章で学ぶ MOS トランジスタです．

第21章　MOSトランジスタ

21.1　Nチャンネル MOS トランジスタ

前章で学んだ MOS ソース構造のゲートの端に，同じ構造の N 形領域(ドレインという)を設けたものが MOS トランジスタです．

ドレインにはソースより高い電圧を与え，ゲート電圧を V_{TH} より高くすると，ソースの電子がゲート下に流入し，電界によりドレイン方向に移動し電流が流れます．ゲート下はソースからドレインまで電子が存在するので，チャンネルが形成されたといいます．電子の場合は N チャンネルです．ソースからドレインまでのチャンネルの位置(y 座標とする)により，電子の電荷量 $Q(y)$は変化します．ソースにおいては前章の(20.27)式のように，

$$Q_n = C_{OX}(V_G - V_S) - 2C_{OX}\sqrt{V_\delta(V_S + \phi)}$$

で与えられます．これを y の関数として一般化すると，

$$Q(y) = C_{OX}(V_G - V(y)) - 2C_{OX}\sqrt{V_\delta(V(y) + \phi)} \quad \cdots\cdots (21.1)$$

となります．ただし，

ソースにおいて，　$y = 0,\ V(y) = V_S$

ドレインにおいて，　$y = L',\ V(y) = V_D$

とします．

このようにすると，位置 y におけるドリフト電流はゲート幅を W とすると，

$$I = \mu_n WQ(y)E(y) \quad \cdots\cdots (21.2)$$

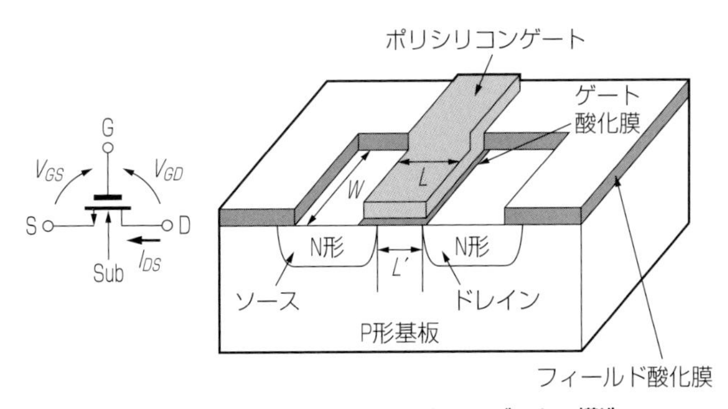

図 21.1　Nチャンネル MOS トランジスタの構造

となります．チャンネルには正孔は存在しないので，電子は再結合することなくドレインに運ばれます．したがって，この電流はチャンネルのどこでも一定です．(21.1)式の第2項は，ゲート下の空乏層電荷で y により変化するものですが，平均的なもので近似して一定値とします．すなわち，

$$\overline{Q_B}=2C_{OX}\sqrt{V_\delta\left(\overline{V(y)+\phi}\right)}=C_{OX}V_T \quad \cdots\cdots (21.3)$$

とします．これを用いると，(21.2)式は，

$$\begin{aligned}I&=\mu_n WQ(y)E(y)\\&=\mu_n W\left\{C_{OX}\left(V_G-V(y)\right)-2C_{OX}\sqrt{V_\delta\left(V(y)+\phi\right)}\right\}E(y)\\&=\mu_n W\left\{C_{OX}\left(V_G-V(y)\right)-C_{OX}V_T\right\}E(y)\\&=\mu_n WC_{OX}\left(V_G-V(y)-V_T\right)E(y)\\&=-\mu_n WC_{OX}\left(V_G-V(y)-V_T\right)\frac{dV(y)}{dy}\end{aligned}$$

となります．この式は，変数分離形の微分方程式になります．すなわち，

$$Idy=-\mu_n WC_{OX}\left(V_G-V(y)-V_T\right)dV(y)$$

となります．ドレインからソースに向かう電流を正とし，ソースからドレインまで積分すると，

$$\int_0^{L'}Idy=\mu_n WC_{OX}\int_{V_S}^{V_D}\left(V_G-V(y)-V_T\right)dV(y)$$

したがって，

$$\begin{aligned}IL'&=\mu_n WC_{OX}\left|(V_G-V_T)V(y)-\frac{1}{2}V(y)^2\right|_{V_S}^{V_D}\\&=\mu_n WC_{OX}\left((V_G-V_T)(V_D-V_S)-\frac{1}{2}(V_D{}^2-V_S{}^2)\right)\\&=\mu_n WC_{OX}(V_D-V_S)\left((V_G-V_T)-\frac{1}{2}(V_D+V_S)\right)\\&=\mu_n WC_{OX}(V_D-V_S)\left((V_G-V_S-V_T)-\frac{1}{2}(V_D-V_S)\right)\\&=\mu_n WC_{OX}V_{DS}\left((V_{GS}-V_T)-\frac{1}{2}V_{DS}\right)=\mu_n WC_{OX}\left((V_{GS}-V_T)V_{DS}-\frac{1}{2}V_{DS}{}^2\right)\end{aligned}$$

これよりドレイン電流は，

$$I=I_{DS}=\mu_n C_{OX}\frac{W}{L'}\left((V_{GS}-V_T)V_{DS}-\frac{1}{2}V_{DS}{}^2\right) \quad \cdots\cdots (21.4)$$

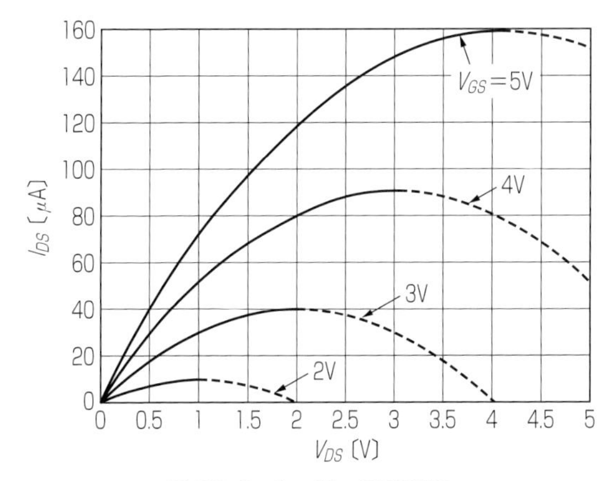

図 21.2　I_{DS}-V_{DS} 計算結果

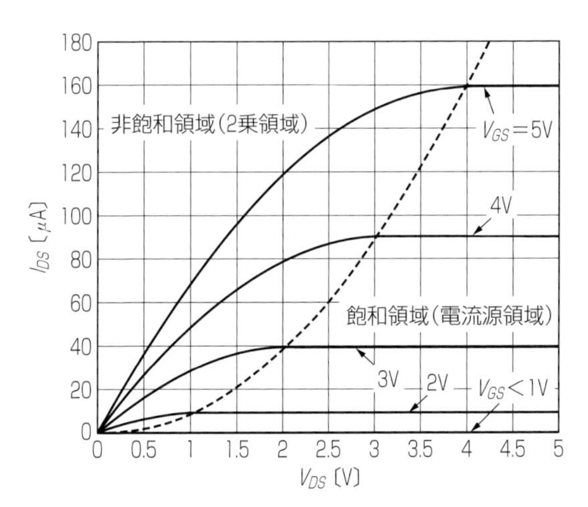

図 21.3　MOS トランジスタ I_{DS}-V_{DS} 特性

$$=2kV_{DS}\left(V_{GS}-V_T-\frac{1}{2}V_{DS}\right)$$

ただし,

$$k=\frac{1}{2}\mu_n C_{OX}\frac{W}{L'}$$

で与えられます.

21.2 MOS トランジスタの特性

(21.4)式を用いて，MOS トランジスタの V_{DS} 対 I_{DS} の特性を描いてみます．条件として，

$$V_T = 1〔\mathrm{V}〕,\ k = \frac{1}{2}\mu_n C_{OX}\frac{W}{L'} = 10〔\mu\mathrm{A/V^2}〕$$

とします．その結果を**図 21.2** に示します．V_{DS} の 2 次式で，ドレイン電圧が大きくなると，最大値から減少する曲線が得られます．

その部分を点線で示していますが，実際のトランジスタでは減少せず，最大値を保持していて**図 21.3** のようになっています．V_{DS} の増加により，I_{DS} が最大値に向かって増加している範囲を非飽和領域または二乗領域，電流が一定になる領域を飽和領域または電流源領域といいます．バイポーラトランジスタの場合とは飽和の意味が異なっていますので注意が必要です．

(21.4)式を導く仮定として，ソース側，ドレイン側の両方で流入状態になるとしてきましたが，ドレイン電圧が大きくなると，ドレイン側では流入条件が満たされなくなります．このときは電子を吸い上げる働きのみを行います．この状態はピンチオフといわれます．(21.4)式を変形して，二乗領域と電流源領域が区別できるようにします．すなわち，

$$I_{DS} = \frac{1}{2}\mu_n C_{OX}\frac{W}{L'}\left(2(V_{GS} - V_T)V_{DS} - {V_{DS}}^2\right)$$

において，

$$V_{DS} = V_{DG} - V_{SG} = V_{GS} - V_{GD} = (V_{GS} - V_T) - (V_{GD} - V_T)$$

を代入すると，

$$I_{DS} = \frac{1}{2}\mu_n C_{OX}\frac{W}{L'}\left\{2(V_{GS} - V_T)\left((V_{GS} - V_T) - (V_{GD} - V_T)\right)\right.$$
$$\left. - \left((V_{GS} - V_T) - (V_{GD} - V_T)\right)^2\right\}$$

したがって，

$$I_{DS} = \frac{1}{2}\mu_n C_{OX}\frac{W}{L'}\left\{(V_{GS} - V_T)^2 - (V_{GD} - V_T)^2\right\} \cdots\cdots\cdots\cdots \quad (21.5)$$

となります．この式で，

$$(V_{GS} - V_T) > 0$$

ならば，ソース側で流入状態にあることを示し，

$$(V_{GS} - V_T)^2$$

はそのまま適用します．しかし，

$(V_{GS}-V_T)<0$

の場合は流入状態ではないことを意味します．したがって，この式の値を 0 とみなします．同じように，

$(V_{GD}-V_T)>0$

ならば，ドレイン側で流入状態にあることを示し，

$(V_{GD}-V_T)^2$

はそのまま適用します．しかし，

$(V_{GD}-V_T)<0$

の場合はドレイン側は流入状態ではなく，この式の値を 0 とみなします．

したがって，飽和領域の電流式は，

$$I_{DS}=\frac{1}{2}\mu_n C_{OX}\frac{W}{L'}(V_{GS}-V_T)^2 \cdots\cdots \quad (21.6)$$

となります．このようにして(21.5)式で，すべての領域の電流を表現することができます．

21.3 P チャンネル MOS トランジスタ

MOS トランジスタにおいても，バイポーラトランジスタと同様に相補形の P チャンネル MOS トランジスタがあります．構造は**図 21.4** に示します．

ゲート下には正孔によるチャンネルが形成されます．電流の方向はソースからドレインに向かう方向を正とします．特性図は**図 21.5** に示します．

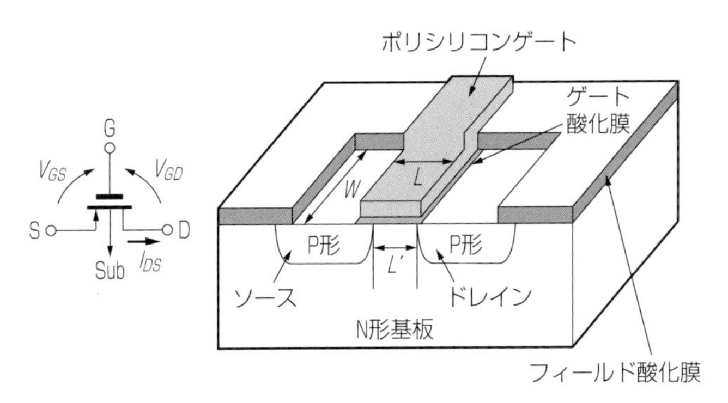

図 21.4　P チャンネルトランジスタの構造

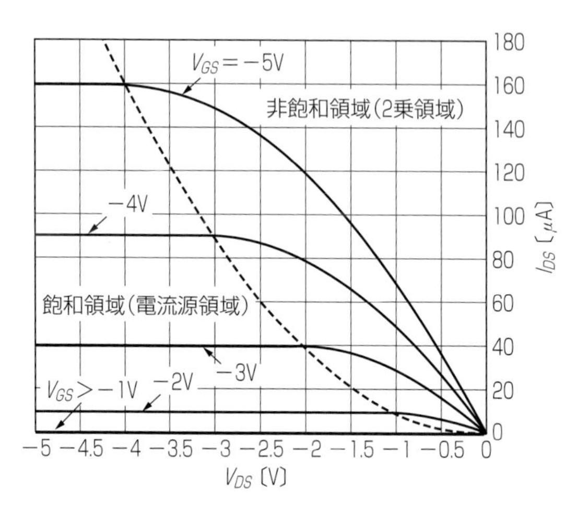

図 21.5　P チャンネルトランジスタの I_{DS}-V_{DS} 特性

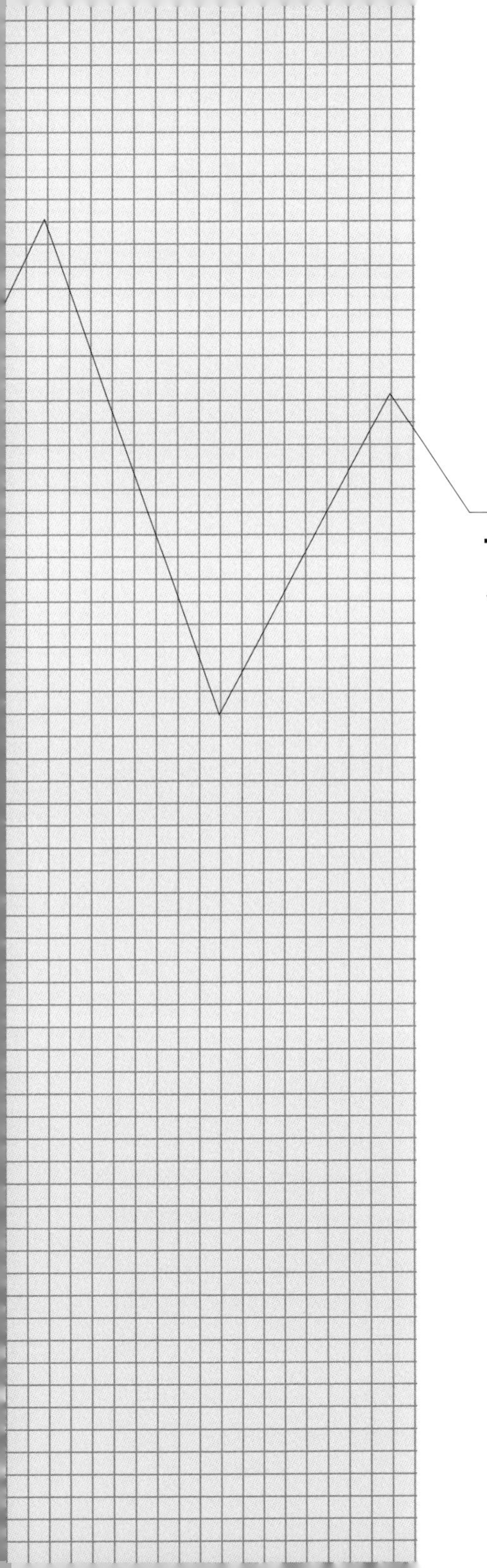

第4部 アナログ回路

第22章　バイポーラ回路の基本

22.1　トランジスタ 4 つの基本

まず，トランジスタの電流の方向や記号を**図 22.1** のように確認します．

そして，回路計算においては 4 つの基本(**図 22.2**)をマスターしておけば十分です．

(22.1)式はベース・エミッタ間電圧とエミッタ電流の間の基本式です．(22.2)式はエミッタ電流はコレクタ電流とベース電流の和であることを示します．(22.3)式はコレクタ電流の h_{FE} 分の 1 のベース電流が流れることを示しています．そして，コレクタ電流は飽和領域といわれる V_{CE} の小さいところ(0.2V 程度まで)では V_{CE} によって大きく変化しますが，それを超えると活性領域になり，基本的に電流源になります．しかし，わずかに傾斜をもっています．これは，コレクタ電圧が増加した場合にコレクタ・ベース間の空乏層が拡大し，そのためベース幅 W がわずかに減少して，濃度勾配が増加するためです．これはアーリ効果と呼ばれています．

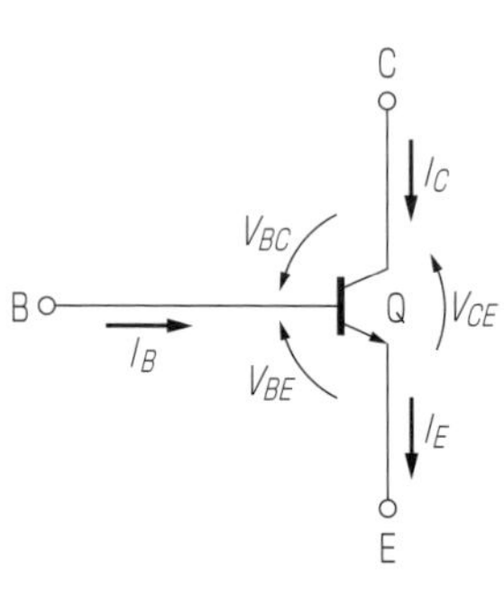

図 22.1　バイポーラトランジスタの記号

$$I_E = I_S e^{\frac{qV_{BE}}{kT}} \quad \cdots\cdots (22.1)$$

$$I_E = I_C + I_B \quad \cdots\cdots (22.2)$$

$$h_{FE} = \frac{I_C}{I_B} \quad \cdots\cdots (22.3)$$

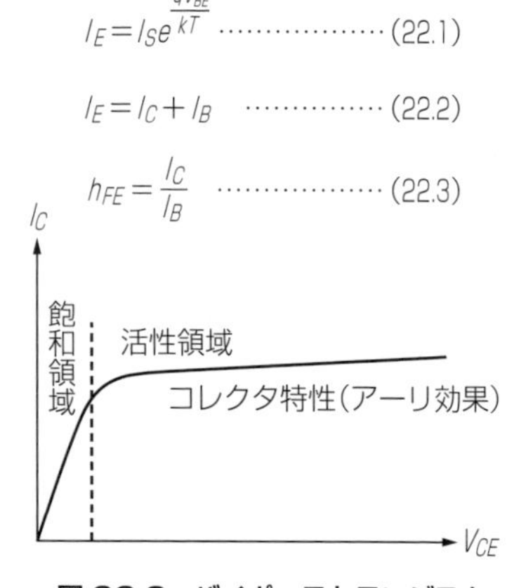

図 22.2　バイポーラトランジスタの 4 つの基本

22.2 エミッタ電流の決定

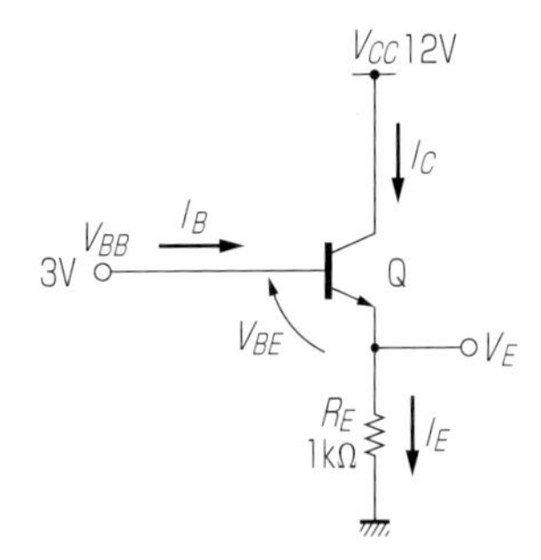

図 22.3　エミッタ抵抗 R_E の付いた回路

バイポーラトランジスタ回路の計算においては，エミッタ電流の決定が第一歩です．はじめに**図 22.3** の回路を考えます．トランジスタに抵抗が 1 個付いただけですが立派な回路です．この回路の電流を求めます．記号の約束を図のようにします．まずこの回路で，エミッタ接合が順方向であるかどうかを見ます．正の電圧である V_{BB} がベースに印加され，エミッタは抵抗を介して 0V に接続されているので順方向であることが確認できました．次にコレクタ接合を見ます．コレクタ電圧は V_{CC} でベース電圧 V_{BB} より高いので逆方向バイアスされています．したがって，このトランジスタは活性領域であることがわかります．よって 4 つの基本が成り立ちます．すなわち，**図 22.2** の(22.1) 式，(22.2) 式，(22.3) 式が成立します．

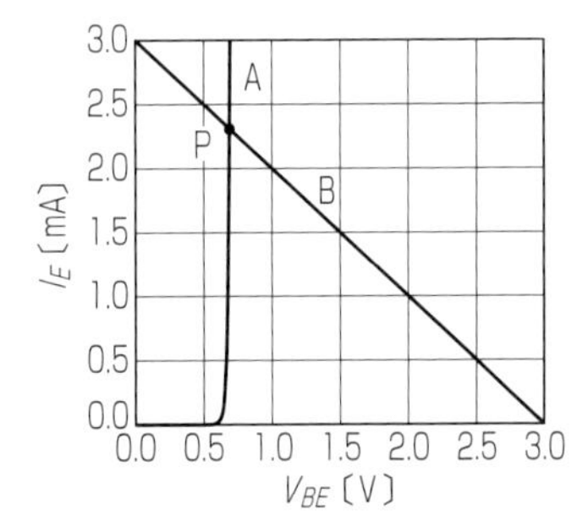

図 22.4　I_E の図式解法

次に外部ベース印加電圧 V_{BB} に関する式

$$V_{BB}=V_E+V_{BE} \quad \cdots\cdots (22.4)$$

が成り立ちます．またエミッタ電圧に関するオームの式

$$V_E=I_E R_E \quad \cdots\cdots (22.5)$$

が成立します．未知数が 5 個，式が 5 つあり解くことができます．このうち，コレクタ電流とベース電流は基本の(22.2)式，(22.3)式からエミッタ電流から求めることができます．したがって，実質は次の 3 つの式です．

$$I_E=I_S e^{\frac{qV_{BE}}{kT}}$$

$$V_{BB}=V_E+V_{BE}$$

$$V_E=I_E R_E$$

ここでは未知数は 3 個，式は 3 つであり，解を求めることができます．ただ(22.1)式は指数関数であるため，代数的に 3 個の未知数を求めることはできません．数値計算か図式解法で求めます．

(22.1)式を**図 22.4** に描きます(A).

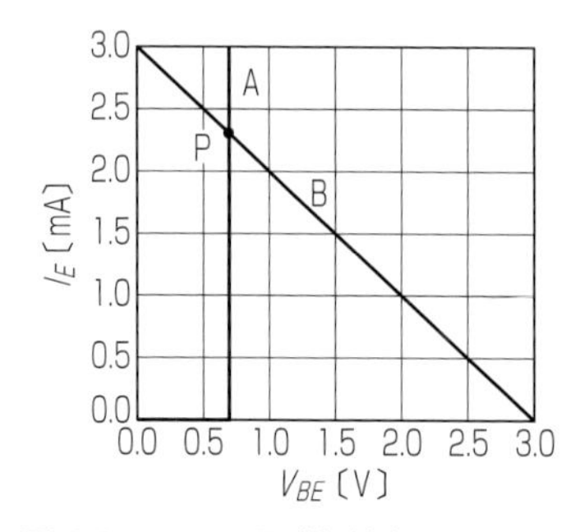

図 22.5　I_E の図式解法(0.7V 近似)

次に(22.4)式と(22.5)式より得られる

$$I_E=\frac{V_{BB}-V_{BE}}{R_E} \quad \cdots\cdots\cdots\cdots \quad (22.6)$$

を**図 22.4** に重ねて描いて(B)，交点 P を求めるとそれが解になります．この場合は，

$V_{BE}=0.7$〔V〕，$I_E=2.3$〔mA〕

となります．なお，この図式解法においては，V_{BB} が減少すると B の直線が左に移動し，交点は下の方向に移動することがわかります．極端な場合，V_{BB} が 0.7V 以下になると，交点の電流は 0 になります．また抵抗値が大きくなると，B の直線の傾斜がゆるくなり，交点はやはり下方に移動します．このように非線形な素子を使った回路計算では，図式解法が重宝であることが認識できます．また $h_{\rm FE}$ を 100 と仮定すると，コレクタ電流，ベース電流が求まります．

$$I_C=\frac{h_{FE}}{1+h_{FE}}I_E=\frac{100}{101}2.3=2.28〔\text{mA}〕$$

$$I_B=\frac{I_C}{h_{FE}}=\frac{2.28}{100}=0.0228〔\text{mA}〕=22.8〔\mu\text{A}〕$$

22.3　0.7V 近似によるエミッタ電流の決定

前節で述べた方法に比べて精度は落ちますが，近似を用いて簡明に算出する方法があります．それはトランジスタのベース･エミッタ間電圧を 0.7V と近似する方法です．図式解法の場合に当てはめると**図 22.5** になります．

この場合も図式の有効なことは変わりませんが，計算式が簡単になります．すなわち，(22.6)式で直接エミッタ電流が求まります．

$$I_E=\frac{V_{BB}-V_{BE}}{R_E}=\frac{3-0.7}{1}=2.3〔\text{mA}〕$$

これにより，コレクタ電流，ベース電流も同様に計算できます．

設計の第一段階ではこの手法がよく使われます．

22.4　基本増幅回路

図 22.6 に示す回路が最も基本的な増幅回路です．この回路の動作を学びます．この回路は，**図 22.3** の回路に比べてコレクタ側にも抵抗が挿入されている点が

異なります．ここにおける注意点は，コレクタ接合が逆バイアスか順バイアスかは V_{CC} と V_{BB} のみではわからないことです．V_C はコレクタ電流が流れると V_{CC} より低下し，V_{BB} より下がることもあり得るからです．まずこの回路のエミッタ電流を求めます．0.7V 近似を用いてエミッタ電圧は，

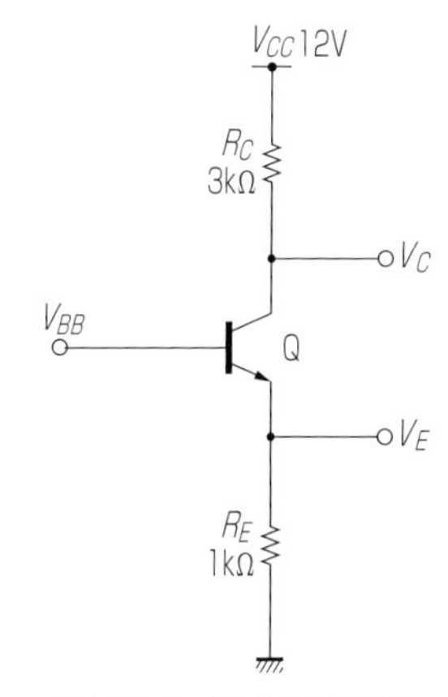

図 22.6　基本増幅回路

$$V_E = V_{BB} - V_{BE} = V_{BB} - 0.7$$

エミッタ電流は，

$$I_E = \frac{V_E}{R_E} = \frac{V_{BB} - V_{BE}}{R_E} = \frac{V_{BB} - 0.7}{1 \times 10^3}$$

となります．コレクタ電流は，

$$I_C = \frac{h_{FE}}{1 + h_{FE}} I_E = \frac{h_{FE}}{1 + h_{FE}} \frac{V_{BB} - V_{BE}}{R_E} = \frac{h_{FE}}{1 + h_{FE}} (V_{BB} - 0.7) \times 10^{-3}$$

となります．コレクタ電圧は V_{CC} からコレクタ抵抗の両端電圧を引いて，

$$V_C = V_{CC} - R_C I_C = V_{CC} - R_C \frac{h_{FE}}{1 + h_{FE}} \frac{V_{BB} - V_{BE}}{R_E} \quad \cdots\cdots\cdots\cdots \quad (22.7)$$

$$= V_{CC} - \frac{R_C}{R_E} \frac{h_{FE}}{1 + h_{FE}} (V_{BB} - 0.7)$$

となります．ただし，これはエミッタ電圧より大きいかどうかをチェックする必要があります．もし V_C の計算値が V_E より小さいときは，その計算は棄却します．その場合には，計算したコレクタ電流は流れません．近似的に $V_C = V_E$ とします．このときは飽和領域にあります．そしてコレクタ電流は，

$$I_C = \frac{V_{CC} - V_C}{R_C} = \frac{V_{CC} - V_E}{R_C} \quad \cdots\cdots\cdots\cdots \quad (22.8)$$

という式で逆算します．

22.5　直流伝達特性

一般的に回路の特性を知るには，回路の入力直流電圧を 0 から V_{CC} まで変化させて，出力電圧の変化を見ればよくわかります．この手法を上記の基本増幅回路に当てはめてみます．

V_{BB} が 0 から 0.7V までは，**図 22.5** において B の直線を並行移動させればわかるように交点は，

$$I_E = I_C = 0$$

です．したがって，

$$V_C = V_{CC} - I_C R_C = V_{CC}$$

となります．これは遮断領域にあるといいます．

次に V_{BB} が 0.7V 以上で活性領域の場合，コレクタ電圧は(22.7)式で与えられます．

小信号電圧増幅度は，入力電圧の微少変化に対する出力コレクタ電圧の変化の傾斜として定義されています．数式では(22.7)式を微分して，

$$A_V = \frac{dV_C}{dV_{BB}} = \frac{d\left(V_{CC} - R_C \dfrac{h_{FE}}{1+h_{FE}} \dfrac{V_{BB} - V_{BE}}{R_E}\right)}{dV_{BB}}$$

$$= -\frac{h_{FE}}{1+h_{FE}} \frac{R_C}{R_E} + \frac{h_{FE}}{1+h_{FE}} \frac{R_C}{R_E} \frac{dV_{BE}}{dV_{BB}}$$

で表されます．0.7V 近似の場合は，

$$\frac{dV_{BE}}{dV_{BB}} = 0 \quad \cdots\cdots (22.9)$$

なので，

$$A_V = -\frac{h_{FE}}{1+h_{FE}} \frac{R_C}{R_E} \quad \cdots\cdots (22.10)$$

のようになります．すなわち，抵抗比率で決まることになります．増幅というと，何か小さいものが入って行って不思議な力で大きくなるような語感ですが，実際は V_{BB} が変化すれば，それにエミッタ電流が追従して変化し，それがそのまま忠実にコレクタ電流の変化となるだけのことです．

V_{BB} が活性領域でさらに増加すると，V_C はさらにまた下降し，ついには $V_C \fallingdotseq V_E$ となります．これ以降は飽和領域です．

コレクタ電圧はエミッタ電圧に等しくなり，V_{BB} が増加すれば V_C も増加します．コレクタ電流は(22.8)式で与えられます．ベース電流はエミッタ電流とコレクタ電流の差として大きな値になります．

図 22.7 に V_E，V_C のグラフ，**図 22.8** に電流のグラフを示します．

V_{BB} が 0.7V から 3.65V の範囲が活性領域であることを示しています．活性領域では勾配はほぼ -3 で一定であることを示しています．このような増幅器での望ましい直流動作点は，活性領域の中心付近です．上下に対称な振幅の余裕があるからです．

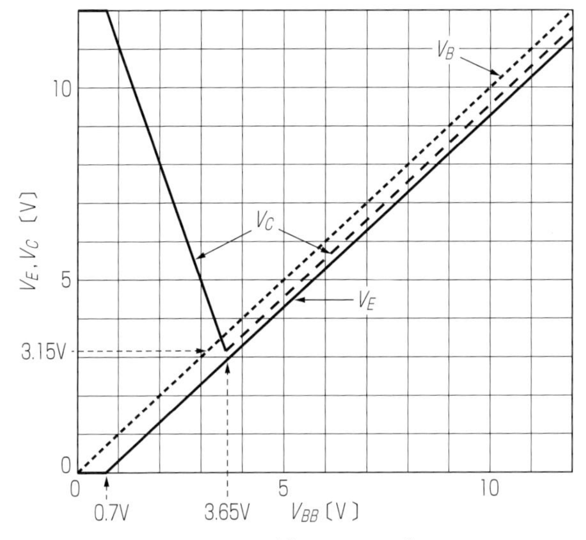

図 22.7　V_{BB} 対 V_E, V_C のグラフ

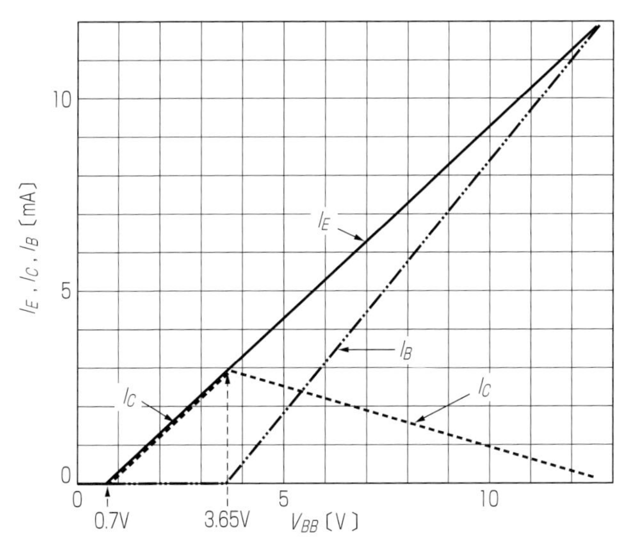

図 22.8　V_{BB} 対 I_E, I_C, I_B のグラフ

22.6　トランジスタのエミッタ抵抗 r_e

0.7V 近似の場合は，小信号電圧増幅度を計算する場合，(22.9)式のように V_{BB} に対して V_{BE} の変化を無視してきました.

しかし，V_{BE} と I_E の関係式(22.1)式を考慮に入れると，少し変わってきます．すなわち，

$$A_V=\frac{dV_C}{dV_{BB}}=\frac{d(V_{CC}-R_CI_C)}{dV_{BB}}=-R_C\frac{dI_C}{dV_{BB}}$$

$$=-R_C\frac{h_{FE}}{1+h_{FE}}\frac{dI_E}{dV_{BB}}=-R_C\frac{h_{FE}}{1+h_{FE}}\frac{d\left(\dfrac{V_{BB}-V_{BE}}{R_E}\right)}{dV_{BB}}$$

$$=-\frac{h_{FE}}{1+h_{FE}}\frac{R_C}{R_E}+\frac{h_{FE}}{1+h_{FE}}\frac{R_C}{R_E}\frac{dV_{BE}}{dV_{BB}}$$

$$=-\frac{h_{FE}}{1+h_{FE}}\frac{R_C}{R_E}+\frac{h_{FE}}{1+h_{FE}}\frac{R_C}{R_E}\frac{dV_{BE}}{dI_E}\frac{dI_E}{dV_{BB}}$$

$$=-\frac{h_{FE}}{1+h_{FE}}\frac{R_C}{R_E}+\frac{R_C}{R_E}\frac{dV_{BE}}{dI_E}\frac{dI_C}{dV_{BB}}$$

$$=-\frac{h_{FE}}{1+h_{FE}}\frac{R_C}{R_E}-\frac{1}{R_E}\frac{dV_{BE}}{dI_E}\left(-R_C\frac{dI_C}{dV_{BB}}\right)$$

$$=-\frac{h_{FE}}{1+h_{FE}}\frac{R_C}{R_E}-\frac{1}{R_E}\frac{dV_{BE}}{dI_E}\frac{dV_C}{dV_{BB}}$$

したがって，

$$\frac{dV_C}{dV_{BB}}\left(1+\frac{1}{R_E}\frac{dV_{BE}}{dI_E}\right)=-\frac{h_{FE}}{1+h_{FE}}\frac{R_C}{R_E}$$

となります．これより，

$$\frac{dV_C}{dV_{BB}}=\frac{-\dfrac{h_{FE}}{1+h_{FE}}\dfrac{R_C}{R_E}}{1+\dfrac{1}{R_E}\dfrac{dV_{BE}}{dI_E}}=-\frac{h_{FE}}{1+h_{FE}}\frac{R_C}{R_E+\dfrac{dV_{BE}}{dI_E}}$$

$$=-\frac{h_{FE}}{1+h_{FE}}\frac{R_C}{R_E+r_e} \quad\cdots\cdots\cdots (22.11)$$

と表します．ここに，

$$r_e=\frac{dV_{BE}}{dI_E}=\frac{1}{\dfrac{dI_E}{dV_{BE}}}=\frac{1}{\dfrac{d}{dV_{BE}}I_Se^{\frac{qV_{BE}}{kT}}}$$

$$=\frac{1}{\dfrac{qI_S}{kT}e^{\frac{qV_{BE}}{kT}}}=\frac{1}{\dfrac{qI_E}{kT}}=\frac{kT}{qI_E} \quad\cdots\cdots\cdots (22.12)$$

となります．r_e はスモールアールイーと発音されています．これは I_E に反比例しています．エミッタ電流が 1mA のとき，r_e が 26Ω になるということは，記憶すべき基本事項の 1 つです．この r_e は**図 22.9** に示すようにエミッタ電流 I_E と V_{BE} の曲線の接線の抵抗です．なお，r_e の逆数は相互コンダクタンス g_m といいます．

$$g_m = \frac{\Delta I_E}{\Delta V_{BE}} = \frac{1}{\dfrac{\Delta V_{BE}}{\Delta I_E}} = \frac{1}{r_e}$$

$$= \frac{qI_E}{kT} \quad \cdots\cdots\cdots\cdots\cdots\cdots (22.13)$$

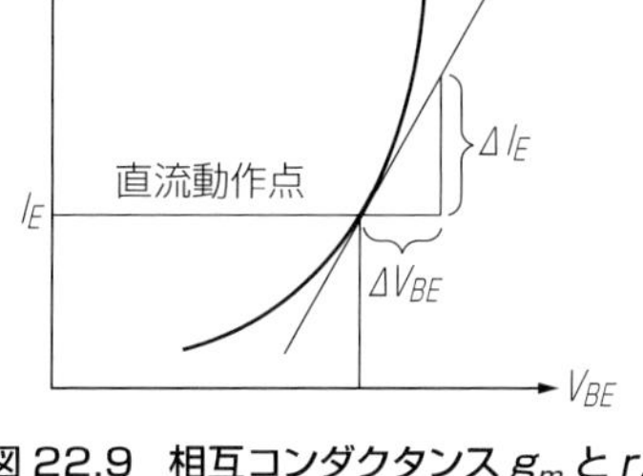

図 22.9　相互コンダクタンス g_m と r_e

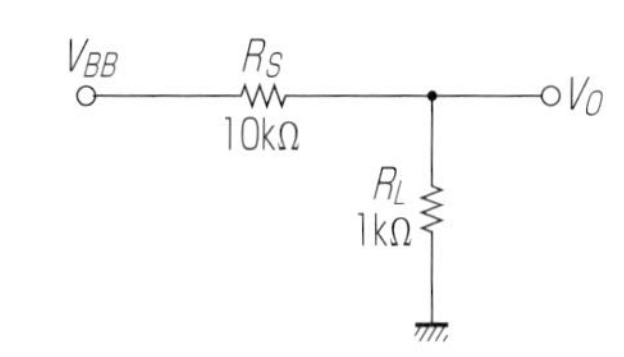

図 22.10　高信号源抵抗回路

22.7　エミッタフォロワ

図 22.10 のように，信号源抵抗が負荷抵抗に比べて非常に高い回路があります．

この場合の出力電圧は，

$$V_O = \frac{R_L}{R_S + R_L} V_{BB}$$

になります．増幅度を計算すると，

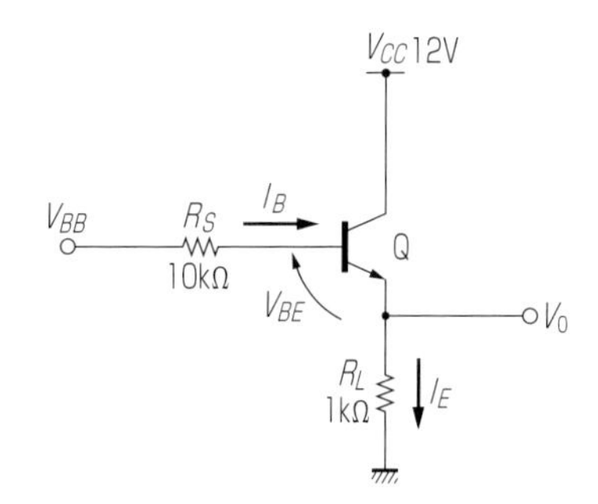

図 22.11　エミッタフォロワ回路

$$A_V = \frac{dV_O}{dV_{BB}} = \frac{R_L}{R_S + R_L} \quad \cdots\cdots\cdots\cdots\cdots\cdots\cdots\cdots\cdots\cdots\cdots\cdots\cdots\cdots\cdots\cdots\cdots\cdots (22.14)$$

となり，

$R_S = 10\text{k}\Omega$，$R_L = 1\text{k}\Omega$

の場合は，

$$A_V = \frac{1}{10+1} = 0.09$$

のように，0.1 倍程度に下がってしまいます．

このような場合の対策として，**図 22.11** のエミッタフォロワ回路があります．

この場合の出力電圧は，

$$V_O = I_E R_L = V_{BB} - I_B R_S - V_{BE}$$

となります．増幅度は，

$$A_V = \frac{dV_O}{dV_{BB}} = 1 - R_S \frac{dI_B}{dV_{BB}} - \frac{dV_{BE}}{dV_{BB}}$$

$$= 1 - \frac{R_S}{1+h_{FE}} \frac{dI_E}{dV_{BB}} - \frac{dV_{BE}}{dI_E} \frac{dI_E}{dV_{BB}}$$

$$= 1 - \frac{R_S}{1+h_{FE}} \frac{1}{R_L} \frac{dV_O}{dV_{BB}} - \frac{r_e}{R_L} \frac{dV_O}{dV_{BB}}$$

$$\therefore \quad A_V = \frac{dV_O}{dV_{BB}} = \frac{1}{1 + \frac{R_S}{1+h_{FE}} \frac{1}{R_L} + \frac{r_e}{R_L}}$$

$$= \frac{R_L}{R_L + r_e + \frac{R_S}{1+h_{FE}}} \quad \cdots\cdots (22.15)$$

となり，

$$R_S = 10\text{k}\Omega,\ R_L = 1\text{k}\Omega,\ I_E = 1\text{mA},\ h_{FE} = 200$$

として，h_{FE} を 200 以上に選ぶと増幅度は，

$$A_V = \frac{1000}{1000 + 26 + \frac{10000}{201}} = 0.929$$

のように 0.9 倍以上になり，ほぼ源信号の大きさを確保できます．エミッタフォロワとは，エミッタ端子電圧が信号電圧にフォローするという意味です．

22.8　トランジスタのスイッチング動作

基本増幅回路において，外部エミッタ抵抗 R_E が 0 になった場合を考えます．

(22.11)式において $R_E = 0$ の場合，増幅度は，

$$\frac{dV_C}{dV_{BB}} = -\frac{h_{FE}}{1+h_{FE}} \frac{R_C}{r_e} \quad \cdots\cdots (22.16)$$

となり，非常に大きくなります．このため，直流伝達特性も**図 22.13** のようになり，遮断領域と飽和領域が多くなります．

この回路で信号を増幅する場合，直流動作点が V_{CC} の半分程度になるようにして，適切な振幅の入力正弦波にすると，出力信号はきれいな正弦波になります(**図 22.14(a)**)．しかし，入力振幅が大きくなると，出力信号は 0 または V_{CC} になってしまいます．すなわち，飽和領域(0V)か遮断領域(V_{CC})になってしまいま

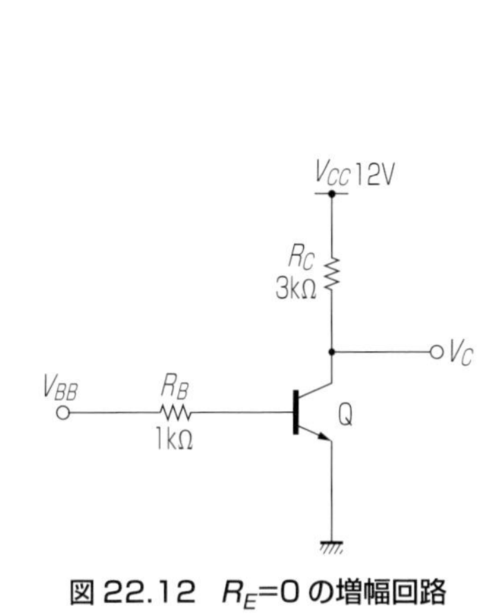

図 22.12　R_E=0 の増幅回路

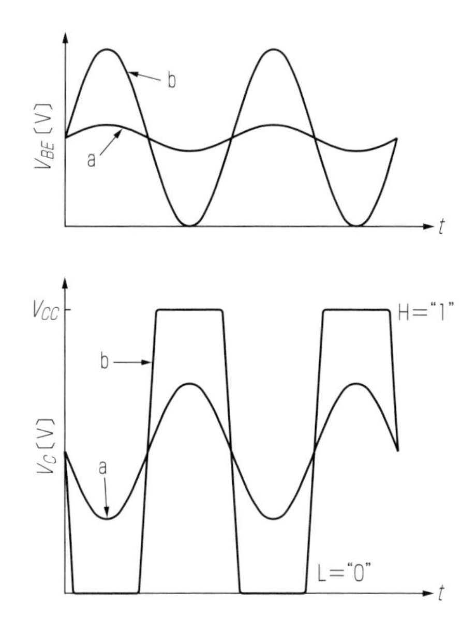

図 22.14　入力信号振幅の増加に伴う出力波形の変化

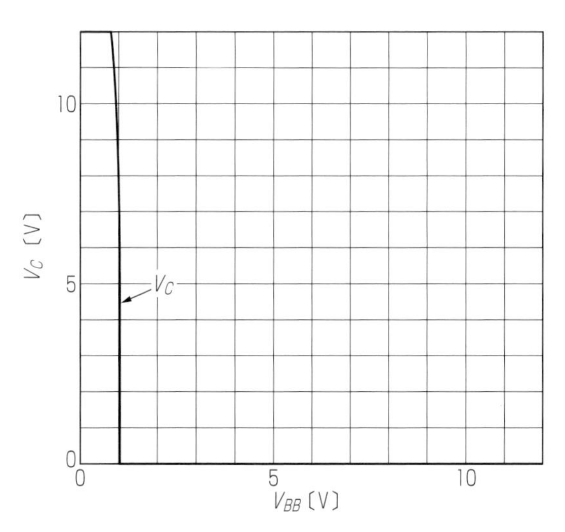

図 22.13　V_{BB} 対 V_C のグラフ

す(**図 22.14(b)**).

このような飽和領域と遮断領域のみを積極的に活用する場合，これをスイッチング動作といいます．等価的にスイッチの ON と OFF に相当するからです．また，このONとOFFをデジタルの0(=L，Low)と1(=H，High)に対応させることもあります．

22.9* トランジスタ回路の周波数特性

NPNトランジスタの付加容量としては，ベース・エミッタ接合の接合容量C_{JE}，ベース・コレクタ接合の接合容量C_{JC}があります．これ以外に，ベース領域の電子濃度勾配を構成している電荷による容量があります．これを拡散容量C_Dといいます．この拡散容量は，接合容量と並列になりエミッタ容量C_Eはこれらの和になります(図22.16)．

C_{JC}をC_C，エミッタ合成容量をC_Eとして，$R_E=0$の増幅回路に付け加えたものを図22.17に示します．

$$\frac{h_{FE}}{1+h_{FE}} \fallingdotseq 1$$

と近似した場合，コレクタ端子における増幅率は(14.15)式のsを用いて，

$$\frac{v_C}{v_S}=-\frac{\dfrac{R_C}{r_e}(1-sr_eC_C)}{1+\dfrac{R_S}{r_e(1+h_{FE})}+s\left(C_E+C_C+\dfrac{R_C}{r_e}C_C\right)R_S+sC_CR_C+s^2C_CC_ER_SR_C}$$

となります．ここで，

$$A=\frac{R_C}{r_e}$$

とおくと，

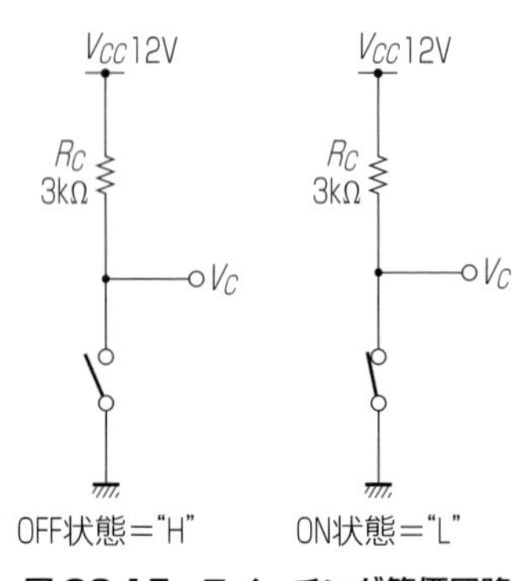

図22.15　スイッチング等価回路

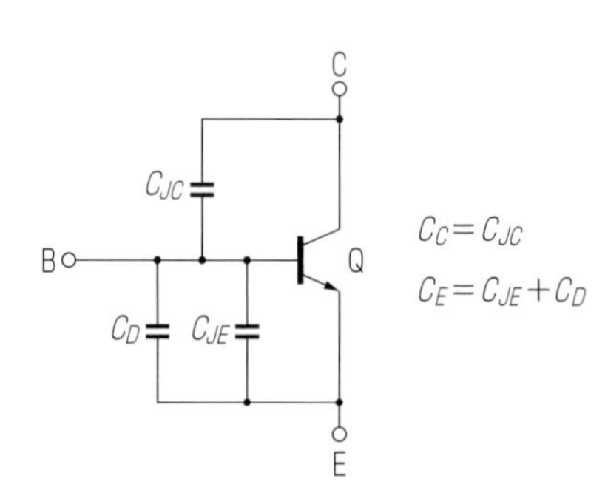

図22.16　NPNトランジスタの付加容量

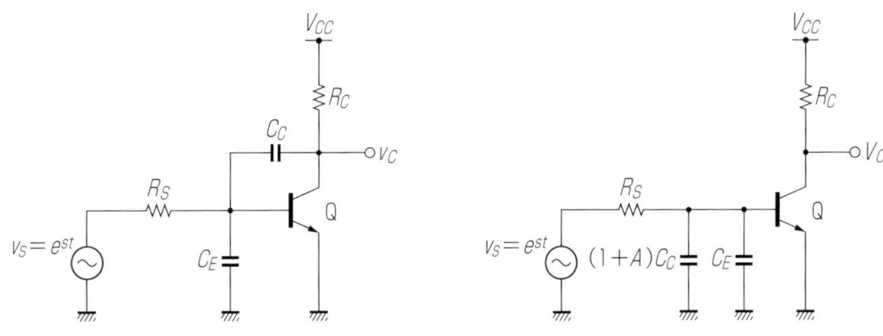

図 22.17　トランジスタ回路の周波数特性

図 22.18　ミラー容量の入力側等価回路

$$\frac{v_C}{v_S}=\frac{\dfrac{h_{FE}g_m}{1+h_{FE}}R_C\left(1-\dfrac{1+h_{FE}}{h_{FE}g_m}sC_C\right)}{1+\dfrac{g_mR_S}{1+h_{FE}}+s\left(C_E+(1+A)C_C\right)R_S+sC_CR_C+s^2C_CC_ER_SR_C}$$

となり，C_C が $1+A$ 倍されたことになります．このように，入力側へ出力信号が容量を介して戻る(帰還)現象をミラー容量効果といいます．図 22.18 のように入力側に換算すると C_C が $1+A$ 倍されて，R_S と直列になって周波数特性を劣化させていることになります．

この影響を軽減するのに，直接パラメータを小さくする以外に回路構成を工夫して軽減するのも回路設計技術です．

第23章　MOS 回路の基本

23.1　MOS トランジスタ 4 つの基本

まず，MOS トランジスタの電流の方向や記号を**図 23.1** のように確認します．

そして，回路計算においては 4 つの基本をマスターしておけば十分です(**図 23.2**)．第 1 は I_{DS} 電流基本式です．(23.1)式は飽和(電流源)領域におけるゲート・ソース間電圧とドレイン電流の間の基本式です．(23.2)式は非飽和(二乗)領域における基本式です．第 2 は(23.3)式であり，ドレイン電流とソース電流は等しくゲート電流は 0 であることです．第 3 に(23.4)式において，ドレイン電流の比例定数 k が移動度 μ_n，酸化膜容量 C_{OX}，チャンネル幅 W，実効チャンネル長 L' で決定されることです．第 4 はドレイン電流のドレイン電圧特性は，ドレイン電圧 V_{DS} が小さい範囲では二乗特性になり，V_{DS} が大きくなると電流源特性になるということです．ただし，バイポーラトランジスタのアーリ効果と同じように，V_{DS} の増加に対してわずかに増加します．なお，本章では特に断らない限り，トランジスタのパラメータとして $k=10$〔μA/V^2〕，$V_T=1$〔V〕を用いることにします．

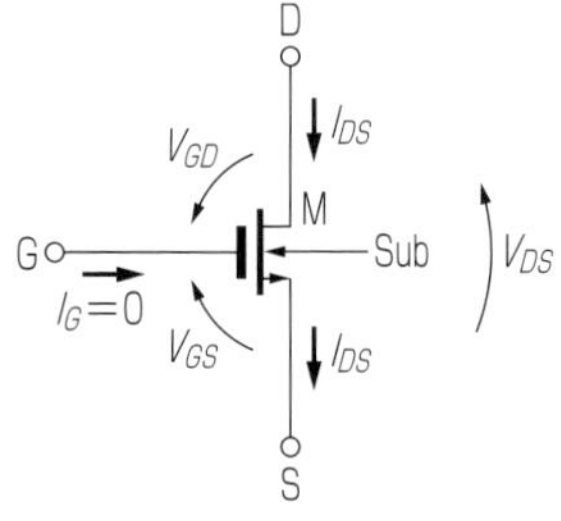

図 23.1　N チャンネル MOS トランジスタの記号

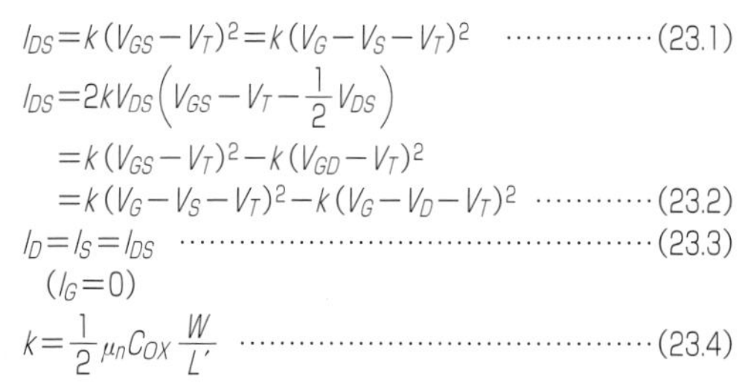

$$I_{DS}=k(V_{GS}-V_T)^2=k(V_G-V_S-V_T)^2 \quad \cdots\cdots(23.1)$$

$$\begin{aligned} I_{DS}&=2kV_{DS}\left(V_{GS}-V_T-\frac{1}{2}V_{DS}\right)\\ &=k(V_{GS}-V_T)^2-k(V_{GD}-V_T)^2\\ &=k(V_G-V_S-V_T)^2-k(V_G-V_D-V_T)^2 \quad \cdots\cdots(23.2)\end{aligned}$$

$$I_D=I_S=I_{DS} \quad (I_G=0) \quad \cdots\cdots(23.3)$$

$$k=\frac{1}{2}\mu_n C_{OX}\frac{W}{L'} \quad \cdots\cdots(23.4)$$

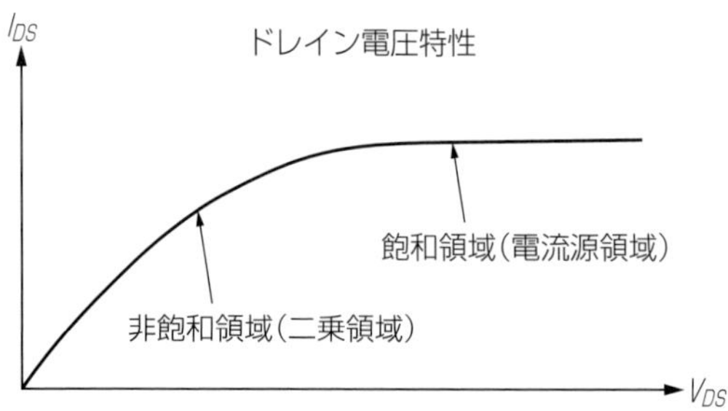

図 23.2　MOS トランジスタの 4 つの基本

23.2　ドレイン・ソース電流の決定

MOSトランジスタ回路の計算においても，ドレイン・ソース電流 I_{DS} の決定が第一歩です．

はじめに**図23.3**の回路の電流を求めます．記号の約束を図のようにします．まずこの回路でソースが抵抗を介して0Vに接続されていて，ゲートに V_T(1V)以上の電圧が印加されているので I_{DS} が流れることがわかります．また，ドレイン電圧 V_D は V_{DD} に等しく V_G-V_T より大きいので，飽和(電流源)領域であることがわかります．したがって，(23.1)式が成り立ちます．また V_G と V_S に関して，

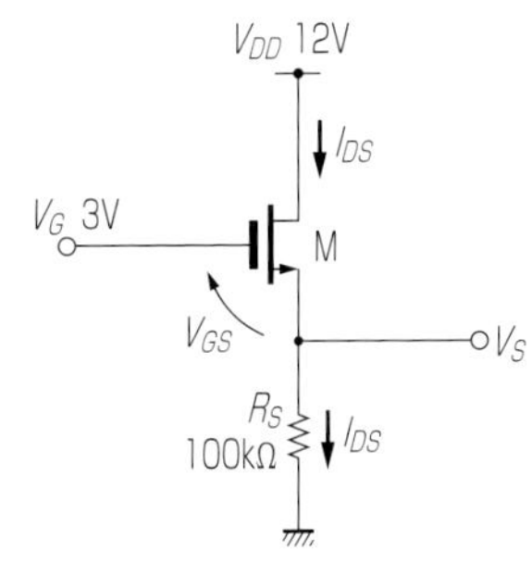

図23.3　ソース抵抗 R_S の付いた回路

$$V_G=V_{GS}+V_S \quad \cdots\cdots (23.5)$$

が，またソース電圧に関するオームの式

$$V_S=R_SI_{DS} \quad \cdots\cdots (23.6)$$

が成立します．(23.6)式を(23.5)式に代入すると，

$$V_G=V_{GS}+R_SI_{DS} \quad \cdots\cdots (23.7)$$

となり，これに(23.1)式を代入して，

$$V_G=V_{GS}+R_SI_{DS}=V_{GS}+k(V_{GS}-V_T)^2R_S$$

が得られます．これを整理すると，

$$kR_SV_{GS}{}^2+(1-2kR_SV_T)V_{GS}+kR_SV_T{}^2-V_G=0 \quad \cdots\cdots (23.8)$$

となります．$V_{GS}\geq 0$ として，この2次方程式を解くと，

$$V_{GS}=\frac{2kR_SV_T-1+\sqrt{(1-2kR_SV_T)^2-4kR_S(kR_SV_T{}^2-V_G)}}{2kR_S} \quad \cdots\cdots (23.9)$$

となります．ここで**図23.3**の回路定数を代入すると，

$$kR_S=10\times10^{-6}\cdot100\times10^3=1〔\mathrm{V}^{-1}〕$$

および，$V_G=3\mathrm{V}$，$V_T=1\mathrm{V}$ を代入して，

$$V_{GS}=\frac{2V_T-1+\sqrt{(1-2V_T)^2-4(V_T{}^2-V_G)}}{2}$$

$$=\frac{2-1+\sqrt{(1-2)^2-4(1^2-3)}}{2}=\frac{1+3}{2}=2〔\mathrm{V}〕$$

となります．これより，

$$I_{DS}=k(V_{GS}-V_T)^2=10\times10^{-6}\cdot(2-1)^2=10〔\mu\mathrm{A}〕$$

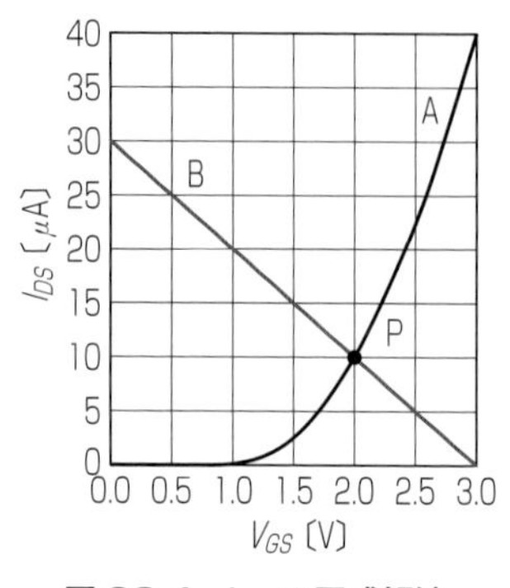

図 23.4　I_{DS} の図式解法

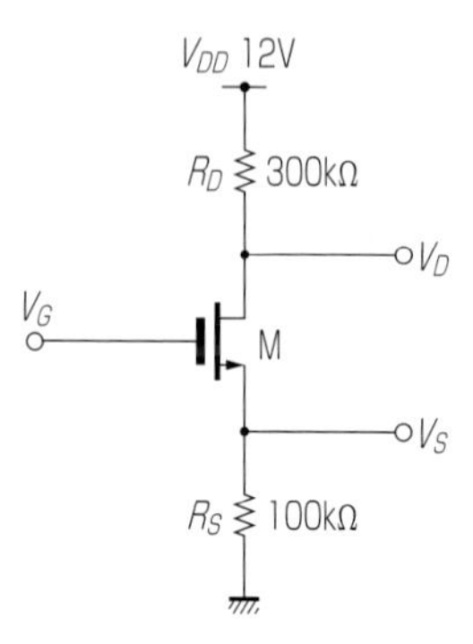

図 23.5　基本増幅回路

が得られます.

図式解法の場合は，(23.1)式を**図 23.4** に描きます(A).

これに(23.7)式を変形した

$$I_{DS}=\frac{V_G-V_{GS}}{R_S} \quad \cdots\cdots (23.10)$$

を**図 23.4** に重ねて描いて(B)交点 P を求めると，それが解になります．この場合は，

$V_{GS}=2$〔V〕，$I_{DS}=10$〔μA〕

となり，数式から求めた結果と一致します.

23.3　基本増幅回路

図 23.5 に示す基本的増幅回路を，バイポーラ回路と同じ方法で学びます.

電流源(飽和)領域では，ドレイン電圧に関係なくドレイン電流 I_{DS} が(23.1)式で決定されます．したがって，(23.9)式により，V_G に対する V_{GS}，I_{DS} が求まります.

これにより，V_D は，

$V_D=V_{DD}-R_D I_{DS}$

として求めることができます.

このときの電圧増幅度は，

$$A_V=\frac{dV_D}{dV_G}=\frac{d(V_{DD}-R_D I_{DS})}{dV_G}=-R_D\frac{dI_{DS}}{dV_G} \quad \cdots\cdots (23.11)$$

(23.7)式を V_G で微分することにより，

$$1=\frac{dV_G}{dV_G}$$

$$=\frac{dV_{GS}}{dV_G}+R_S\frac{dI_{DS}}{dV_G}$$

$$=\frac{dV_{GS}}{dI_{DS}}\frac{dI_{DS}}{dV_G}$$

$$+R_S\frac{dI_{DS}}{dV_G}$$

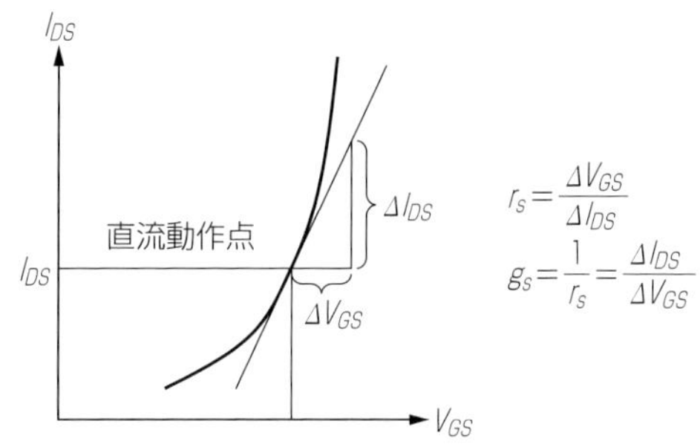

図 23.6　相互コンダクタンス g_s と r_s

$$\therefore\quad 1=\left(\frac{dV_{GS}}{dI_{DS}}+R_S\right)\frac{dI_{DS}}{dV_G}$$

$$\therefore\quad \frac{dI_{DS}}{dV_G}=\frac{1}{\dfrac{dV_{GS}}{dI_{DS}}+R_S}=\frac{1}{r_s+R_S}\cdots\cdots(23.12)$$

したがって，(23.11)式は，

$$A_V=-\frac{R_D}{r_s+R_S}\cdots\cdots(23.13)$$

となります．ただし，r_s はトランジスタ自身の内部ソース抵抗です．r_s はスモールアールエスと発音されます．この r_s は，**図 23.6** に示すように，ドレイン電流 I_{DS} と V_{GS} の曲線の接線の抵抗です．なお，r_s の逆数は相互コンダクタンス g_s といいます

次に，飽和領域と二乗(非飽和)領域の境界を検討します．

まずこの境界では，

$$V_{GD}-V_T=0$$

となります．したがって，

$$V_G-V_D-V_T=0\cdots\cdots(23.14)$$

$$\therefore\quad V_{GS}-V_{DS}-V_T=0$$

$$V_{DS}=V_{GS}-V_T\cdots\cdots(23.15)$$

となります．したがって，

$$I_{DS}=k(V_{GS}-V_T)^2=kV_{DS}{}^2\cdots\cdots(23.16)$$

となります．また，R_S，V_{DS}，R_D の全電圧の和が V_{DD} に等しく，

$$V_{DD}=I_{DS}R_S+V_{DS}+I_{DS}R_D=V_{DS}+I_{DS}(R_S+R_D)$$

が成り立ちます．したがって，

$$V_{DD}=V_{DS}+kV_{DS}{}^2(R_S+R_D)$$

となります．この V_{DS} に関する2次式を解いて，

$$V_{DS}=\frac{-1+\sqrt{1+4k(R_S+R_D)V_{DD}}}{2k(R_S+R_D)} \cdots\cdots (23.17)$$

が境界の V_{DS} として求まります．

これを(23.16)式に代入すれば，I_{DS} の境界値が求まります．また，

$$V_{GS}=V_{DS}+V_T,\quad V_S=R_SI_{DS}$$

の関係より，V_S および V_{GS} の境界値が求まり，

$$V_G=V_{GS}+V_S$$

として，V_G の境界も求めることができます．

23.4 直流伝達特性

MOSトランジスタの回路においても，直流伝達特性を求めてみます．

まず，飽和と非飽和の限界点を求めます．(23.17)式に代入すると，

$$V_{DS}=\frac{-1+\sqrt{1+4\cdot 10\times 10^{-6}(100+300)\times 10^3\cdot 12}}{2\cdot 10\times 10^{-6}(100+300)\times 10^3}=\frac{-1+\sqrt{193}}{8}=1.61〔\mathrm{V}〕$$

$$I_{DS}=kV_{DS}{}^2=10\times 1.61^2\fallingdotseq 26〔\mu\mathrm{A}〕$$

となります．この値より小さい I_{DS} では飽和領域になります．実際に数値計算するときは電流 I_{DS} を決めて，それに対応する V_{GS}，V_S，V_D，V_G を逆算するほうが簡明になります．飽和領域では I_{DS} から V_{GS} が，

$$V_{GS}=\sqrt{\frac{I_{DS}}{k}}+V_T \cdots\cdots (23.18)$$

のように求まります．

$$V_G=V_{GS}+V_S=V_{GS}+R_SI_{DS} \cdots\cdots (23.19)$$

を用いて，$I_{DS}=10\mu\mathrm{A}$ の場合は，

$$I_{DS}=10〔\mu\mathrm{A}〕,\quad V_S=R_SI_{DS}=100\times 10^3\cdot 10\times 10^{-6}=1〔\mathrm{V}〕$$

$$V_D=V_{DD}-R_DI_{DS}=12-300\times 10^3\cdot 10\times 10^{-6}=9〔\mathrm{V}〕$$

$$V_{GS}=\sqrt{\frac{I_{DS}}{k}}+V_T=1+1=2〔\mathrm{V}〕$$

$$V_G=V_{GS}+I_{DS}R_S=2+10\times 10^{-6}\cdot 100\times 10^3=3〔\mathrm{V}〕$$

のように計算できます．

次に二乗領域での計算方法を示します．このときも電流 I_{DS} から V_{DS} を求め，それに対応する V_G を計算します．すなわち，

$$V_{DS}=V_{DD}-I_{DS}(R_S+R_D)$$

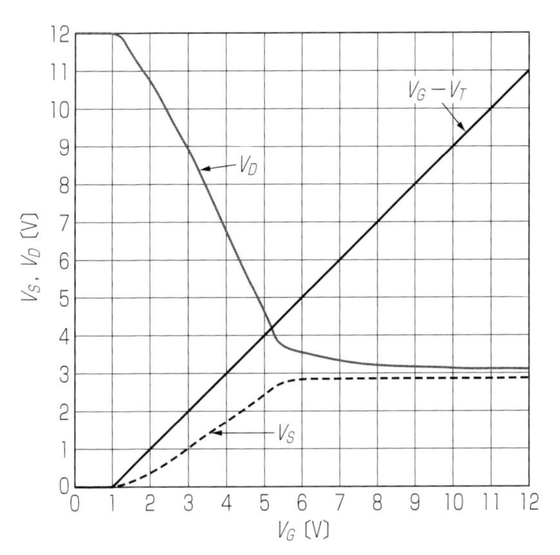

図 23.7　V_G 対 V_D, V_S のグラフ

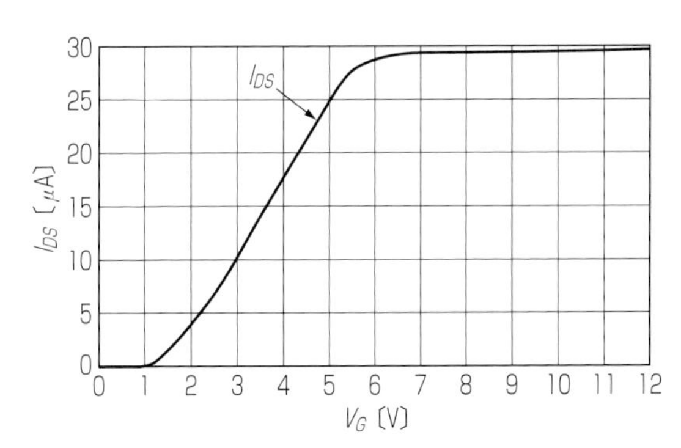

図 23.8　V_G 対 I_{DS} のグラフ

より V_{DS} が求まります．次に(23.2)式

$$I_{DS}=2kV_{DS}\left(V_{GS}-V_T-\frac{1}{2}V_{DS}\right)$$

から，

$$V_{GS}-V_T-\frac{1}{2}V_{DS}=\frac{I_{DS}}{2kV_{DS}}$$

$$V_{GS}=\frac{I_{DS}}{2kV_{DS}}+\frac{1}{2}V_{DS}+V_T$$

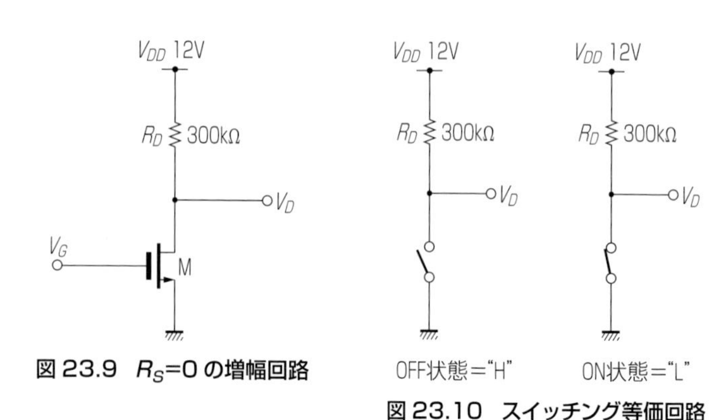

図 23.9　R_S=0 の増幅回路

図 23.10　スイッチング等価回路

となります．したがって，

$$V_G = V_{GS} + V_S = V_{GS} + R_S I_{DS}$$

のように計算することができます．V_D，V_S を**図 23.7**，I_{DS} を**図 23.8** に示します．飽和領域と非飽和領域の限界は(23.14)式を変形して，

$$V_D = V_G - V_T \quad \cdots\cdots (23.20)$$

となり，**図 23.7** に示します．この直線と V_D の曲線の交点より，V_D の大きい範囲が飽和領域です．

23.5　MOS トランジスタのスイッチング動作

MOS トランジスタの基本増幅回路においても，外部ソース抵抗 R_S が 0 になった場合を考えます．

この場合の増幅回路の利得は，

$$A_V = -\frac{R_D}{r_s} \quad \cdots\cdots (23.21)$$

のようになります．

また，バイポーラトランジスタの場合と同様，入力振幅を大きくしてスイッチング動作に用いることができます．

第24章　カレントミラー

24.1　カレントミラーの原理

複数のトランジスタや抵抗からなる回路を個別の部品として，ハンダ付けなどによって組み立てるのではなく，それら全体を1つの半導体基板(チップ)の上に同時に作成し，一斉に配線する工法があります．その構造を集積回路(Integrated Circuits，IC)といいます．このような集積回路を設計する上での重要な基本回路の1つにカレントミラーがあります．

トランジスタは温度に敏感な素子です．同じサイズのということは，同じ温度では同じ飽和電流 I_S の2個のトランジスタのベース･エミッタ間に同じ電圧を印加した場合，もしそれらの素子の間に10℃の温度差があると，飽和電流に大きな差が発生します．等価的には(19.10)式により，18mVのベース･エミッタ間電圧の差に置き換えることができます．この2個のトランジスタのエミッタ電流は(19.6)式により，

$$I_{E1}=I_{S1}e^{\frac{qV_{BE1}}{kT}},\quad I_{E2}=I_{S2}e^{\frac{qV_{BE2}}{kT}} \qquad (24.1)$$

となり，

$$I_{S1}=I_{S2}=I_S,\quad V_{BE1}=V_{BE2}+\Delta V_{BE},\quad \Delta V_{BE}=18〔\mathrm{mV}〕$$

とすると，

$$\frac{I_{E1}}{I_{E2}}=\frac{I_{S1}e^{\frac{qV_{BE1}}{kT}}}{I_{S2}e^{\frac{qV_{BE1}}{kT}}}=e^{\frac{q\Delta V_{BE}}{kT}}=e^{\frac{\Delta V_{BE}}{\frac{kT}{q}}}=e^{\frac{18\times10^{-3}}{26\times10^{-3}}}=1.998$$

となり，温度の高いほうのトランジスタのエミッタ電流は約2倍になります．この差を軽減するためには，エミッタに R_E を挿入するなどの工夫が必要になります．

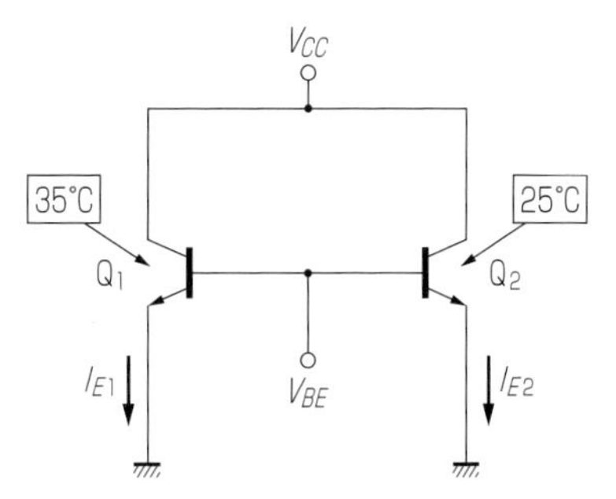

図24.1　温度差のあるトランジスタ

一方，集積回路では，素子が同一基板に配置され，距離も近いので隣り合った2つのトランジスタは同一温度であると仮定できます．したが

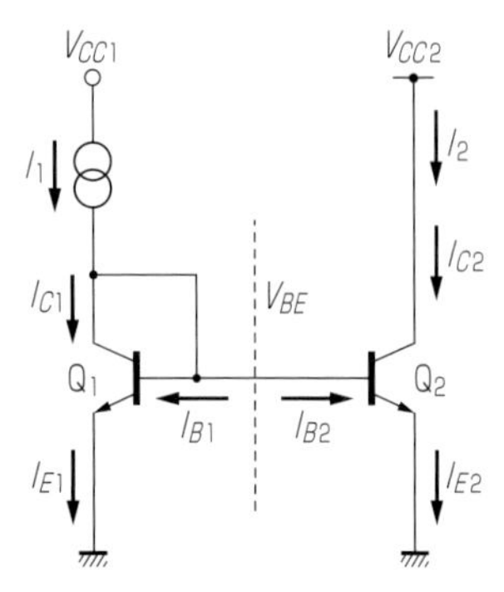

図24.2　カレントミラー

って，同じ大きさのトランジスタに同じベース・エミッタ間電圧を印加すれば，同じエミッタ電流が流れることになります．**図24.2**はカレントミラー回路を示します．

Q_1のコレクタとベースは短絡されていて活性領域にあります．したがって，電流源I_1の電流のほとんどはコレクタ電流I_{C1}となります．このエミッタ電流I_{E1}に相当するベース・エミッタ間電圧V_{BE}が発生しています．

図のQ_1，Q_2が同じ大きさであれば，

$$I_{S1}=I_{S2} \quad \cdots\cdots (24.2)$$

$$V_{BE1}=V_{BE2} \quad \cdots\cdots (24.3)$$

になり，

$$I_{E1}=I_{S1}e^{\frac{qV_{BE1}}{kT}}=I_{S1}e^{\frac{qV_{BE}}{kT}}=I_{S2}e^{\frac{qV_{BE}}{kT}}$$

$$=I_{S2}e^{\frac{qV_{BE2}}{kT}}=I_{E2}$$

となって，Q_2には同じ大きさのI_{E2}が流れます．左側の回路に電流が流れると，鏡(Mirror)のように右側の回路に同じ大きさの電流が流れるというのが名称のいわれです．ただし，V_{CC2}はQ_2が活性領域にあるための最低限の大きさは必要です(たとえば，$V_{CE}>0.3\text{V}$)．

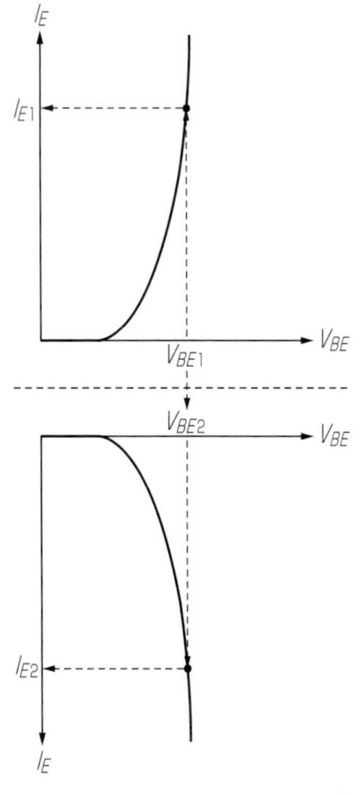

図24.3　カレントミラーの原理

24.2　カレントミラーのh_{FE}依存性

図24.2のカレントミラー回路を詳細に見ると，ベース電流が存在していることがわかります．したがって，入力電流は，

$$I_1=I_{C1}+I_{B1}+I_{B2} \quad \cdots\cdots (24.4)$$

となります．出力電流は，

$$I_2=I_{C2}=I_{C1}=I_1-I_{B1}-I_{B2}=I_1-2I_{B1}=I_1-2\frac{I_{C1}}{h_{FE}}$$

表 24.1　ミラー係数の h_{FE} 依存性

h_{FE}	1	3	5	7	10	30	50	70	100
$M=\frac{1}{1+\frac{2}{h_{FE}}}$	0.33	0.60	0.71	0.78	0.83	0.94	0.96	0.97	0.98

となり，

$$I_{C1}+2\frac{I_{C1}}{h_{FE}}=I_1$$

が得られます．故にミラー係数 M は，

$$M=\frac{I_2}{I_1}$$

$$=\frac{1}{1+\frac{2}{h_{FE}}} \quad \cdots\cdots (24.5)$$

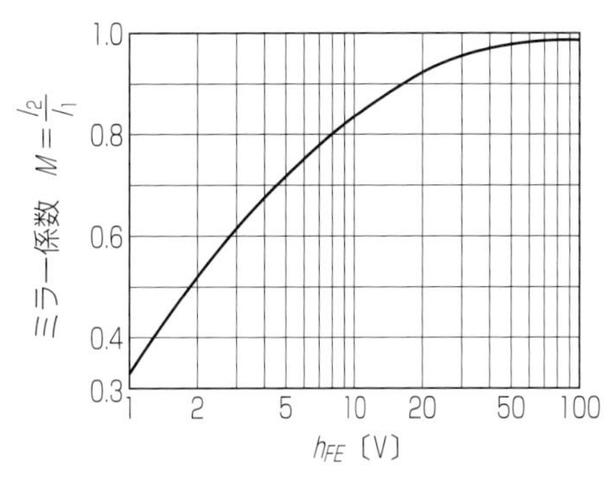

図 24.4　ミラー係数の h_{FE} 依存性

となります．したがって，h_{FE} に対して依存性があり，(24.5)式を h_{FE} に対して計算すると，**表 24.1** および**図 24.4** のようになります．

h_{FE} の値を 1 からグラフにしているのは，PNP トランジスタの h_{FE} として，その程度の大きさのものしかできない構造もあるためです．アーリ効果や寸法誤差によってもミラー係数は 1 からずれます．

24.3　MOS カレントミラー

MOS トランジスタ回路でも同様のカレントミラーがあります．

MOS トランジスタにおいては，ゲート電流は 0 であるため，電流源領域(飽和領域)ではミラー係数は 1 ですが，二乗領域(非飽和領域)では 1 になりません．V_{DS} に対するミラー係数 M を**図 24.5** に示します．

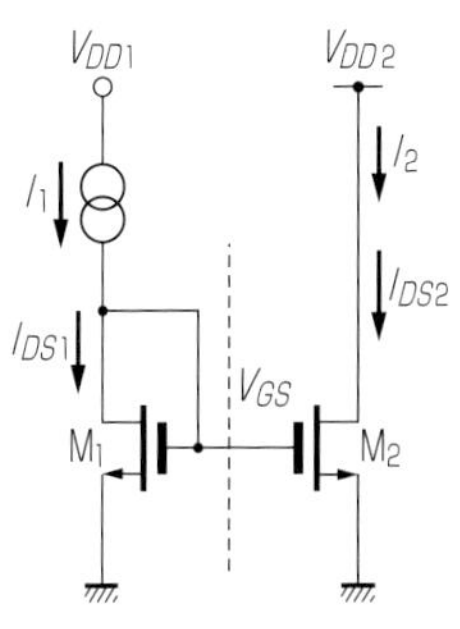

図 24.5　MOS カレントミラー

カレントミラー回路は，**第25章**で学ぶ差動増幅器の電流源を構成するときに活用されます．このとき，カレントミラーを構成するトランジスタ Q_3，Q_6 の寸法比率を変えて電流 I_2，I_3 の比率を任

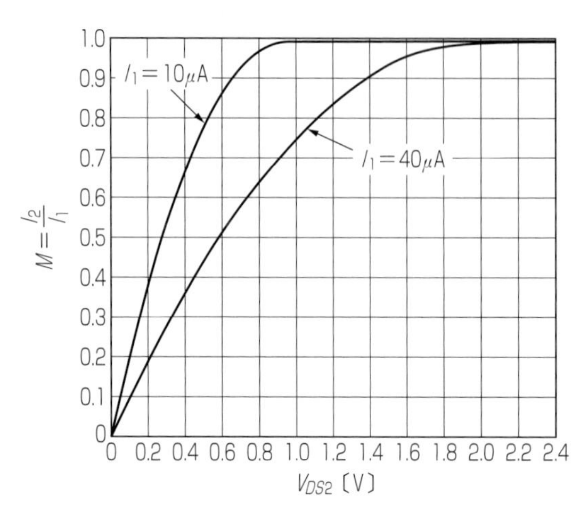

図 24.6　ミラー係数の V_{DS} 依存性

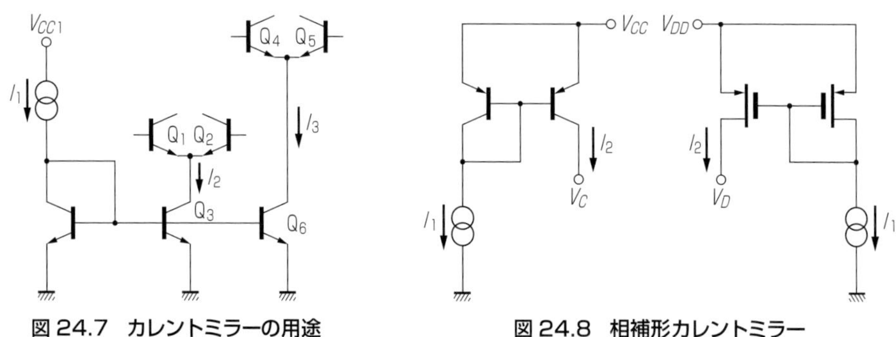

図 24.7　カレントミラーの用途

図 24.8　相補形カレントミラー

意に設定することもできます(**図 24.7**).

カレントミラーは NPN 形，N チャンネル形のみでなく，PNP トランジタ，P チャンネル形のような相補形の素子によっても構成できます(**図 24.8**)．これらにより，多彩な回路設計が可能になります.

第25章　差動増幅回路

25.1　バイポーラトランジスタ差動増幅回路

集積回路でよく使われる回路に差動増幅回路があります．

図 25.1 に示すように，同一サイズ，同一特性のトランジスタ Q_1 と Q_2 のエミッタを共通接続して，そこに電流源 I_0 をつなぎます．

ベース入力電圧 V_1 と V_2 が等しいときは，それぞれの V_{BE} が等しくなり，電流 I_0 の半分がそれぞれのエミッタに流れます．入力電圧 V_1-V_2 に対する I_{C1}, I_{C2} の変化を求めます．

まず，I_{E1}, I_{E2} に関して，

$$I_{E1}=I_{S1}e^{\frac{qV_{BE1}}{kT}},\ I_{E2}=I_{S2}e^{\frac{qV_{BE2}}{kT}} \quad \cdots\cdots (25.1)$$

が成り立ちます．I_{E1} と I_{E2} の比は $I_{S1}=I_{S2}$ とすると，

$$\frac{I_{E1}}{I_{E2}}=\frac{I_{S1}e^{\frac{qV_{BE1}}{kT}}}{I_{S2}e^{\frac{qV_{BE2}}{kT}}}=e^{\frac{q(V_{BE1}-V_{BE2})}{kT}}=e^{\frac{q(V_1-V_E-(V_2-V_E))}{kT}}=e^{\frac{q(V_1-V_2)}{kT}} \cdots (25.2)$$

となります．また，

$$I_{E1}+I_{E2}=I_0 \quad \cdots\cdots (25.3)$$

を代入すると，

$$\frac{I_{E1}}{I_{E2}}=\frac{I_{E1}}{I_0-I_{E1}}=\frac{1}{\frac{I_0}{I_{E1}}-1}=e^{\frac{q(V_1-V_2)}{kT}}$$

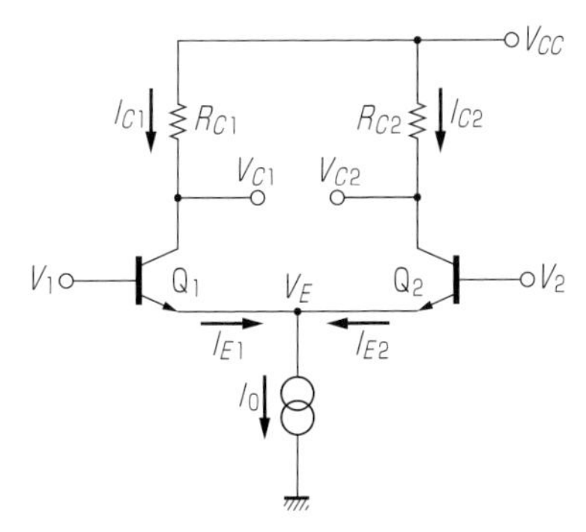

図 25.1　差動増幅回路

となり，整理すると，

$$I_{E1}=\frac{I_0}{1+e^{-\frac{q}{kT}(V_1-V_2)}} \quad \cdots\cdots (25.4)$$

$$I_{E2}=\frac{I_0}{1+e^{\frac{q}{kT}(V_1-V_2)}} \quad \cdots\cdots (25.5)$$

となります．トランジスタが活性領域にある場合，コレクタ電流は，

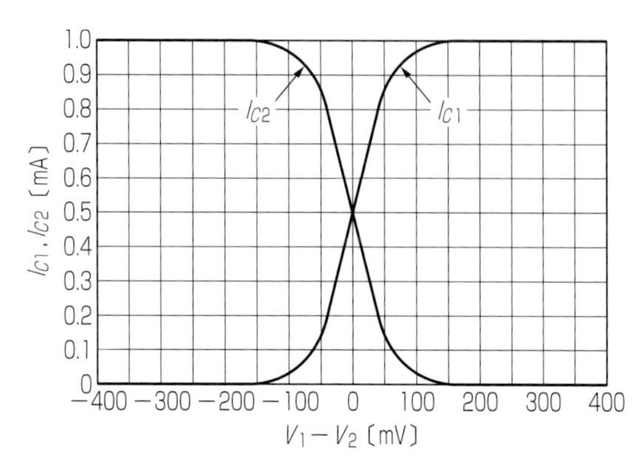

図 25.2　差動増幅回路入力電圧対コレクタ電流特性

$$I_{C1}=\frac{h_{FE}}{1+h_{FE}}\frac{I_0}{1+e^{-\frac{q}{kT}(V_1-V_2)}} \quad \cdots\cdots (25.6)$$

$$I_{C2}=\frac{h_{FE}}{1+h_{FE}}\frac{I_0}{1+e^{\frac{q}{kT}(V_1-V_2)}} \quad \cdots\cdots (25.7)$$

で与えられます．$I_0=1\mathrm{mA}$ の場合をグラフにすると，**図 25.2** のようになります．

コレクタ電圧は，

$$V_{C1}=V_{CC}-R_{C1}I_{C1}=V_{CC}-\frac{h_{FE}}{1+h_{FE}}\frac{R_{C1}I_0}{1+e^{-\frac{q}{kT}(V_1-V_2)}} \quad \cdots\cdots (25.8)$$

$$V_{C2}=V_{CC}-R_{C2}I_{C2}=V_{CC}-\frac{h_{FE}}{1+h_{FE}}\frac{R_{C2}I_0}{1+e^{\frac{q}{kT}(V_1-V_2)}} \quad \cdots\cdots (25.9)$$

となります．

25.2　差動増幅回路の電圧増幅度

コレクタ電圧を入力電圧で微分すると電圧増幅度が求まります．すなわち，

$$A_{V1}=\frac{dV_{C1}}{d(V_1-V_2)}=\frac{d(V_{CC}-R_{C1}I_{C1})}{d(V_1-V_2)}=-R_{C1}\frac{dI_{C1}}{d(V_1-V_2)}$$

$$=-R_{C1}\frac{h_{FE}}{1+h_{FE}}\frac{dI_{E1}}{d(V_1-V_2)} \quad \cdots\cdots (25.10)$$

となります．ここで，

$$V_1-V_2=V_{BE1}-V_{BE2}$$

を用いると，

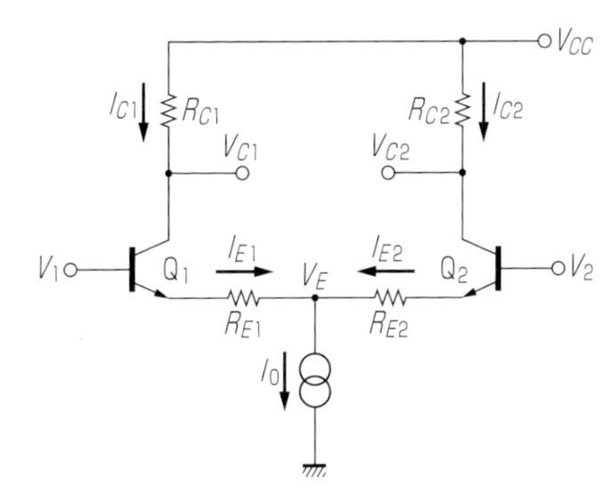

図 25.3　R_E 付きの差動増幅回路

$$\frac{dI_{E1}}{d(V_1-V_2)}=\frac{dI_{E1}}{d(V_{BE1}-V_{BE2})}=\frac{dI_{E1}}{dV_{BE1}}\frac{dV_{BE1}}{d(V_{BE1}-V_{BE2})}$$

$$=\frac{dI_{E1}}{dV_{BE1}}\frac{1}{\dfrac{d(V_{BE1}-V_{BE2})}{dV_{BE1}}}=\frac{dI_{E1}}{dV_{BE1}}\frac{1}{1-\dfrac{dV_{BE2}}{dV_{BE1}}}$$

$$=\frac{dI_{E1}}{dV_{BE1}}\frac{1}{1-\dfrac{dV_{BE2}}{dI_{E2}}\dfrac{dI_{E2}}{dV_{BE1}}}=\frac{dI_{E1}}{dV_{BE1}}\frac{1}{1-\dfrac{dV_{BE2}}{dI_{E2}}\dfrac{d(I_0-I_{E1})}{dV_{BE1}}}$$

$$=\frac{dI_{E1}}{dV_{BE1}}\frac{1}{1+\dfrac{dV_{BE2}}{dI_{E2}}\dfrac{dI_{E1}}{dV_{BE1}}}=\frac{1}{\dfrac{dV_{BE1}}{dI_{E1}}}\frac{1}{1+\dfrac{\dfrac{dV_{BE2}}{dI_{E2}}}{\dfrac{dV_{BE1}}{dI_{E1}}}}=\frac{1}{r_{e1}}\frac{1}{1+\dfrac{r_{e2}}{r_{e1}}}$$

$$=\frac{1}{r_{e1}+r_{e2}} \quad \cdots\cdots\cdots\cdots (25.11)$$

となり，これを(25.10)式に代入して，

$$A_{V1}=-\frac{h_{FE}}{1+h_{FE}}\frac{R_{C1}}{r_{e1}+r_{e2}} \quad \cdots\cdots\cdots\cdots (25.12)$$

が得られます．この場合の増幅度は動作点 $V_1-V_2=0$ において最大となりますが，**図 25.2** からわかるように，入力信号が±50mV を超えると直線性が悪くなります．せいぜい±25mV 程度です．これをダイナミックレンジといいます．

この入力ダイナミックレンジが拡大されたものに，外部エミッタ抵抗を挿入した**図 25.3** の回路があります．

この場合の増幅度は，

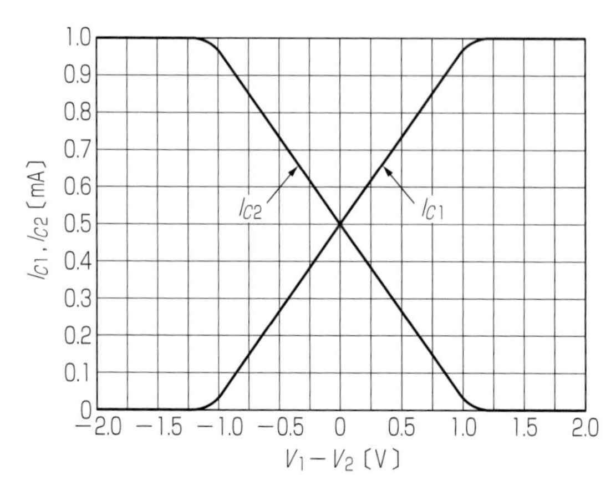

図 25.4　R_E 付き差動増幅回路入力電圧対コレクタ電流特性($R_{E1}=R_{E2}=1\,\mathrm{k\Omega}$)

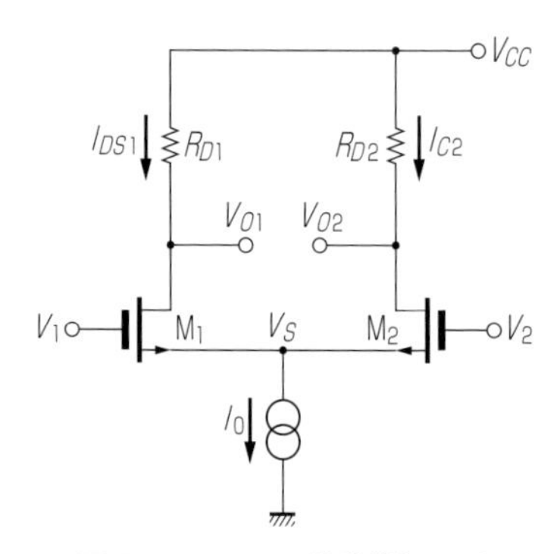

図 25.5　MOS 差動増幅回路

$$A_{V1}=-\frac{h_{FE}}{1+h_{FE}}\frac{R_{C1}}{r_{e1}+r_{e2}+R_{E1}+R_{E2}} \quad \cdots\cdots (25.13)$$

のように小さくなりますが，入出力特性は**図 25.4** のように入力ダイナミックレンジが拡大されています．

25.3 MOS 差動増幅回路

MOS トランジスタを用いた差動増幅回路は**図 25.5** のようになります．

この場合の入出力特性は次のようになります．まず，飽和領域にあると仮定して，それぞれの電流は，

$$I_{DS1}=k(V_{GS1}-V_T)^2=k(V_1-V_S-V_T)^2 \quad \cdots\cdots (25.14)$$

$$I_{DS2}=k(V_{GS2}-V_T)^2=k(V_2-V_S-V_T)^2 \quad \cdots\cdots (25.15)$$

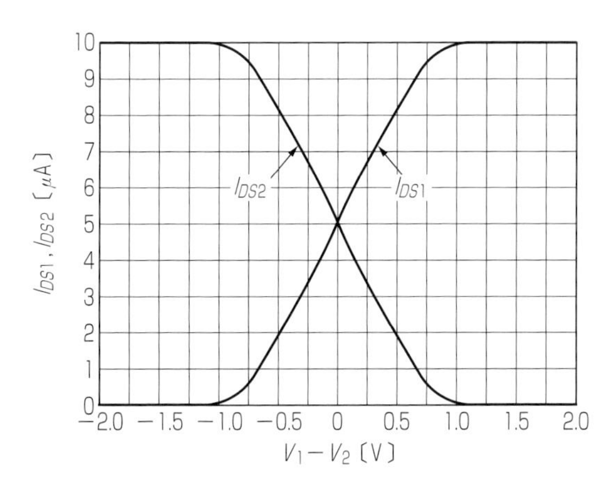

図 25.6　MOS 差動増幅回路入力電圧対ドレイン電流特性(k=10μA/V^2, I_O=10μA)

となります．したがって，

$$\sqrt{\frac{I_{DS1}}{k}}=V_1-V_S-V_T \quad \cdots\cdots (25.16)$$

$$\sqrt{\frac{I_{DS2}}{k}}=V_2-V_S-V_T \quad \cdots\cdots (25.17)$$

この両式の差をとると，

$$\sqrt{\frac{I_{DS1}}{k}}-\sqrt{\frac{I_{DS2}}{k}}=V_1-V_2 \quad \cdots\cdots (25.18)$$

となります．また，

$$I_{DS1}+I_{DS2}=I_0 \quad \cdots\cdots (25.19)$$

を代入すると，

$$V_1-V_2=\sqrt{\frac{I_{DS1}}{k}}-\sqrt{\frac{I_0-I_{DS1}}{k}} \quad \cdots\cdots (25.20)$$

として，I_{DS1} から V_1-V_2 を逆算して**図 25.6** を求めることができます．

25.4　カレントミラー負荷形差動増幅回路

差動増幅回路の負荷として，**図 25.1** のように抵抗 R_{C1} などがよく用いられます．この場合は，動作点を電源電圧の 50%付近に設定するために $R_{C1}I_0$ の積は，

$$V_{C1}=V_{CC}-R_{C1}I_{C1}=V_{CC}-\frac{1}{2}R_{C1}I_0=\frac{1}{2}V_{CC}$$

より，

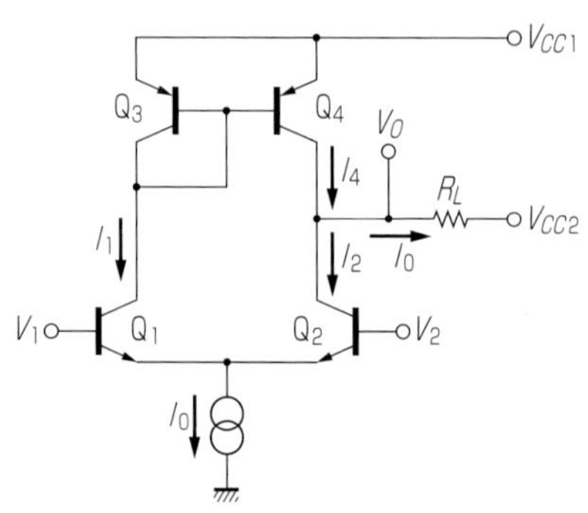

図 25.7　カレントミラー負荷形差動増幅回路

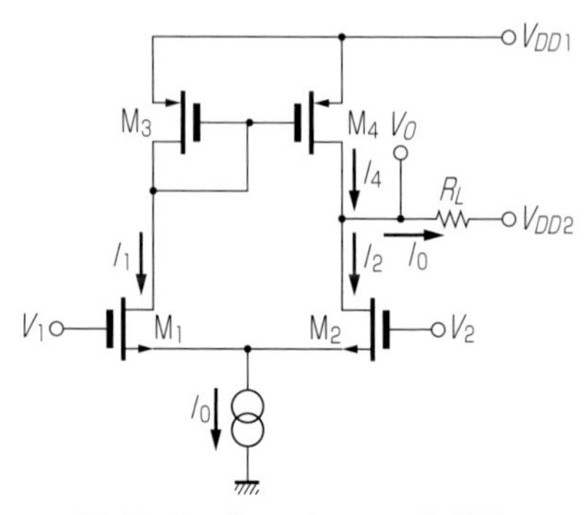

図 25.8　カレントミラー負荷形 MOS 差動増幅回路

$$R_{C1}I_0 = V_{CC}$$

とする必要があり，電圧増幅度も最大で，

$$|AV_1| = \frac{h_{FE}}{1+h_{FE}}\frac{R_{C1}}{r_{E1}+r_{E2}} = \frac{h_{FE}}{1+h_{FE}}\frac{R_{C1}}{\dfrac{kT}{qI_{E1}}+\dfrac{kT}{qI_{E2}}}$$

$$\fallingdotseq \frac{R_{C1}}{\dfrac{kT}{q\dfrac{I_0}{2}}+\dfrac{kT}{q\dfrac{I_0}{2}}} = \frac{R_{C1}}{4\dfrac{kT}{qI_0}} = \frac{R_{C1}I_0}{4\dfrac{kT}{q}} = \frac{V_{CC}}{4\dfrac{kT}{q}} \quad \cdots\cdots (25.21)$$

になり，電源電圧で制限されることになります．この制限を突破することができるのが，**図 25.7** および**図 25.8** に示すカレントミラー負荷形差動増幅回路です．

図 25.7 において，負荷 R_L に流れる直流電流は $V_1 - V_2 = 0$ のときは，

$$I_0 = I_4 - I_2 \fallingdotseq I_1 - I_2 = \frac{1}{2}I_0 - \frac{1}{2}I_0 = 0$$

となり，V_O の直流電圧は V_{CC2} になります．したがって，R_LI_0 の積に制限はなく，

$$A_V \fallingdotseq \frac{2R_L}{r_{E1}+r_{E2}} = \frac{R_L}{r_{E1}} = \frac{R_L}{\dfrac{kT}{qI_{E1}}} = \frac{R_L}{\dfrac{2kT}{qI_0}} = \frac{qI_0R_L}{2kT} \quad \cdots\cdots (25.22)$$

となり，電源電圧に無関係に大きな電圧増幅度を実現することができます．**図 25.8** の回路についても同様です．

第26章　オペアンプ

26.1　オペアンプ

オペアンプは Operational Amplifier(演算増幅器)の略で，図 26.1 のような理想的な電圧制御電圧源 VCVS(Voltage Controlled Voltage Source)を目指したものです.

すなわち，V_+ 端子と V_- 端子の間に加えられた電圧の A 倍を出力端子に供給するものです．オペアンプの記号は図 26.2 に示します．ここでは，出力のマイナス端子は共通電位アースとしています.

オペアンプの内部回路は差動増幅器，カレントミラー，基本増幅器，エミッタフォロワなどから構成されていてその概略を図 26.3 に示します.

理想オペアンプの特性は,

差動電圧増幅度(利得)	無限大
入力インピーダンス	無限大

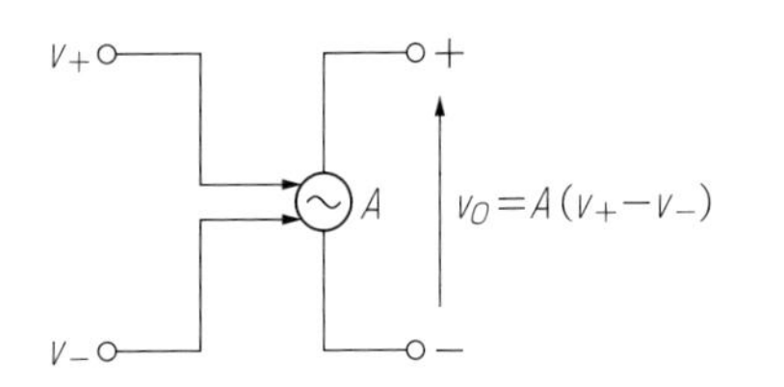

図 26.1　電圧制御電圧源

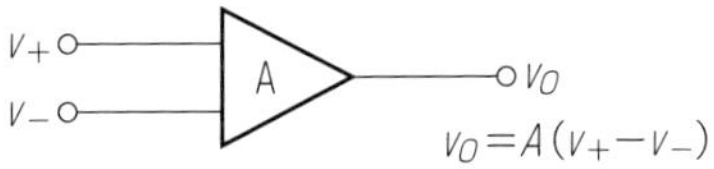

$v_O = A(v_+ - v_-)$

図 26.2　オペアンプの記号

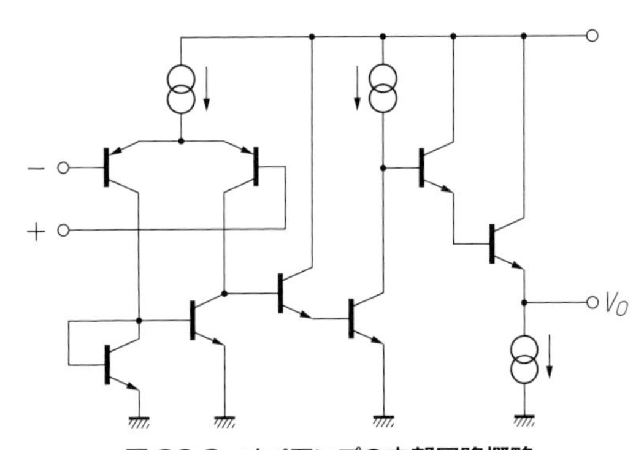

図 26.3　オペアンプの内部回路概略

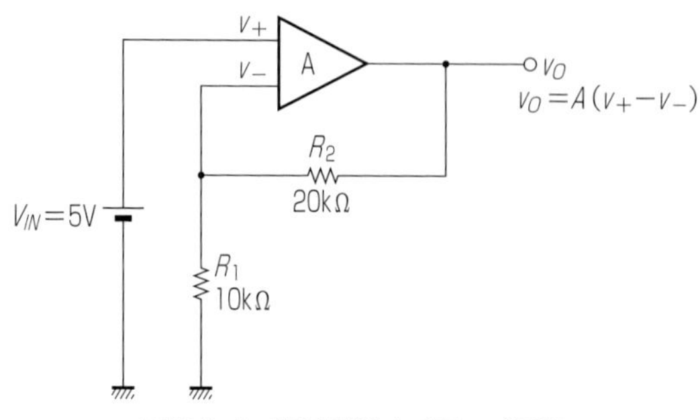

図 26.4　有限利得オペアンプ回路

出力インピーダンス	0
周波数特性	無限大

となりますが，現実には有限な値になります．その限界を知って使用することが求められます．

26.2　有限利得オペアンプ

電圧増幅度(利得)A が有限で，それ以外は理想的なオペアンプを考えます(**図 26.4**)．

この回路において，入力信号は V_+ 端子に印加されています．V_- 端子には出力電圧 V_O が分圧されて印加されています．すなわち，

$$V_+ = V_{IN} \quad \cdots\cdots (26.1)$$

$$V_- = \frac{R_1}{R_1+R_2} V_O \quad \cdots\cdots (26.2)$$

となります．これより，

$$V_O = A(V_+ - V_-) = A\left(V_{IN} - \frac{R_1}{R_1+R_2} V_O\right)$$

$$\therefore \quad V_O\left(1 + A\frac{R_1}{R_1+R_2}\right) = AV_{IN}$$

したがって，

$$V_O = \frac{AV_{IN}}{1 + A\dfrac{R_1}{R_1+R_2}} = \frac{V_{IN}}{\dfrac{1}{A} + \dfrac{R_1}{R_1+R_2}} \quad \cdots\cdots (26.3)$$

となり，利得 A が∞になると，

$$V_O=\frac{V_{IN}}{\dfrac{R_1}{R_1+R_2}}=\frac{R_1+R_2}{R_1}V_{IN} \quad \cdots\cdots (26.4)$$

になります．数値を代入すると，

$$V_O=\frac{10+20}{10}5=3\cdot 5=15\text{〔V〕}$$

次に V_+-V_- を計算すると，

$$V_+-V_-=V_{IN}-\frac{R_1}{R_1+R_2}V_O=V_{IN}-\frac{R_1}{R_1+R_2}\frac{AV_{IN}}{1+A\dfrac{R_1}{R_1+R_2}}$$

$$=V_{IN}-\frac{R_1}{R_1+R_2}\frac{V_{IN}}{\dfrac{1}{A}+\dfrac{R_1}{R_1+R_2}}$$

$$=V_{IN}-\frac{R_1}{R_1+R_2}\frac{V_{IN}}{\left(\dfrac{R_1}{R_1+R_2}\right)\left(1+\dfrac{1}{A}\dfrac{R_1+R_2}{R_1}\right)}$$

$$=V_{IN}-\frac{V_{IN}}{1+\dfrac{1}{A}\dfrac{R_1+R_2}{R_1}}=\frac{\dfrac{1}{A}\dfrac{R_1+R_2}{R_1}}{1+\dfrac{1}{A}\dfrac{R_1+R_2}{R_1}}V_{IN}$$

となり，A が∞になると 0 になります．すなわち，

$$V_+-V_-=0 \quad \cdots\cdots (26.5)$$

となります．これは，V_+ と V_- が等しいことを示しています．すなわち，2 つの入力端子の電位が等しいため，仮想短絡と称せられます．また，V_+ の端子が接地されている場合は，V_- の電位が 0 になるため仮想接地といいます．

26.3　オペアンプ積分回路

図 26.5 にオペアンプ積分回路を示します．

この回路に**図 26.6** のような入力信号が印加された場合を考えます．

まず，v_+ の端子が接地されているので，仮想接地の原理により，

$$v_-=0$$

とすることができます．したがって，

$$i(t)=\frac{v_i(t)}{R} \quad \cdots\cdots (26.6)$$

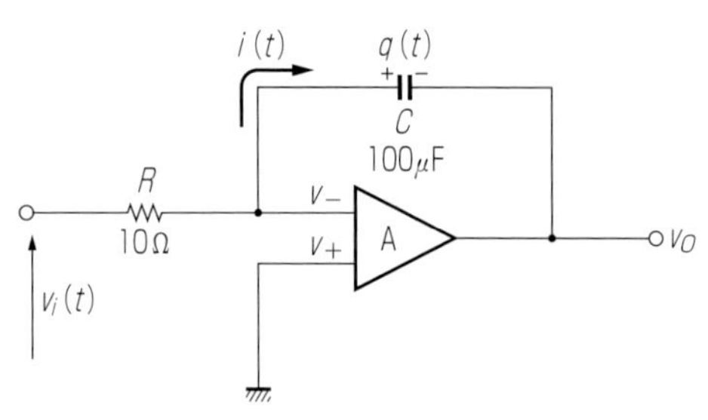

図 26.5　オペアンプ積分回路

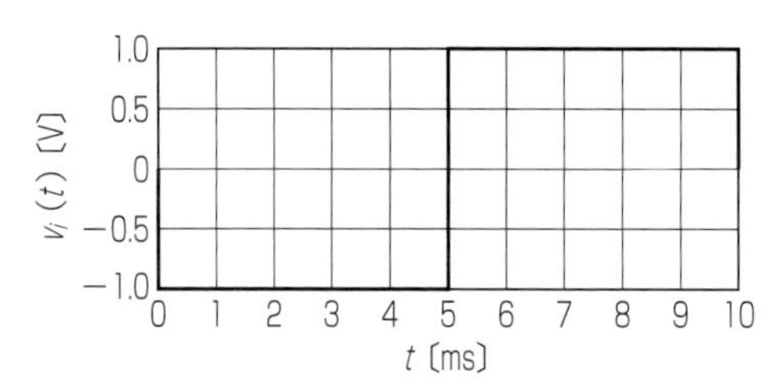

図 26.6　オペアンプ積分回路への入力波形

となります．入力インピーダンスが∞であるため，この電流はすべてコンデンサに流れます．出力電圧 v_O は，v_- の電位にコンデンサ C の両端の電圧を足したものになります．したがって，

$$v_O(t)=v_- -\frac{q(t)}{C}$$

$$=-\frac{q(t)}{C}$$

$$=-\frac{\int_0^t i(t)dt}{C} \quad \cdots\cdots (26.7)$$

となります．コンデンサ C の初期電荷を 0 と仮定すると，$0 < t < 5\mathrm{ms}$ の間は電流は，

$$i(t)=\frac{-1}{10}=-0.1〔\mathrm{A}〕$$

となり，出力電圧は，

$$v_O=-\frac{q(t)}{C}=-\frac{i(t)}{C}t=-\frac{-0.1}{100\times10^{-6}}t=t\times10^3〔\mathrm{V}〕$$

となります．$t=5\mathrm{ms}$ において，

$$v_O=5〔\mathrm{V}〕$$

となります．$5\mathrm{ms} < t < 10\mathrm{ms}$ では，

$$i(t)=\frac{1}{10}=0.1〔\mathrm{A}〕$$

$$v_O=-\frac{q(t)}{C}=-\frac{q(5\mathrm{ms})}{C}-\frac{i(t)}{C}(t-5\times10^{-3})$$

$$=5-\frac{0.1}{100\times10^{-6}}(t-5\times10^{-3})=5-(t-5\times10^{-3})\times10^3$$

$$=10-t\times10^3〔\mathrm{V}〕$$

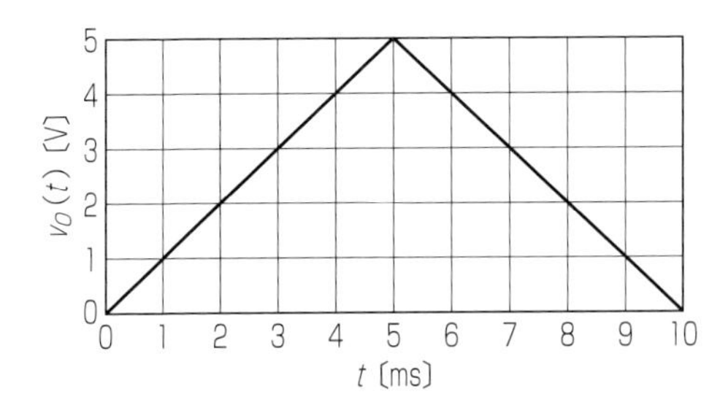

図 26.7　オペアンプ積分回路の出力波形

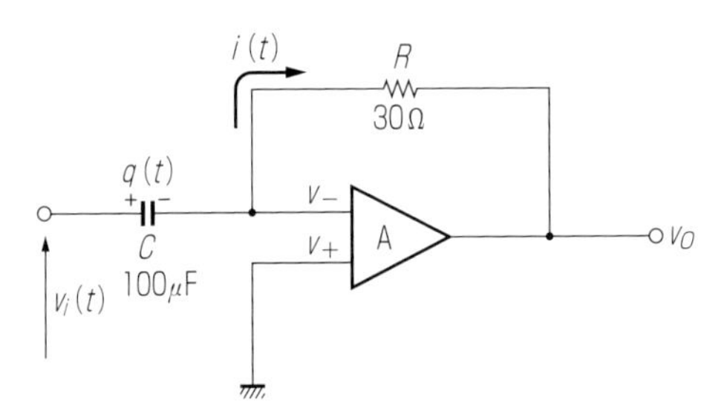

図 26.8　オペアンプ微分回路

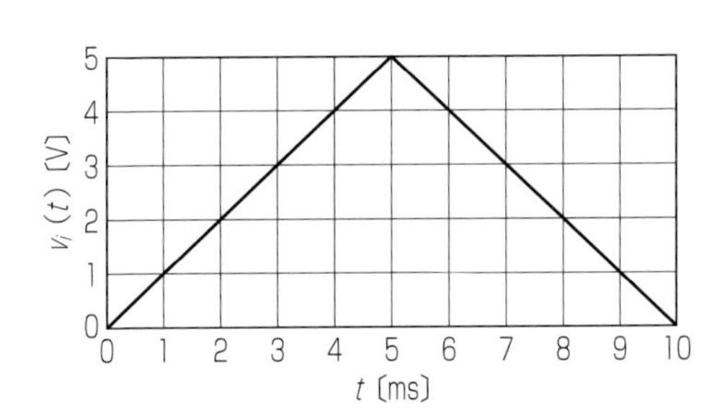

図 26.9　オペアンプ微分回路への入力波形

となり，$t=10\text{ms}$ において，

$$v_O=0$$

となります．$t>10\text{ms}$ においては電流が 0 であるため，この値を保ちます．したがって，出力電圧波形は**図 26.7** のようになります．

26.4　オペアンプ微分回路

図 26.8 にオペアンプ微分回路を示します．この回路に，**図 26.9** のような入力信号が印加された場合を考えます．

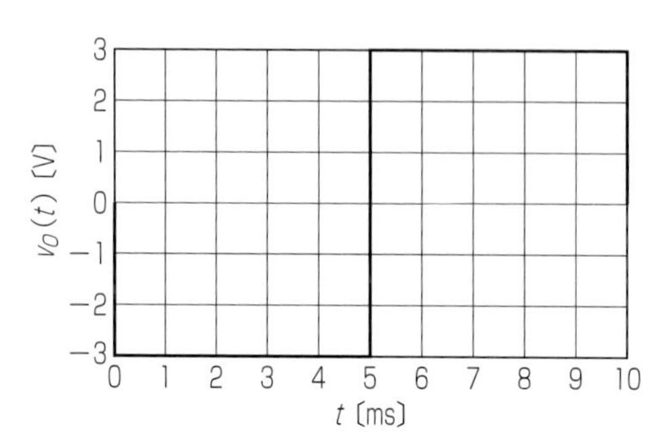

図 26.10　オペアンプ微分回路の出力波形

まず，v_+ の端子が接地されているので，仮想接地の原理により，

$v_- = 0$

とすることができます．したがって，

$$i(t) = \frac{dq(t)}{dt} = C\frac{dv_i(t)}{dt} \quad \cdots\cdots (26.8)$$

となります．入力インピーダンスが∞であるため，この電流はすべて抵抗に流れます．出力電圧 v_O は，v_- の電位に抵抗 R の両端の電圧を足したものになります．したがって，

$$v_O = v_- - Ri(t) = -Ri(t) \quad \cdots\cdots (26.9)$$

となります．$0 < t <$ 5ms の間は電流は，

$$i(t) = C\frac{\Delta V}{\Delta t} = 100 \times 10^{-6}\frac{1}{1 \times 10^{-3}} = 0.1〔\mathrm{A}〕$$

となり，出力電圧は，

$$v_O = -R \cdot i(t) = -30 \times 0.1 = -3〔\mathrm{V}〕$$

となります．5ms $< t <$ 10ms では，

$$i(t) = C\frac{\Delta V}{\Delta t} = 100 \times 10^{-6}\frac{-1}{1 \times 10^{-3}} = -0.1〔\mathrm{A}〕$$

となり，出力電圧は，

$$v_O = -R \cdot i(t) = -30 \times -0.1 = 3〔\mathrm{V}〕$$

となります．$t >$ 10ms においては電圧が 0 で変化がないため，0 になります．したがって，出力電圧波形は**図 26.10** のようになります．

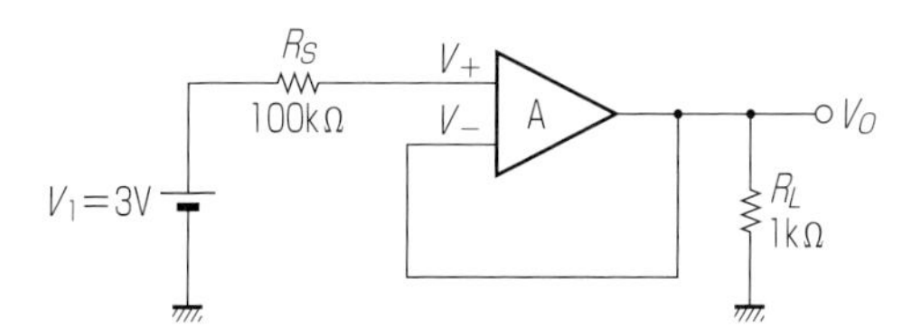

図 26.11　ボルテージフォロワ

26.5　ボルテージフォロワ

オペアンプの応用例として**図 26.11** に示すボルテージフォロワがあります．これは「**22.7　エミッタフォロワ**」で学んだことと同様，信号源インピーダンスが非常に高い信号をインピーダンスの低い負荷に供給する場合に用いられます．

オペアンプの入力インピーダンスは高いので，信号源抵抗 R_S に流れる電流は無視でき，

$$V_+ \fallingdotseq V_1$$

となります．また仮想短絡により，

$$V_- = V_+$$

また，

$$V_0 = V_-$$

より結局，

$$V_0 = V_- = V_+ = V_1$$

となり，オペアンプの出力インピーダンスは低いので，負荷 R_L には V_1 がほぼ100%出力され，高インピーダンス回路を低インピーダンス回路に変換することができます．

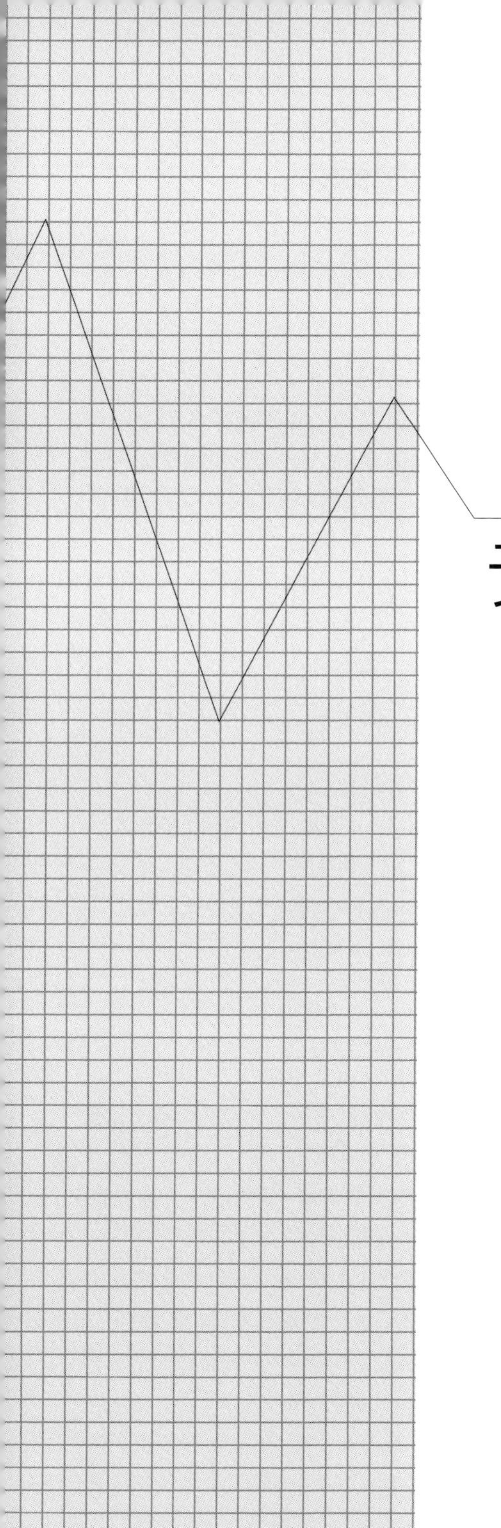

デジタル回路

第27章　インバータ回路

27.1　インバータ回路

図27.1は**図22.12**で示したものと同じく，$R_E=0$とした増幅回路です．

これは，入力信号が1V以上であれば出力電圧は0になり，入力信号が0であれば出力電圧はV_{CC}になります．出力がV_{CC}の状態をハイレベル，すなわちHまたは状態“1”と名付け，出力が0Vの状態をローレベル，すなわちLまたは状態“0”と名付けることができます．入力がHになれば出力は反転(invert)してLになり，入力がLになれば出力は反転してHになります．入力を反転するのでこれをインバータといいます．この回路では出力電圧がLのとき，

$$I_C=\frac{V_{CC}}{R_C}=\frac{12}{3}=4〔\mathrm{mA}〕 \quad \cdots\cdots (27.1)$$

の電流が流れます．

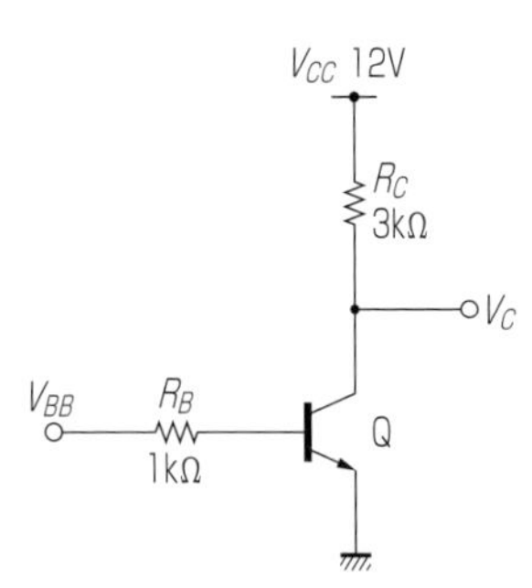

図27.1　R_E=0の増幅回路

表27.1　インバータの真理値表

入力		出力	
H	1	L	0
L	0	H	1

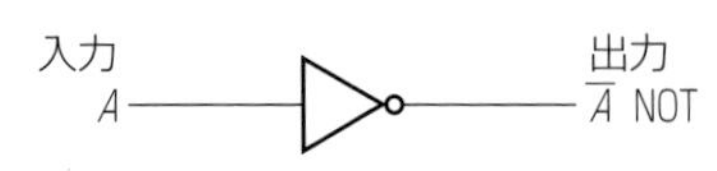

図27.2　インバータの論理記号

入力信号と出力信号の関係を表形式にしたものを真理値表といいます．インバータの真理値表は**表27.1**のようになります．ハイレベルを1，ローレベルを0としていますが，これは正論理といい，ローレベルを1，ハイレベルを0とする負論理もあります．

本書では特に断らない限り正論理を用います．

デジタル回路ではインバータは**図27.2**のような記号で表します．

$\overline{A}$と書いてAバーと読み，Aの否定を示します．NOT回路ともいいます．

現在では，インバータ回路はMOSトランジスタ回路で構成されることが一般的です．NチャンネルMOSトランジスタと，PチャンネルMOSトランジスタ

を直列構成にしたCMOS(Complementary MOS; 相補形MOS)形インバータです．**図27.3**に示します．

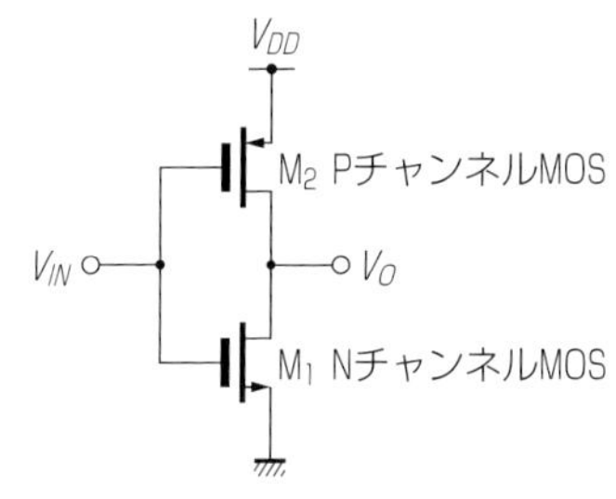

図27.3　CMOS形インバータ

この回路では，入力信号 V_{IN} がHのときはNチャンネルMOSトランジスタの M_1 は導通し，PチャンネルMOSトランジスタの M_2 は遮断されます．したがって，出力電圧 V_O はLになります．

入力信号がLのときは，PチャンネルMOSトランジスタの M_2 は導通し，NチャンネルMOSトランジスタの M_1 は遮断されます．したがって，出力電圧 V_O はHになります．この回路は出力電圧 V_O がHであってもLであっても，どちらかのトランジスタが遮断状態であるため電流は流れません．消費電力の面からはCMOS形が有利です．

27.2　CMOS形インバータの入出力特性

CMOS形インバータの入力電圧に対する出力電圧の変化，すなわち直流伝達特性を求めます．**図27.3**において，V_{IN} が0Vのときは M_1 は遮断になり，M_2 は導通です．したがって，V_O は V_{DD} になります．V_{IN} が上昇して V_{T1} 以上になると M_1 の電流は流れますが，小電流では V_O は依然として V_{DD} に近い値です．このときは M_2 は非飽和領域であり，M_1 は飽和領域です．したがって，

$$I_{DS}=k_1(V_{IN}-V_{T1})^2=k_2(V_{IN}-V_{DD}-V_{T2})^2-k_2(V_{IN}-V_O-V_{T2})^2$$

より，

$$V_O=V_{IN}-V_{T2}+\sqrt{(V_{IN}-V_{DD}-V_{T2})^2-\frac{k_1}{k_2}(V_{IN}-V_{T1})^2} \quad \cdots\cdots\cdots \quad (27.2)$$

となります．

$V_{DD}=5$〔V〕，$k_1=k_2=10$〔μA/V^2〕，$V_{T1}=1$〔V〕，$V_{T2}=-1$〔V〕

の場合について，

$V_{IN}=0\sim2.5$〔V〕

までをプロットすると，**図27.4**の上半分になります．

また，V_{IN} が V_{DD} に近いところでは M_2 は飽和領域であり，M_1 は非飽和領域です．したがって，このときの電流は，

$$I_{DS}=k_2(V_{IN}-V_{DD}-V_{T2})^2=k_1(V_{IN}-V_{T1})^2-k_1(V_{IN}-V_O-V_{T1})^2$$

となり，出力電圧は，

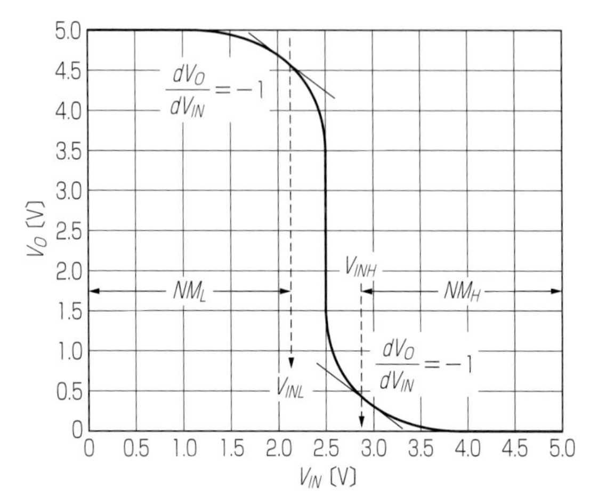

図 27.4　CMOS 形インバータ直流伝達特性

$$V_O = V_{IN} - V_{T2} - \sqrt{(V_{IN} - V_{T1})^2 - \frac{k_2}{k_1}(V_{IN} - V_{DD} - V_{T2})^2} \quad \cdots\cdots\cdots \quad (27.3)$$

となります．

$V_{IN} = 2.5 \sim 5.0$〔V〕

までをプロットすると，**図 27.4** の下半分になります．

なお，**図 27.4** において，

$$\frac{dV_O}{dV_{IN}} = -1$$

となる点が 2 点あります．上部の点を与える入力電圧を V_{INL} といいます．この入力電圧とインバータの出力電圧のローレベル V_{OL} との差をローレベル・ノイズマージン NM_L といいます．この意味は，出力電圧のローレベル V_{OL} が出て，次段のインバータに接続されている状態で雑音が混入しても，この大きさ以下であれば次段のインバータが動作しても利得が 1 より低く，それ以降の段に及ぼす影響は小さいから安全であるということです．ハイレベルのノイズマージンについても同様です．

$$NM_L = V_{INL} - V_{OL}$$
$$NM_H = V_{OH} - V_{INH} \quad \cdots\cdots\cdots \quad (27.4)$$

なお，電流 I_{DS} の変化は**図 27.5** に示します．

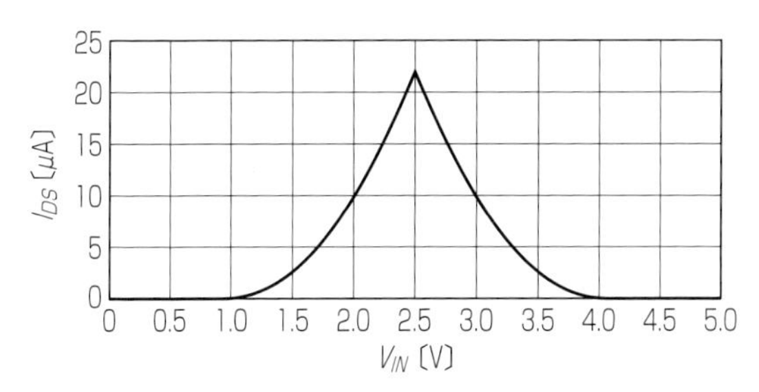

図 27.5　CMOS 形インバータ直流伝達特性(電流)

27.3　CMOS 形インバータのスイッチング速度

CMOS 形インバータの出力電圧の立ち上がり速度を求めます.

インバータの出力には次段のゲートが接続されていますが，このゲート容量が負荷になります．この容量を C_L とし，$t=0$ で入力電圧 V_{IN} が 5V から 0 になるとします．入力電圧 V_{IN} が 5V のときは M_1 は導通で，出力電圧 V_O は 0V で C_L の電荷は 0 です．しかし $t>0$ では，図 27.6 のように M_1 が遮断状態になり M_2 が導通します.

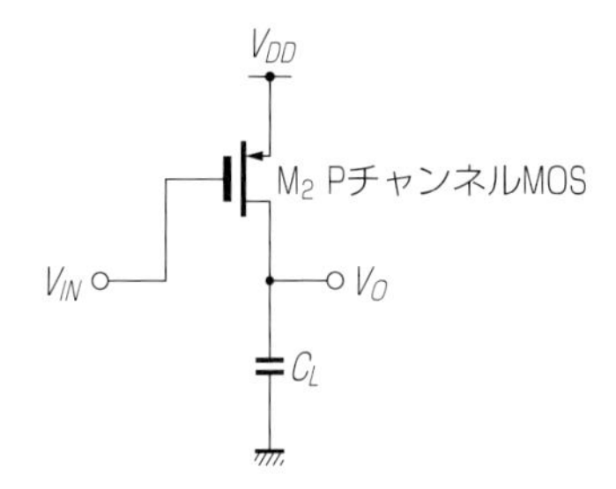

図 27.6　CMOS 形インバータ立ち上がり

V_O が小さいときは M_2 は飽和領域であり，

$$I_{DS}=k_2(V_{DD}+V_{T2})^2$$

なる電流が C_L に流れ充電します．この範囲では，M_2 は電流源とみなせるので，図 27.7 のような等価回路になります.

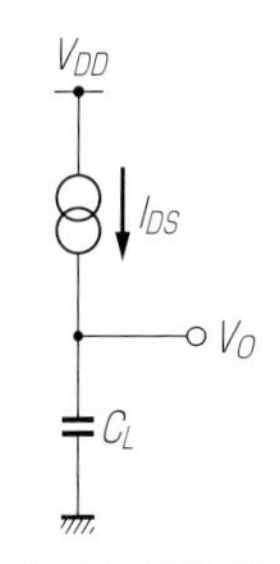

図 27.7　CMOS 形インバータ立ち上がり等価回路

近似計算として，C_L を V_{DD} まで直線的に充電するとして所要時間を求めると，

$$t=\frac{Q}{I_{DS}}=\frac{C_L V_{DD}}{k_2(V_{DD}+V_{T2})^2}$$

となり，

$$C_L=12.5〔\mathrm{fF}〕,\ k_2=10〔\mu\mathrm{A/V^2}〕,\ V_{T2}=-1〔\mathrm{V}〕,\ V_{DD}=5〔\mathrm{V}〕$$

の場合は，

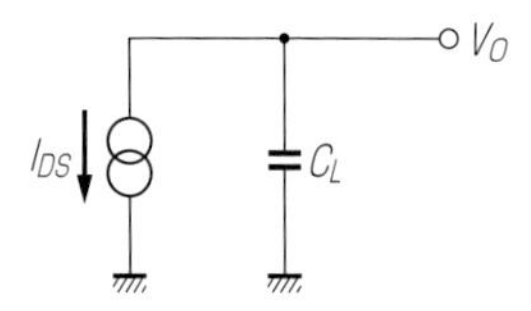

図 27.8　CMOS 形インバータ立ち下がり等価回路

$$t=\frac{C_L V_{DD}}{k_2(-V_{DD}-V_{T2})^2}=\frac{12.5\times10^{-15}\times5}{10\times10^{-6}(-4)^2}$$
$$=0.39〔\mathrm{ns}〕$$

となります．V_{IN} が再び正の 5V になって，この電荷を M_1 が放電する場合の等価回路を**図 27.8** に示します．

$C_L=12.5〔\mathrm{fF}〕$，$k_1=10〔\mu\mathrm{A/V^2}〕$
$V_{T1}=1〔\mathrm{V}〕$，$V_{DD}=5〔\mathrm{V}〕$

の場合は，立ち上がりと同じ時間が必要になります．したがって，最高動作周波数は，

$$f_{\max}<\frac{1}{2\times0.39\times10^{-9}}=1.28〔\mathrm{GHz}〕$$

以下であるといえます．

27.4　CMOS 形インバータの消費電力

前節で CMOS 形インバータでは電流が流れないと述べましたが，直流的には H でも L でも電流は 0 です．しかし実際には，インバータには必ず次段のトランジスタが接続されています．CMOS 形の場合は次段のゲート容量が接続されます．この容量を C_L とすると 1 回のスイッチングで，

$$W=\frac{1}{2}C_L{V_O}^2 \quad\cdots\cdots (27.5)$$

の電力量が消費されます．周波数を f とすると，

$$P=fW=\frac{1}{2}fC_L{V_O}^2$$

の電力になります．集積回路の中のインバータの個数を N 個とすると，

$$P_{TOT}=NfW=\frac{1}{2}NfC_L{V_O}^2 \quad\cdots\cdots (27.6)$$

となります．**第 4 章**の数値で，

$C_L=12.5〔\mathrm{fF}〕$，$V_O=5〔\mathrm{V}〕$

を用い，さらに，

$f=100〔\mathrm{MHz}〕=100\times10^6$，$N=10^6$

の場合，その電力は，

$$P_{TOT}=\frac{1}{2}NfC_LV_O{}^2$$

$$=\frac{1}{2}\times10^6\times100\times10^6\times12.5\times10^{-15}\times5^2=15.6〔W〕$$

にもなります．この電力を減らすには C_L を小さくする必要があり，C_L は面積に比例するので，微細構造がますます必要になります．

第28章　NAND回路と基本論理回路

28.1　インバータ直列回路

次にインバータ回路の組み合わせを行います．図28.1に示すようなQ_1とQ_2からなる直列回路を考えます．

$A(V_{IN1})$，$B(V_{IN2})$の2入力回路です．まず，BがHの場合を考えます．BがHであれば，Q_2は導通で飽和領域になります．したがって，等価回路は図28.2のようになります．

ここで，入力AがHになればQ_1も導通し飽和領域になり，等価回路は図28.3のようになります．したがって，出力電圧V_OはLになります．

次に，この状態で入力AがLになった場合を考えます．このときはQ_1は遮断領域でOFFになり，等価回路は図28.4のようになります．したがって，出力電圧V_OはV_{CC}(H)になります．

次に入力BもLの場合を考えます．この場合はQ_2も遮断領域でOFFとなり，等価回路は図28.5のようになります．出力電圧V_OはやはりHのままです．

ここで，入力AがHになった場合はQ_1が導通し，等価回路は図28.6のよ

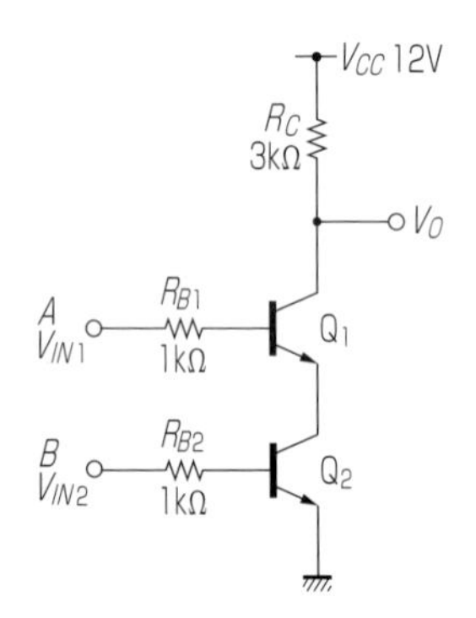

図28.1　インバータ直列回路

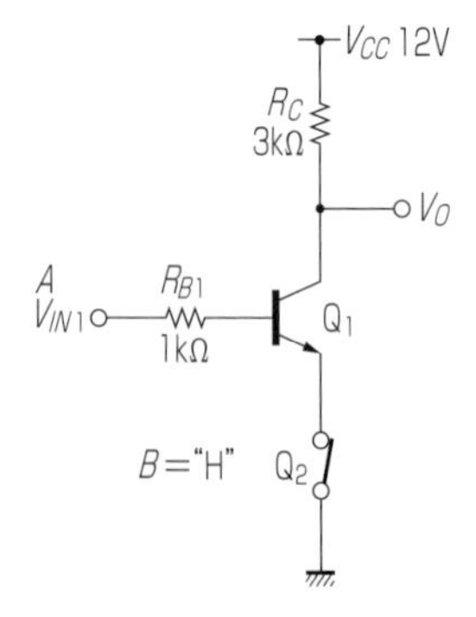

図28.2　インバータ直列回路(Q_2=ON)

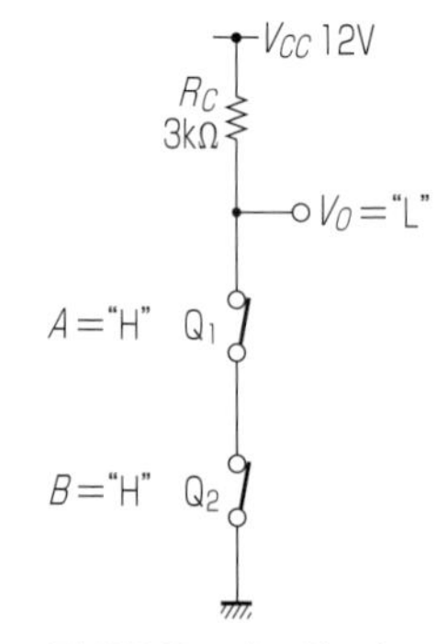

図28.3　インバータ直列回路(Q_2=ON，Q_1=ON)

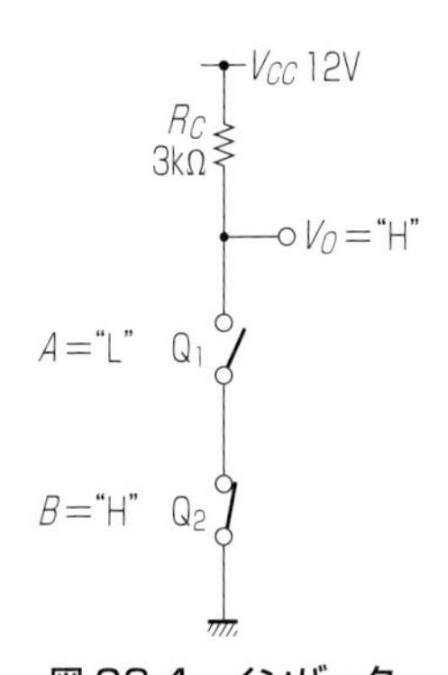

図 28.4　インバータ直列回路(Q_2=ON, Q_1=OFF)

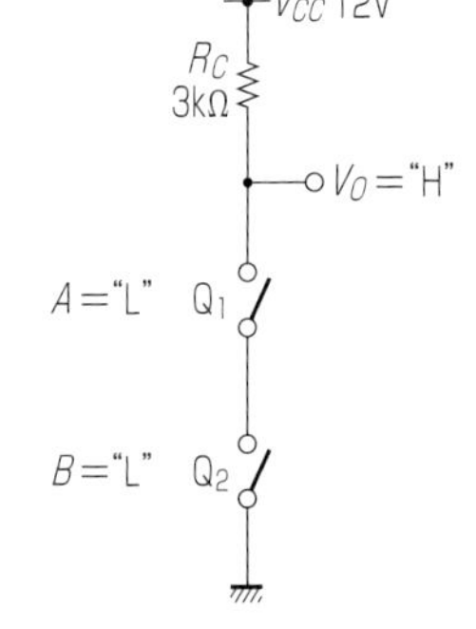

図 28.5　インバータ直列回路(Q_2=OFF, Q_1=OFF)

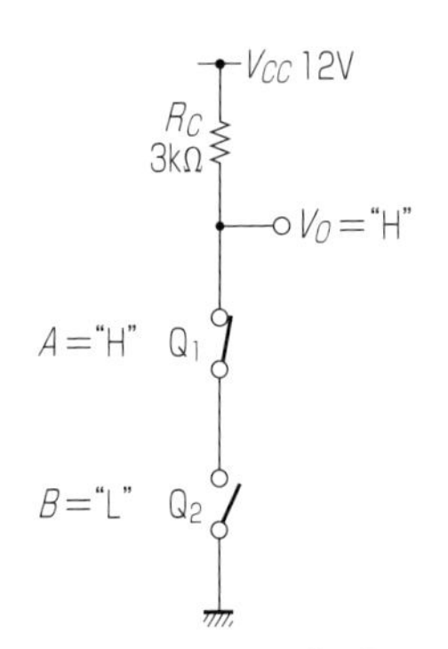

図 28.6　インバータ直列回路(Q_2=OFF, Q_1=ON)

表 28.1　インバータ直列回路の真理値表

入力 A		入力 B		出力		
L	0	L	0	H	1	図 28.5
L	0	H	1	H	1	図 28.4
H	1	L	0	H	1	図 28.6
H	1	H	1	L	0	図 28.3

表 28.2　インバータ直列回路の真理値表(負論理)

入力 A		入力 B		出力	
L	1	L	1	H	0
L	1	H	0	H	0
H	0	L	1	H	0
H	0	H	0	L	1

うになります．しかし Q_2 が OFF であるため，出力電圧はやはり H です．

以上の結果を真理値表として**表 28.1** に示します．

出力が L になるのは，A と B がともに H の場合だけです．このような論理回路を 2 入力 NAND 回路といいます．A と B の論理積 $A \cdot B$(＝AND)の結果を否定(N)するという意味です．なお，負論理で書き直すと**表 28.2** のようになります．1 と 0 を逆にするだけです．その結果は A と B の論理和 $A+B$(＝OR)の結果を否定する NOR 回路になります．

CMOS 回路で NAND 回路を構成すると，**図 28.7** のようになります．機能は

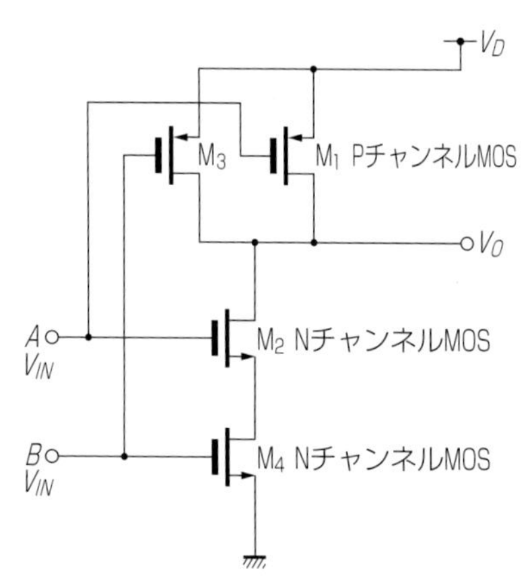

図 28.7　CMOS 形 NAND 回路

同一で，やはり H でも L でも電流は流れません．

28.2　基本論理回路

一般的に 2 入力の論理回路を考えます．その真理値表を**表 28.3** に示します．

入力の組み合わせは 4 通りあります．そのときの出力は，一般的に 0 か 1 かの 2 通りです．したがって，真理値表は余り意味のないものも含めて 2×2×2×2＝16 通りになります．これらを基本論理回路といいます．これを**表 28.4** に示します．次節でこれらを説明します．

28.3　カルノーマップ

表 28.4 の真理値表による表現方法のほかに，視覚的に把握しやすい図形式のカルノーマップという表現方法があります．たとえば，$f_1=A\cdot B$ の場合，**図**

表 28.3　2 入力回路の真理値表

入力 A		入力 B		出力	
L	0	L	0	L or H	0 or 1
L	0	H	1	L or H	0 or 1
H	1	L	0	L or H	0 or 1
H	1	H	1	L or H	0 or 1

表 28.4　基本論理回路の真理値表

入力		出力															
A	B	f_0	f_1	f_2	f_3	f_4	f_5	f_6	f_7	f_8	f_9	f_{10}	f_{11}	f_{12}	f_{13}	f_{14}	f_{15}
0	0	0	0	0	0	0	0	0	0	1	1	1	1	1	1	1	1
0	1	0	0	0	0	1	1	1	1	0	0	0	0	1	1	1	1
1	0	0	0	1	1	0	0	1	1	0	0	1	1	0	0	1	1
1	1	0	1	0	1	0	1	0	1	0	1	0	1	0	1	0	1

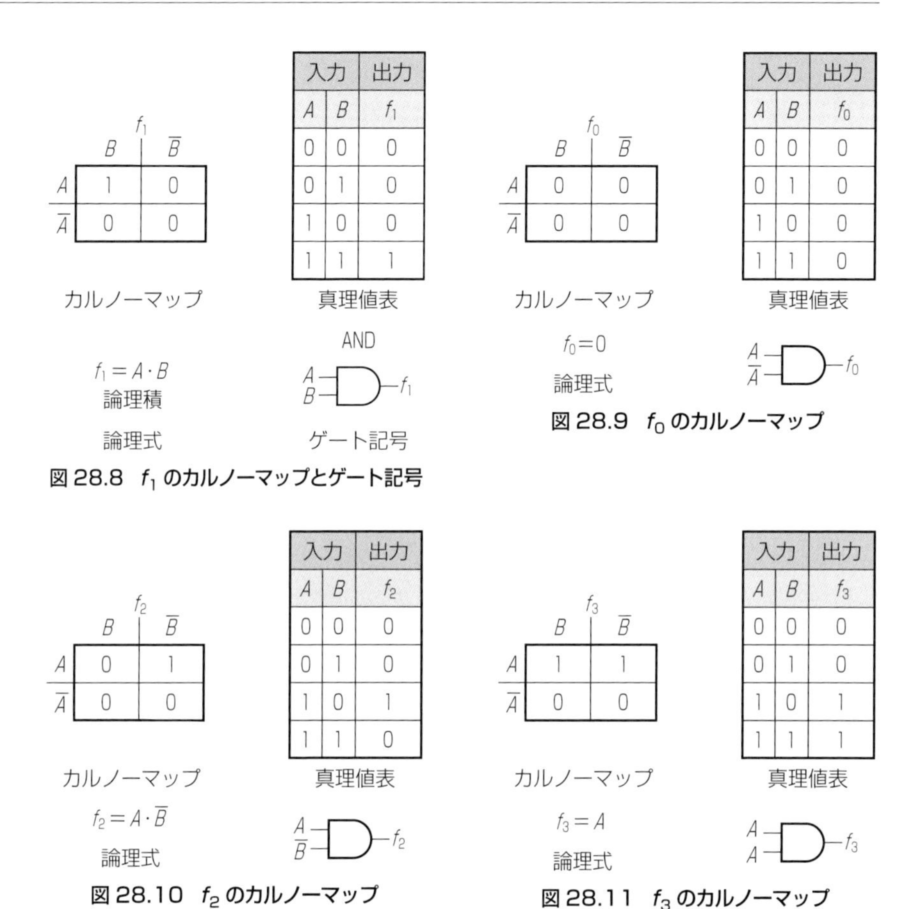

図 28.8　f_1 のカルノーマップとゲート記号

図 28.9　f_0 のカルノーマップ

図 28.10　f_2 のカルノーマップ

図 28.11　f_3 のカルノーマップ

28.8 に示すようなものなります．A は $A=1$，$\overline{A}$ は $A=0$ に対応しています．ゲート記号も図に示します．これは AND 回路であり，論理積といわれます．

これに続き，他の関数についてもカルノーマップで示します．

f_0 のカルノーマップを**図 28.9** に示します．これは常に 0 で余り意味はありません．

f_2 のカルノーマップを**図 28.10** に示します．論理式は $f_2=A\cdot\overline{B}$ です．

f_3 のカルノーマップを**図 28.11** に示します．論理式は $f_3=A$ です．

f_4 のカルノーマップを**図 28.12** に示します．論理式は $f_4=\overline{A}\cdot B$ です．

f_5 のカルノーマップを**図 28.13** に示します．論理式は $f_5=B$ です．

f_6 のカルノーマップを**図 28.14** に示します．論理式は $f_6=A\cdot\overline{B}+\overline{A}\cdot B$ です．これは $A\oplus B$ とも記されます．排他的論理和といわれる重要な関数です．$1\oplus$

	f_4 B	$\overline{B}$
A	0	0
$\overline{A}$	1	0

カルノーマップ

入力		出力
A	B	f_4
0	0	0
0	1	1
1	0	0
1	1	0

真理値表

$f_4=\overline{A}\cdot B$

論理式

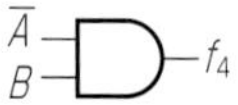

$\overline{A}$, B → f_4

図 28.12　f_4 のカルノーマップ

	f_5 B	$\overline{B}$
A	1	0
$\overline{A}$	1	0

カルノーマップ

入力		出力
A	B	f_5
0	0	0
0	1	1
1	0	0
1	1	1

真理値表

$f_5=B$

論理式

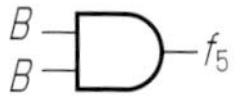

B, B → f_5

図 28.13　f_5 のカルノーマップ

	f_6 B	$\overline{B}$
A	0	1
$\overline{A}$	1	0

カルノーマップ

入力		出力
A	B	f_6
0	0	0
0	1	1
1	0	1
1	1	0

真理値表

$f_6=\overline{A}\cdot B+A\cdot\overline{B}$

排他的論理和
(EXCLUSIVE-OR)

論理式

$A\oplus B$

A, B → f_6

ゲート記号

図 28.14　f_6 のカルノーマップとゲート記号

	f_7 B	$\overline{B}$
A	1	1
$\overline{A}$	1	0

カルノーマップ

入力		出力
A	B	f_7
0	0	0
0	1	1
1	0	1
1	1	1

真理値表

$f_7=A+B$

論理和

論理式

OR

A, B → f_7

ゲート記号

図 28.15　f_7 のカルノーマップとゲート記号

	f_8 B	$\overline{B}$
A	0	0
$\overline{A}$	0	1

カルノーマップ

入力		出力
A	B	f_8
0	0	1
0	1	0
1	0	0
1	1	0

真理値表

$f_8=\overline{A+B}$

NOR

$f_8=\overline{A}\cdot\overline{B}$

論理式

NOR

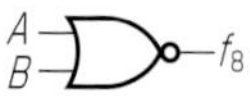

A, B → f_8

ゲート記号

図 28.16　f_8 のカルノーマップとゲート記号

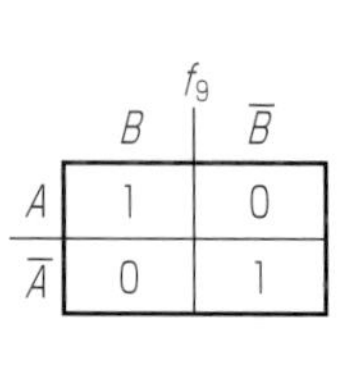

	f_9 B	$\overline{B}$
A	1	0
$\overline{A}$	0	1

カルノーマップ

入力		出力
A	B	f_9
0	0	1
0	1	0
1	0	0
1	1	1

真理値表

$f_9=A\cdot B+\overline{A}\cdot\overline{B}$

論理式

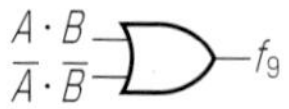

$A\cdot B$, $\overline{A}\cdot\overline{B}$ → f_9

図 28.17　f_9 のカルノーマップ

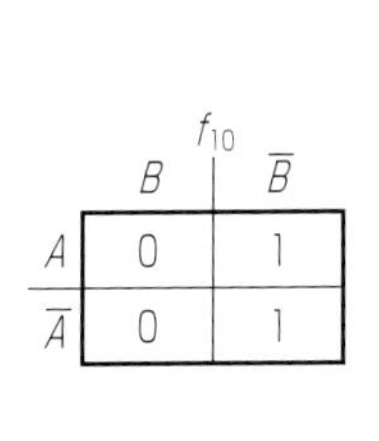

カルノーマップ

入力		出力
A	B	f_{10}
0	0	1
0	1	0
1	0	1
1	1	0

真理値表

$f_{10}=\overline{B}$

論理式

図 28.18　f_{10} のカルノーマップ

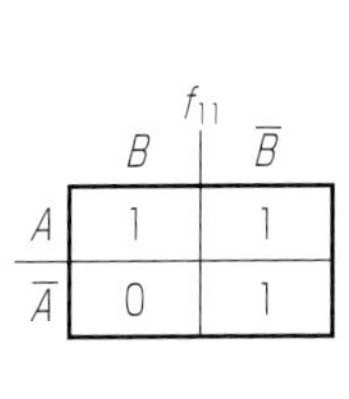

カルノーマップ

入力		出力
A	B	f_{11}
0	0	1
0	1	0
1	0	1
1	1	1

真理値表

$f_{11}=A+\overline{B}$

論理式

図 28.19　f_{11} のカルノーマップ

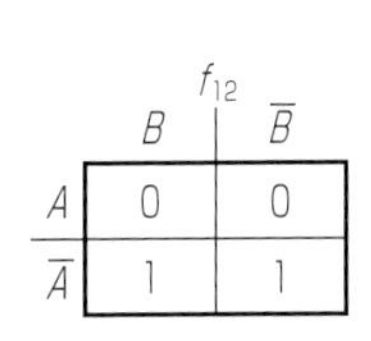

カルノーマップ

入力		出力
A	B	f_{12}
0	0	1
0	1	1
1	0	0
1	1	0

真理値表

$f_{12}=\overline{A}$

論理式

図 28.20　f_{12} のカルノーマップ

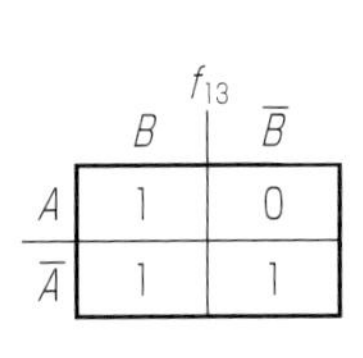

カルノーマップ

入力		出力
A	B	f_{13}
0	0	1
0	1	1
1	0	0
1	1	1

真理値表

$f_{13}=\overline{A}+B$

論理式

図 28.21　f_{13} のカルノーマップ

1=0 で mod2 演算に対応しています．

f_7 のカルノーマップを**図 28.15** に示します．論理式は $f_7=A+B$ で OR 回路です．

f_8 のカルノーマップを**図 28.16** に示します．論理式は $f_8=\overline{A+B}$ で NOR 回路です．また $\overline{f_7}$ でもあります．カルノー図から $f_8=\overline{A}\cdot\overline{B}$ という表現もできます．すなわち，

$$\overline{A}\cdot\overline{B}=\overline{A+B}$$

です．

f_9 のカルノーマップを**図 28.17** に示します．論理式は $f_9=A\cdot B+\overline{A}\cdot\overline{B}$ で $\overline{f_6}$ でもあります．

f_{10} のカルノーマップを**図 28.18** に示します．論理式は $f_{10}=\overline{B}$ です．

f_{11} のカルノーマップを**図 28.19** に示します．論理式は $f_{11}=A+\overline{B}$ です．

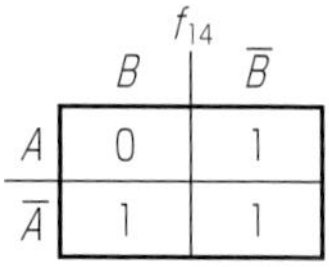

	B	$\overline{B}$
A	0	1
$\overline{A}$	1	1

カルノーマップ

入力		出力
A	B	f_{14}
0	0	1
0	1	1
1	0	1
1	1	0

真理値表

$f_{14}=\overline{A\cdot B}$

NAND

論理式

NAND

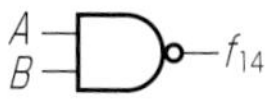

ゲート記号

図 28.22　f_{14} のカルノーマップとゲート記号

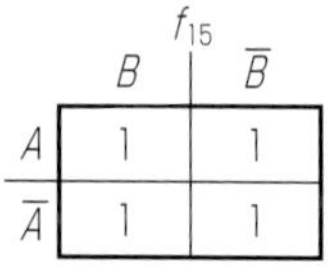

	B	$\overline{B}$
A	1	1
$\overline{A}$	1	1

カルノーマップ

$f_{15}=1$

論理式

入力		出力
A	B	f_{15}
0	0	1
0	1	1
1	0	1
1	1	1

真理値表

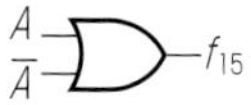

図 28.23　f_{15} のカルノーマップ

f_{12} のカルノーマップを**図 28.20** に示します．論理式は $f_{12}=\overline{A}$ です．

f_{13} のカルノーマップを**図 28.21** に示します．論理式は $f_{13}=\overline{A}+B$ です．これは $\overline{f_2}$ でもあります．

f_{14} のカルノーマップを**図 28.22** に示します．論理式は $f_{14}=\overline{A\cdot B}$ で $\overline{f_1}$ でもあり，これは NAND 回路です．カルノーマップから $f_{14}=\overline{A}+\overline{B}$ と表すこともできます．すなわち，

$$\overline{A}+\overline{B}=\overline{A\cdot B}$$

です．

f_{15} のカルノーマップを**図 28.23** に示します．論理式は $f_{15}=1$ です．

以上のように，基本論理回路をカルノーマップで表現すると理解が容易になると同時に，論理関数の別表現や論理関数の相互関係もよくわかります．

第29章　論理回路の構成

29.1　ブール代数

デジタル論理回路ではブール代数を用います．まず0と1に関して，

$$0+0=0 \quad \cdots\cdots (29.1)$$

$$0+1=1 \quad \cdots\cdots (29.2)$$

$$1+0=1 \quad \cdots\cdots (29.3)$$

$$1+1=1 \quad \cdots\cdots (29.4)$$

$$0\cdot 0=0 \quad \cdots\cdots (29.5)$$

$$0\cdot 1=0 \quad \cdots\cdots (29.6)$$

$$1\cdot 0=0 \quad \cdots\cdots (29.7)$$

$$1\cdot 1=1 \quad \cdots\cdots (29.8)$$

$$\overline{0}=1 \quad \overline{1}=0 \quad \cdots\cdots (29.9)$$

が成り立ちます．1または0を取る変数Aについて，

$$A+0=A \quad \cdots\cdots (29.10)$$

$$A+1=1 \quad \cdots\cdots (29.11)$$

$$A+A=A \quad \cdots\cdots (29.12)$$

$$A+\overline{A}=1 \quad \cdots\cdots (29.13)$$

$$A\cdot 0=0 \quad \cdots\cdots (29.14)$$

$$A\cdot 1=A \quad \cdots\cdots (29.15)$$

$$A\cdot A=A \quad \cdots\cdots (29.16)$$

$$A\cdot\overline{A}=0 \quad \cdots\cdots (29.17)$$

$$\overline{\overline{A}}=A \quad \cdots\cdots (29.18)$$

が成り立ちます．

また交換，分配・結合の法則も成立します．すなわち，

$$A\cdot B=B\cdot A \quad \cdots\cdots (29.19)$$

$$A+B=B+A \quad \cdots\cdots (29.20)$$

$$(A\cdot B)\cdot C=A\cdot(B\cdot C) \quad \cdots\cdots (29.21)$$

$$(A+B)+C=A+(B+C) \quad \cdots\cdots (29.22)$$

$$A\cdot B+A\cdot C=A\cdot(B+C) \quad \cdots\cdots (29.23)$$

$A+B$

	B	$\overline{B}$
A	1	1
$\overline{A}$	1	0

$\overline{A}\cdot\overline{B}$

	B	$\overline{B}$
A	0	0
$\overline{A}$	0	1

$\overline{\overline{A}\cdot\overline{B}}$

	B	$\overline{B}$
A	1	1
$\overline{A}$	1	0

図 29.1　ド･モルガンの定理のカルノーマップ表現 1

$A\cdot B$

	B	$\overline{B}$
A	1	0
$\overline{A}$	0	0

$\overline{A}+\overline{B}$

	B	$\overline{B}$
A	0	1
$\overline{A}$	1	1

$\overline{\overline{A}+\overline{B}}$

	B	$\overline{B}$
A	1	0
$\overline{A}$	0	0

図 29.2　ド･モルガンの定理のカルノーマップ表現 2

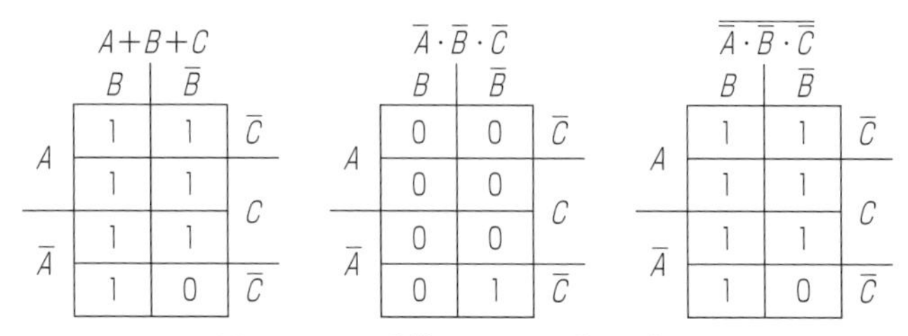

図 29.3　3 変数のド･モルガンの定理

となります．

29.2　ド･モルガンの定理

ド･モルガンの定理は，

$$A+B=\overline{\overline{A}\cdot\overline{B}} \quad \cdots\cdots (29.24)$$

で表されます．この関係は**図 29.1** に示すように，左辺と右辺のカルノーマップを比較すると完全に一致することで証明されます．

また，(29.24)式で A を $\overline{A}$ に B を $\overline{B}$ に変えて反転し，左辺と右辺を入れ替えた

$$A\cdot B=\overline{\overline{A}+\overline{B}} \quad \cdots\cdots (29.25)$$

も成り立ちます．この場合のカルノーマップは**図 29.2** に示します．

ド･モルガンの定理は 3 変数以上の場合にも成り立ちます．3 変数の場合のカルノーマップを**図 29.3** に示します．

次に論理回路を構成する場合，AND および OR で考えるのがわかりやすく自然です．しかし，実際の集積回路では NAND や NOR が一般的です．この変換にド･モルガンの定理が役立ちます．

図 29.4 の OR ゲート出力 $A+B$ は(29.24)式により，$\overline{A}$ と $\overline{B}$ を入力とする

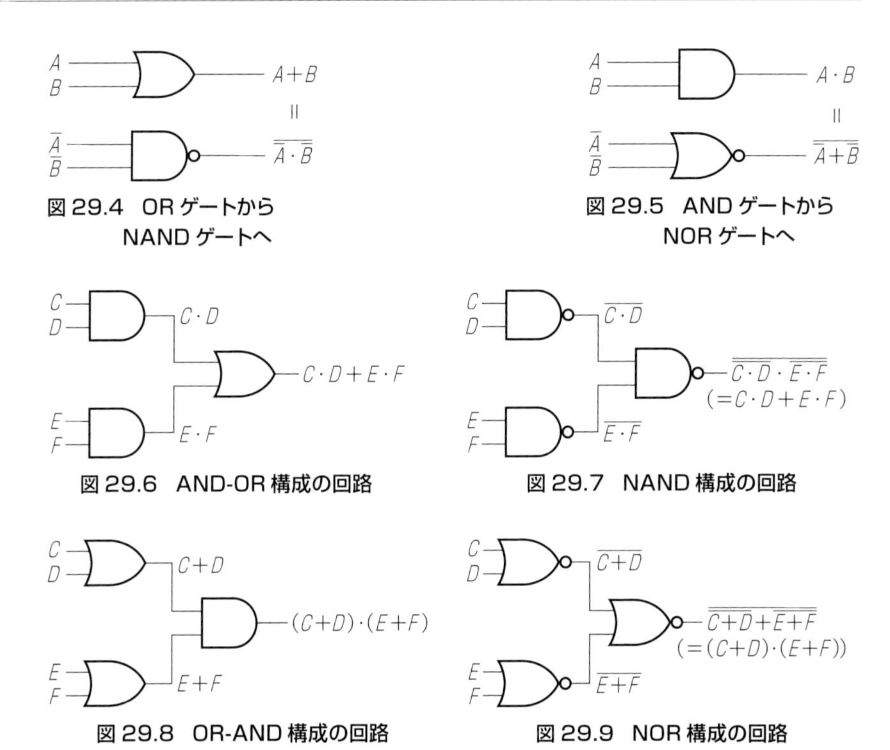

図 29.4　OR ゲートから NAND ゲートへ

図 29.5　AND ゲートから NOR ゲートへ

図 29.6　AND-OR 構成の回路

図 29.7　NAND 構成の回路

図 29.8　OR-AND 構成の回路

図 29.9　NOR 構成の回路

NAND ゲートにより構成することができます.

また, **図 29.5** の AND ゲート出力 A·B は(29.25)式により, $\overline{A}$ と $\overline{B}$ を入力とする NOR ゲートにより構成することができます.

以上の変換を利用して, AND-OR 構成の**図 29.6** の回路

$$f=C\cdot D+E\cdot F$$

は, **図 29.7** の NAND 回路により実現できます.

初段の NAND 出力が,

$$\overline{C\cdot D},\ \overline{E\cdot F}$$

となるため, これらを後段の NAND 回路に入力すると,

$$f=\overline{\overline{C\cdot D}\cdot\overline{E\cdot F}}=C\cdot D+E\cdot F$$

が得られ, NAND 回路構成で実現できました.

同じようにして, OR-AND 構成の**図 29.8** の回路は, **図 29.9** の NOR 回路により実現できます.

		B	$\overline{B}$	
A		0	1	$\overline{C}$
A		1	0	C
$\overline{A}$		1	0	C
$\overline{A}$		1	1	$\overline{C}$

図 29.10　カルノーマップ入力

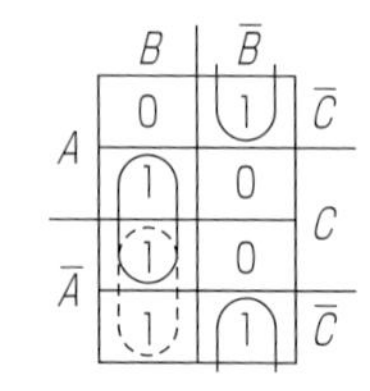

図 29.11　カルノーマップでの括り 1

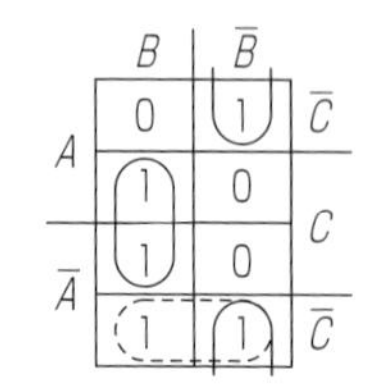

図 29.12　カルノーマップでの括り 2

29.3　カルノーマップによる論理回路の簡略化

論理回路の簡略化は，ゲート数や入力信号数を削減して，集積回路のチップ面積を小さくする上で重要な設計手順になります．入力変数の数が少ない場合は，カルノーマップの活用が有効です．たとえば，

$$f=A\cdot\overline{B}\cdot\overline{C}+A\cdot B\cdot C+\overline{A}\cdot B+\overline{A}\cdot\overline{C} \quad \cdots\cdots (29.26)$$

の簡略化を考えます．カルノーマップに記入すると**図 29.10** のようになります．

ここでできるだけ広く括ってまとめると**図 29.11** のようになります．

この論理式は，

$$f=B\cdot C+\overline{A}\cdot B+\overline{B}\cdot\overline{C} \quad \cdots\cdots (29.27)$$

となって，簡略化されたことがわかります．しかし括り方は**図 29.12** のようにすることもできます．

この場合の論理式は，

$$f=B\cdot C+\overline{A}\cdot\overline{C}+\overline{B}\cdot\overline{C} \quad \cdots\cdots (29.28)$$

となります．

29.4　クワイン・マクラスキー法による論理回路の簡略化

変数の数が多くなってくるとカルノーマップも煩雑になります．このような場合は，機械的に実行できるクワイン・マクラスキー法が有効です．機械的であるのでコンピュータで実行させるのに向いています．

論理関数の表現方法の両極端として最大項の積で表す方法と，最小項の和で現す方法があります．最大項とはすべての変数の和をいいます．また，最小項とはすべて変数の積として表れているものをいいます．前者はたとえば，

$$(A+\overline{B}+C)\cdot(\overline{A}+B+\overline{C})$$

のようになります．後者は，

$$A\cdot\overline{B}\cdot C+\overline{A}\cdot B\cdot\overline{C}$$

のようなものです．クワイン・マクラスキー法では論理関数は最小項の和の形を

表 29.1　最小項表現

最小項	2 進表現	10 進数表現	1 の個数
$\overline{A}\cdot\overline{B}\cdot\overline{C}$	000	0	0
$\overline{A}\cdot B\cdot\overline{C}$	010	2	1
$A\cdot\overline{B}\cdot\overline{C}$	100	4	1
$\overline{A}\cdot B\cdot C$	011	3	2
$A\cdot B\cdot C$	111	7	3

用います．前と同じ，

$$f=A\cdot\overline{B}\cdot\overline{C}+A\cdot B\cdot C+\overline{A}\cdot B+\overline{A}\cdot\overline{C}$$

を考えます．これを最小項の和の形するため，表れていない変数をたとえば，

$$1=B+\overline{B}$$

の形で導入し展開します．上の場合は，

$$f=A\cdot\overline{B}\cdot\overline{C}+A\cdot B\cdot C+\overline{A}\cdot B\cdot(C+\overline{C})+\overline{A}\cdot\overline{C}\cdot(B+\overline{B})$$

となります．これを展開すれば最小項の和の形式になります．そして，各最小項を 2 進数表現にして，その 10 進数を最小項に付与します．さらに 1 の個数の少ない順に並べ替えます．重複するものも現れますが重複分は削除します．その結果を**表 29.1** に示します．

次に変数のうち 1 個のみが異なり，後は同じという最小項を組み合わせ圧縮します．たとえば $\overline{A}\cdot\overline{B}\cdot\overline{C}$ と $\overline{A}\cdot B\cdot\overline{C}$ において，

$$\overline{A}\cdot\overline{B}\cdot\overline{C}+\overline{A}\cdot B\cdot\overline{C}=\overline{A}\cdot\overline{C}$$

のようにします．これらの最小項にチェックを付けます(**表 29.2** 下段)．すべての最小項の組み合わせの中から，圧縮の可能であったものの結果を**表 29.2** 上段に示します．圧縮項にはそれを生み出した最小項の 10 進数表現を併記します．$\overline{A}\cdot\overline{C}$ の場合は 0 と 2 です．それに対応して，下段にチェックを付けます．

以下同様に，圧縮項間で 2 次の圧縮を行います．今の場合はこれ以上の圧縮はできません．一般には圧縮ができなくなるまで続けます．圧縮項間で圧縮ができた場合は，もとの圧縮項にチェックを付けます．最終的にこれ以上圧縮できなくなるまで続けます．この段階でチェックのない最小項，圧縮項を主項といいます．今の場合は，

$$\overline{A}\cdot\overline{C},\quad \overline{B}\cdot\overline{C},\quad \overline{A}\cdot B,\quad B\cdot C$$

の 4 項です．

次に最小項を横に並べ，主項を縦に並べた**図 29.13** のような包含関係図を作

表 29.2　圧縮項

圧縮項	$\overline{A}\cdot\overline{C}$	$\overline{B}\cdot\overline{C}$	$\overline{A}\cdot B$	$B\cdot C$
2 進表現	0-0	-00	01-	-11
1 の個数	0	0	1	2
元となった最小項の 10 進数表現	0, 2	0, 4	2, 3	3, 7

最小項	2 進表現	10 進数表現	1 の個数	チェック
$\overline{A}\cdot\overline{B}\cdot\overline{C}$	000	0	0	✓
$\overline{A}\cdot B\cdot\overline{C}$	010	2	1	✓
$A\cdot\overline{B}\cdot\overline{C}$	100	4	1	✓
$\overline{A}\cdot B\cdot C$	011	3	2	✓
$A\cdot B\cdot C$	111	7	3	✓

ります．たとえば，$\overline{A}\cdot\overline{B}\cdot\overline{C}$(0)は $\overline{A}\cdot\overline{C}$ と $\overline{B}\cdot\overline{C}$ に含まれるので，縦と横の交点に x 印を付けます．すべての最小項について行います．結果は**図 29.13** のようになります．

1 個しか交点のない最小項を含む主項は必須項になります．たとえば，$A\cdot\overline{B}\cdot\overline{C}$ (4)は $\overline{B}\cdot\overline{C}$ にのみ含まれ，×は 1 個しかありません．したがって，$\overline{B}\cdot\overline{C}$ は必須項になります．必須項は四角で囲みます．この必須項に含まれるすべての最小項は実線を引いておきます．他の必須項についても同様に行います．残された実線の引かれていない最小項については，それと x 印の交点を持つ主項を選択すれば

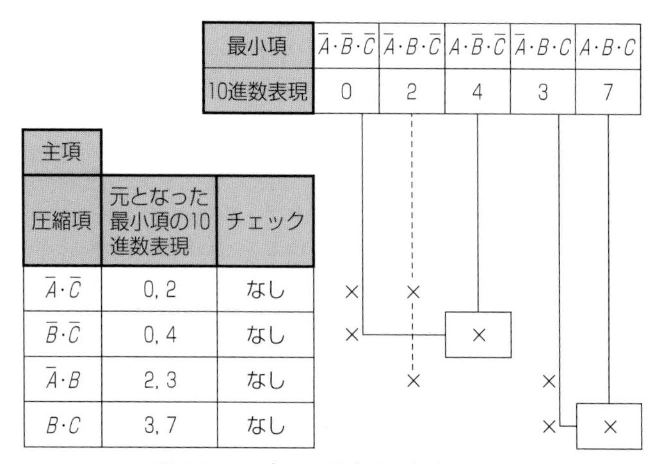

図 29.13　主項と最小項の包含関係図

作業は終了です．今の場合は，2 個の必須項により 4 個の最小項が包含されます．残り 1 個は $\overline{A}\cdot B$ または $\overline{A}\cdot\overline{C}$ を選べばよいことになります．したがって，最終的な論理式は，

$$B\cdot C+\overline{B}\cdot\overline{C}+\left[\begin{array}{l}\overline{A}\cdot B\\ \overline{A}\cdot\overline{C}\end{array}\right.$$

となります．縦に並べた部分はどちらでも良いという意味です．この結果は，カルノーマップで求めたものと一致しています．

第30章　順序回路

30.1　順序回路とフリップフロップ

前章で扱ったような論理回路は，組み合わせ論理回路といわれますが，それは現在の入力のみで出力が決定される回路です．それに対して，現在の入力と過去の回路の状態によって出力が決定される回路があります．これを順序回路といいます．

順序回路において，過去の回路あるいはシステムの状態を記憶する記憶素子が必要になります．この記憶素子としてフリップフロップが用いられます．

順序回路の設計には，システムの状態が時間的に変化するようすを示す状態遷移図または状態遷移表を作ります．また，状態遷移表を実現するための必要な入力信号を決めます．これを励起表といいます．励起表に基づき入力回路を設計します．

記憶素子としてのフリップフロップでは，必ず**図 30.1** のようなたすきがけの回路が用いられます．

Q が H であれば b は H であり，これが反転され，$\overline{Q}$ は L になります．a は $\overline{Q}$ に等しいので a が反転され，Q は H になり，この状態は安定します．これが記憶素子としてのフリップフロップの核心部分です．実際にはインバータの部分は NAND ゲートや NOR ゲートで構成され，外部から制御可能になります．

30.2　RS フリップフロップ

はじめに代表的なフリップフロップとして，RS フリップフロップを取り上げます．**図 30.2** は RS フリップフロップの回路記号と真理値表です．

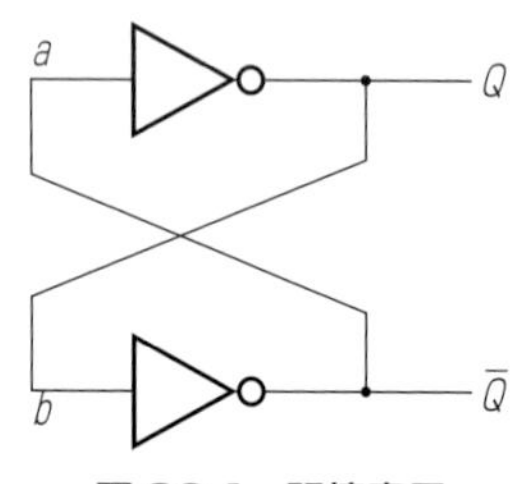

図 30.1　記憶素子

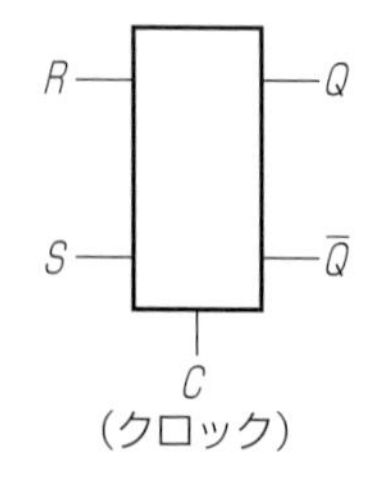

入力		次の状態
R	S	Q_{n+1}
0	0	Q_n
0	1	1
1	0	0
1	1	禁止

図 30.2　RS フリップフロップと真理値表

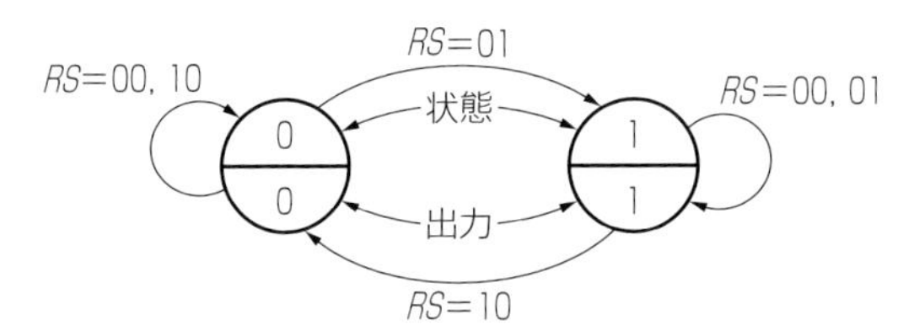

図 30.3　RS フリップフロップの状態遷移図

C はクロックと呼ばれるタイミング信号で，時刻を 1 ステップ進めます．真理値表で次の状態というのは，次のクロックが入力されたときの状態という意味です．RS フリップフロップでは入力の R と S が同時に 1 になることは禁止されています．

表 30.1　RS フリップフロップの状態遷移図(カルノーマップ)

現在の状態 Q_n	次の状態 Q_{n+1}			
	$R=0$		$R=1$	
	$RS=00$	$RS=01$	$RS=11$	$RS=10$
0	0	1	−	0
1	1	1	−	0
	$S=0$	$S=1$		$S=0$

（B：$Q_n=1$ の行の $RS=00$ と $RS=01$ の 1 を囲むグループ，A：$RS=01$ と $RS=11$ の 2 列を囲むグループ）

この真理値表をもとにして，状態の変化を図にしたものが**図 30.3** の状態遷移図です．

丸くなって 2 段になっているものが状態と出力信号を示します．上段が状態で下段が出力信号です．曲線とその横の記号は状態の変化方向と入力信号を示します．この場合，出力信号は上段の状態のみで決定されています．これをムーア形順序回路といいます．

出力信号が状態のみならず入力信号にも依存する回路はミーリー形順序回路といいます．**図 30.3** の場合，状態は 0 と 1 の 2 つがあります．0 の状態のとき入力として $RS=00$ や 10 であれば状態は 0 でもとのままです．しかし入力が $RS=01$ になると，状態は 1 にジャンプします．1 の状態のとき入力が $RS=00$ や 01 であれば状態は 1 のままです．$RS=10$ になれば状態は 0 へジャンプします．これをカルノーマップの表形式にすると**表 30.1** になります．

このカルノーマップにおいて，Q_{n+1} が 1 になるのは A と B になります．ただし，− の部分も 1 とみなしています．これより，

$$Q_{n+1}=S+Q_n\cdot\overline{R} \quad \cdots\cdots (30.1)$$

となります．これを，

$$Q_{n+1}=S+Q_n\cdot\overline{R}=\overline{\overline{S}\cdot\overline{Q_n\cdot\overline{R}}}=\overline{\overline{S}\cdot\overline{Q}_n} \quad \cdots\cdots (30.2)$$

($\overline{Q}=\overline{Q\cdot\overline{R}}$ は**図 30.4** を参照)

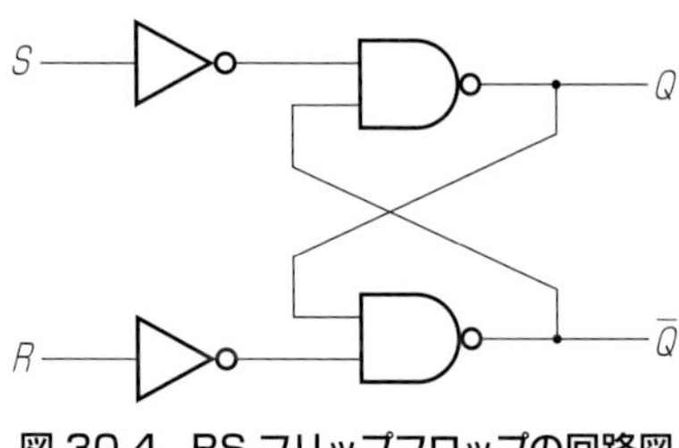

図 30.4　RS フリップフロップの回路図

と変形すると，NAND ゲートを用いて構成することができます．

このRSフリップフロップを用いて応用する場合，現在の状態 Q_n を任意の次の状態 Q_{n+1} に変化させるための入力を求めます．現在の状態 Q_n と次の状態 Q_{n+1} の組み合わせは4通り存在します．これらについての必要な入力の表を励起表といいます．RSフリップフロップ場合は，**表 30.2** の **a 表**のようになります．なお，0でも1でもよいときは − で表し，**b 表**のようにすることが一般的です．

30.3　5進カウンタ

順序回路の例として，5進カウンタを設計します．5個の状態が必要で，このために3個のRSフリップフロップを用いることにします．記憶素子を q_0, q_1, q_2 として，状態を000や010などで表現します．ムーア形での状態遷移図は**図**

表 30.2　RS フリップフロップの励起表

a 表

現在の状態 Q_n	次の状態 Q_{n+1}	必要な入力	
		R	S
0	0	0	0
		1	0
0	1	0	1
1	1	0	0
		0	1
1	0	1	0

b 表

現在の状態 Q_n	次の状態 Q_{n+1}	必要な入力	
		R	S
0	0	−	0
0	1	0	1
1	1	0	−
1	0	1	0

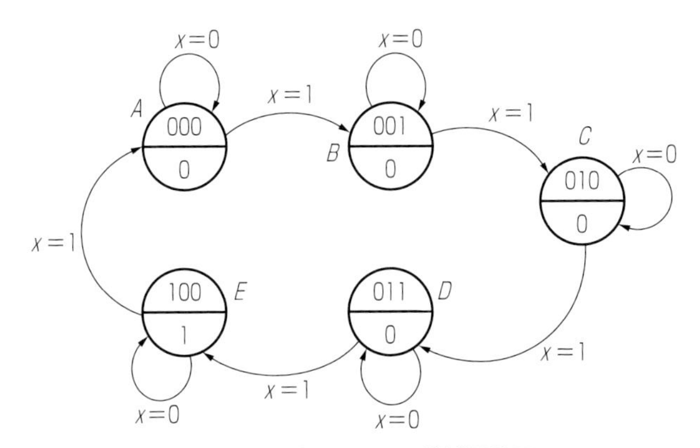

図 30.5　5 進カウンタの状態遷移図

30.5 のようになります．

状態 A は 000 で出力は 0 です．クロック信号 x がないとき $(x=0)$ は 000 のままです．クロック信号が入ると $(x=1)$，次の状態 $B(001)$ へ移動します．以下同様に動作して，$E(100)$ では出力信号は 1 になります．E から A へ戻って 5 進カウンタになります．カルノーマップ表現では図 30.6 のようになります．

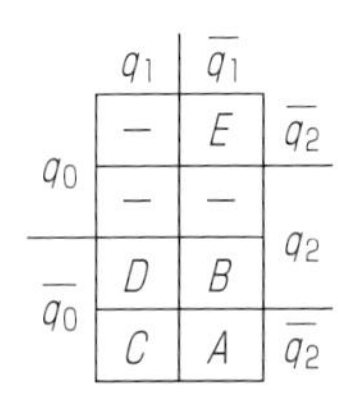

図 30.6　5 進カウンタの状態図

3 個のフリップフロップに必要な入力信号を，表 30.3 の状態遷移表 / 励起表で作成します．たとえば，$A(000)$ から $B(001)$ へ変化するためには，

q_0:0 → 0　q_1:0 → 0　q_2:0 → 1

$r_0s_0=-0$　$r_1s_1=-0$　$r_2s_2=01$

であることが求められます．これを 1 行目に記入します．次は $B(001)$ から C

表 30.3　5 進カウンタの状態遷移表 / 励起表

現在の状態(x=0)					次の状態(x=1)と必要な rs 入力							
状態	q_0	q_1	q_2	出力	状態	r_0	s_0	r_1	s_1	r_2	s_2	出力
A	0	0	0	0	B	−	0	−	0	0	1	0
B	0	0	1	0	C	−	0	0	1	1	0	0
C	0	1	0	0	D	−	0	0	−	0	1	0
D	0	1	1	0	E	0	1	1	0	1	0	1
E	1	0	0	1	A	1	0	−	0	−	0	0

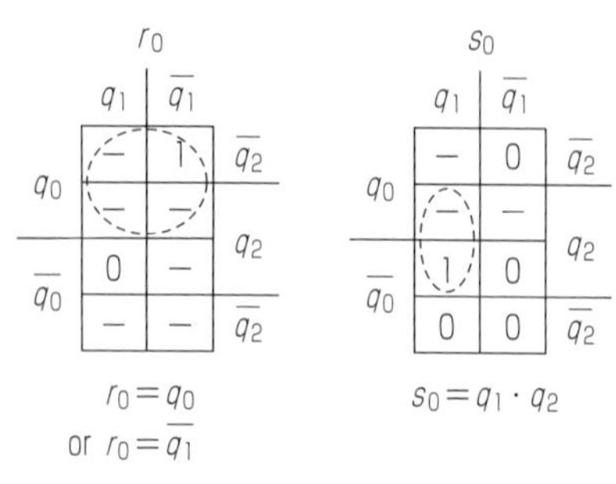

図 30.7　5進カウンタの r_0，s_0 に必要な入力

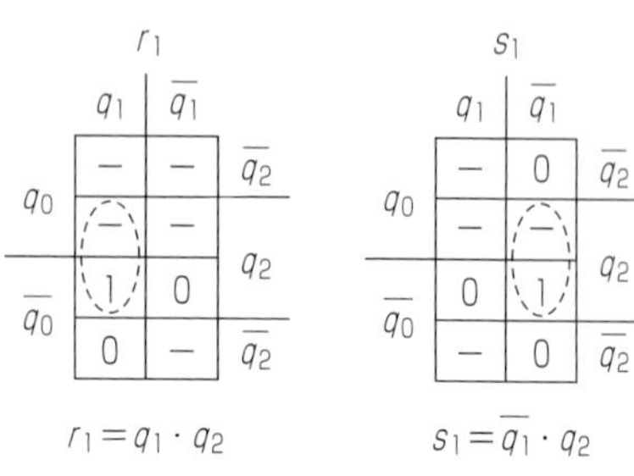

図 30.8　5進カウンタの r_1，s_1 に必要な入力

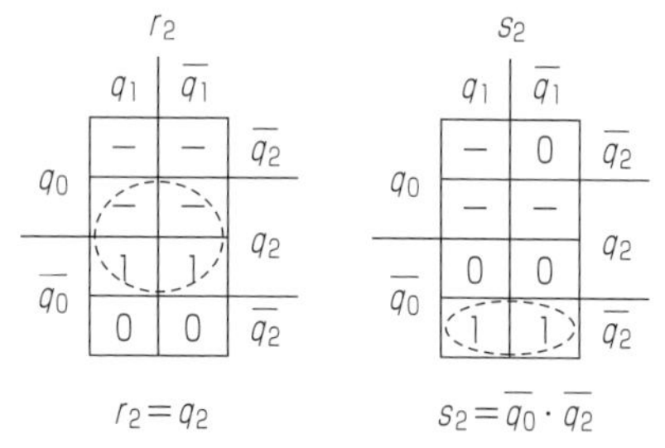

図 30.9　5進カウンタの r_2，s_2 に必要な入力

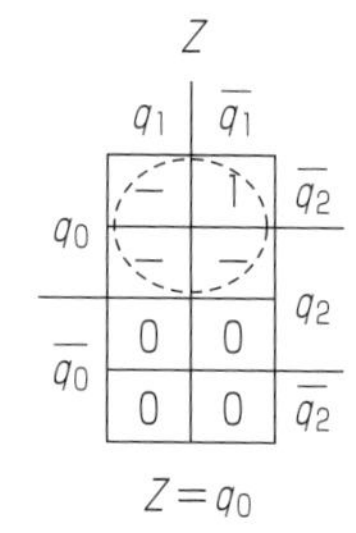

図 30.10　5進カウンタの出力 Z

(010)になるための入力信号を求めると，

q_0:0 → 0　q_1:0 → 1　q_2:1 → 0

$r_0s_0 = -0$　$r_1s_1 = 01$　$r_2s_2 = 10$

となります．これを2行目に記入します．以下同様にして，**表 30.3** を完成させます．

次にそれぞれの入力信号についてカルノーマップを作ります．q_0 の入力 r_0，s_0 については**図 30.7** のようになります．同様にして，**図 30.8**，**図 30.9** のように入力信号が決定されます．

また，出力信号 Z についても求まります(**図 30.10**)．

以上の結果を回路図にすると，**図 30.11** のようになります．

30.4　他の応用

(1)　JK フリップフロップ

RS フリップフロップを用いて，JK フリップフロップを構成します．**図 30.12**

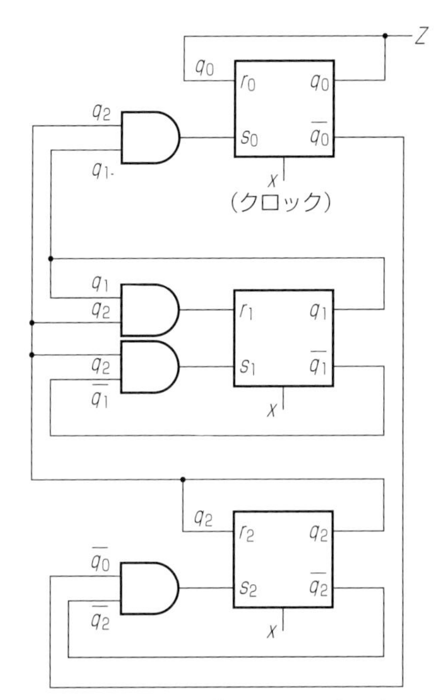

図 30.11　5 進カウンタの全回路

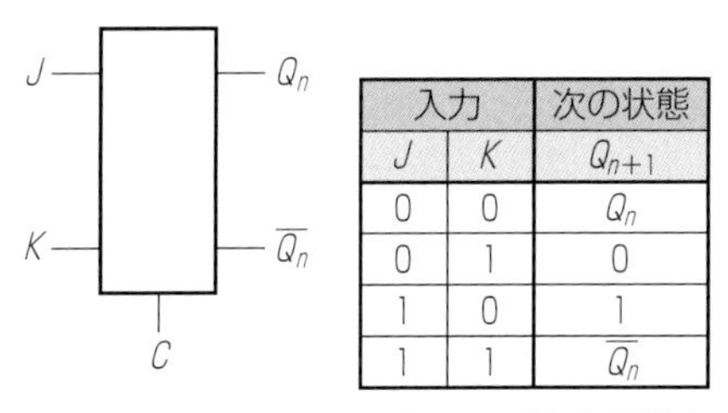

入力		次の状態
J	K	Q_{n+1}
0	0	Q_n
0	1	0
1	0	1
1	1	$\overline{Q_n}$

図 30.12　JK フリップフロップと真理値表

に JK フリップフロップの記号と真理値表を示します．RS フリップフロップとは異なり $JK=11$ が許容され，この入力に対しては状態が反転されるところが特徴です．

そして，状態遷移図を**図 30.13** に示します．

次に，RS フリップフロップで JK フリップフロップを構成するために必要な RS 入力を励起表に求めます．JK フリップフロップでは，現在の状態 Q_n と J, K が与えられると，次の状態 Q_{n+1} が決定されます．その状態の変化を RS フリップフロップで実現するための RS 入力を記入します(**表 30.4**).

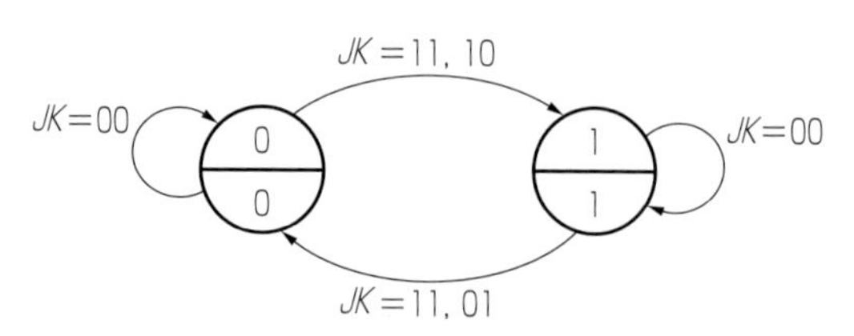

図 30.13　JK フリップフロップの状態遷移図

表 30.4　JK フリップフロップの状態遷移表 / 励起表

現在の状態			次の状態と必要な RS 入力		
Q_n	J	K	Q_{n+1}	R	S
0	0	0	0	−	0
0	1	0	1	0	1
0	0	1	0	−	0
0	1	1	1	0	1
1	0	0	1	0	−
1	1	0	1	0	−
1	0	1	0	1	0
1	1	1	0	1	0

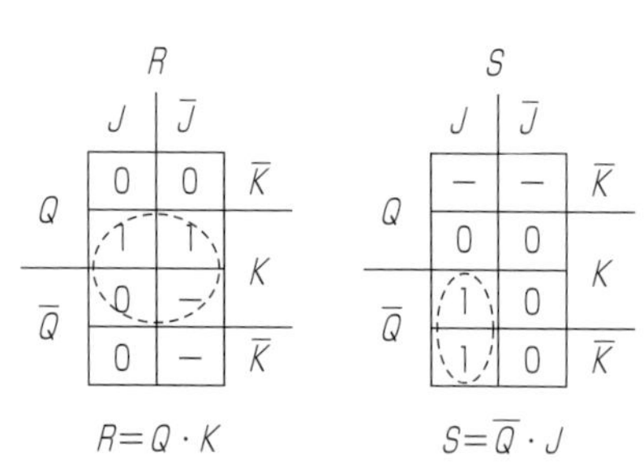

図 30.14　JK フリップフロップの動作に必要な RS 入力

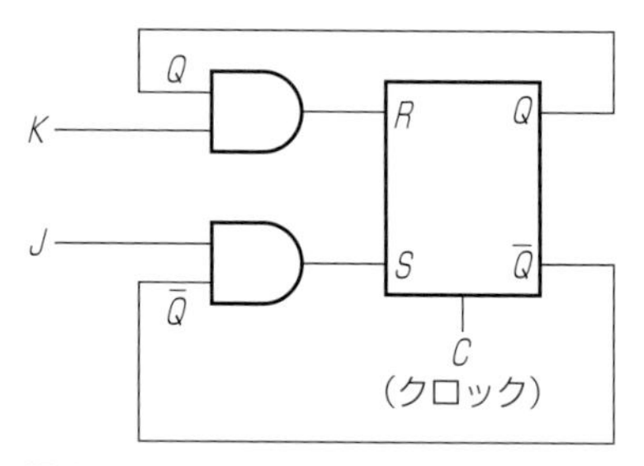

図 30.15　RS フリップフロップによる JK フリップフロップの構成

これより R, S のカルノーマップを求めると，**図 30.14** のようになります．

これをもとに回路構成は**図 30.15** のようになります．

(2)　D フリップフロップ

次に RS フリップフロップを用いて D フリップフロップを構成します．D フリップフロップは，入力信号 D が 1 クロック遅れて出力になる回路です．

図 30.16 に D フリップフロップの記号と真理値表を示します．

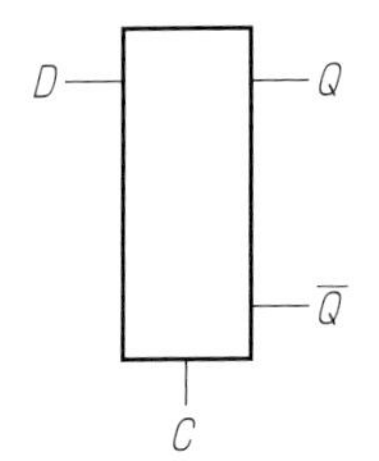

入力	状態	
D	Q_n	Q_{n+1}
0	0	0
	1	
1	0	1
	1	

図 30.16　D フリップフロップと真理値表

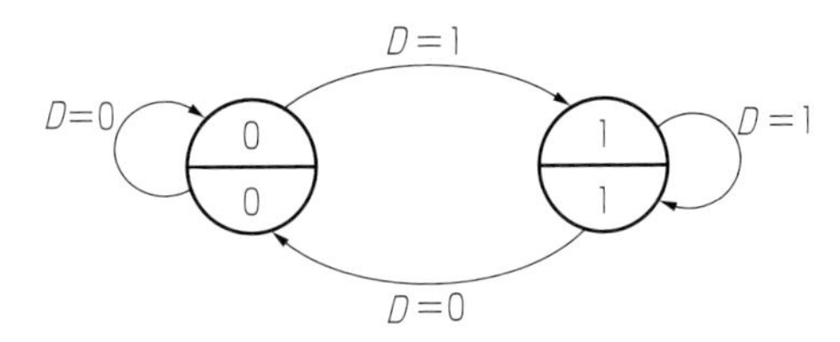

図 30.17　D フリップフロップの状態遷移図

表 30.5　D フリップフロップの状態遷移表 / 励起表

現在の状態		次の状態と必要な *RS* 入力		
Q_n	D	Q_{n+1}	R	S
0	0	0	—	0
0	1	1	0	1
1	0	0	1	0
1	1	1	0	—

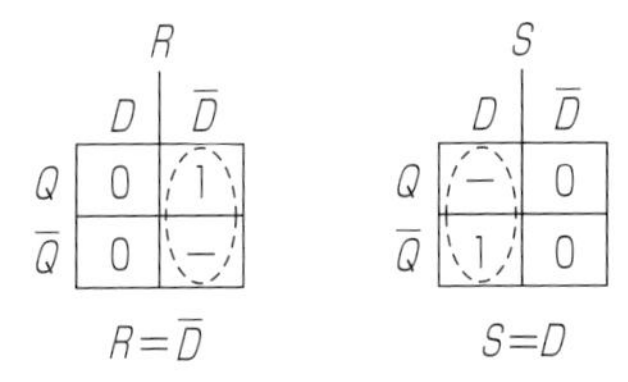

図 30.18　D フリップフロップの動作に必要な *RS* 入力

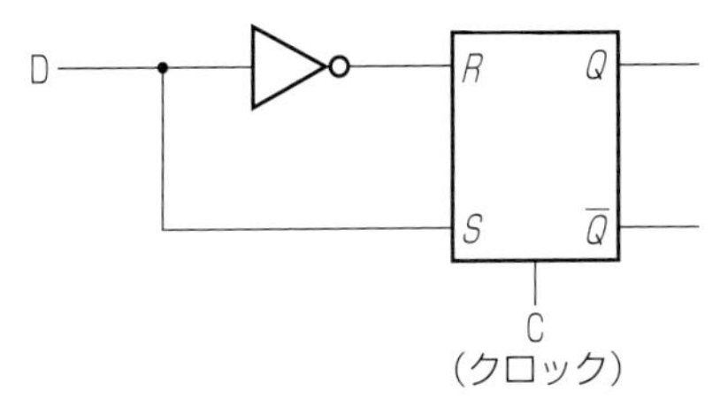

図 30.19　RS フリップフロップによる D フリップフロップの構成

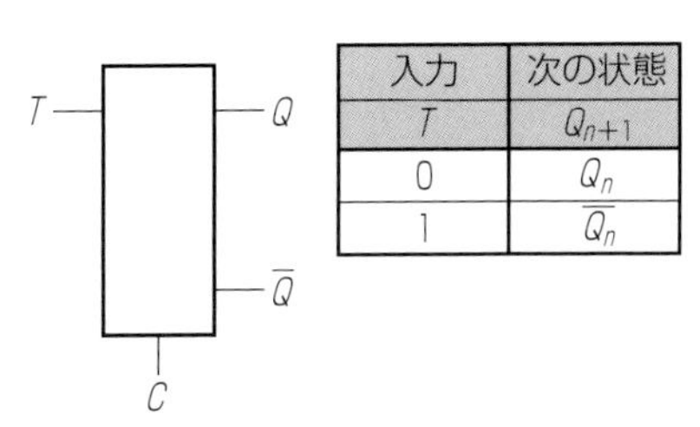

入力	次の状態
T	Q_{n+1}
0	Q_n
1	$\overline{Q_n}$

図 30.20　T フリップフロップと真理値表

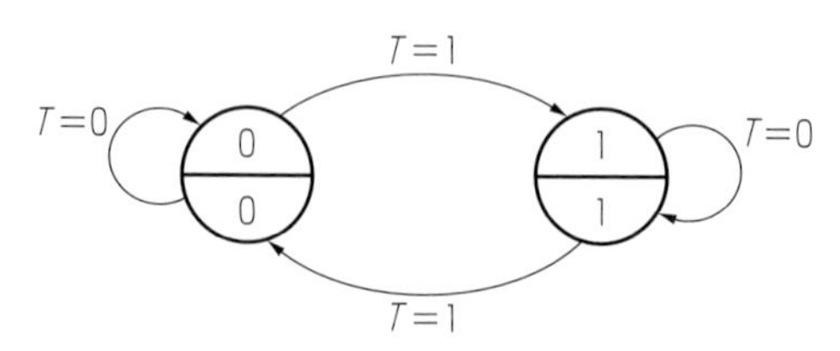

図 30.21　T フリップフロップの状態遷移図

表 30.6　T フリップフロップの状態遷移表 / 励起表

現在の状態		次の状態と必要な RS 入力		
Q_n	T	Q_{n+1}	R	S
0	0	0	−	0
0	1	1	0	1
1	0	1	0	−
1	1	0	1	0

そして，状態遷移図を**図 30.17** に示します．

次に，RS フリップフロップで D フリップフロップを構成するために必要な RS 入力を励起表に求めます．D フリップフロップでは現在の状態に関係なく，現在の入力が次の状態になります．その状態の変化を RS フリップフロップで実現するための RS 入力を記入します．

これより，*R*, *S* のカルノーマップを求めると，**図 30.18** のようになります．

これをもとに回路構成は**図 30.19** のようになります．

(3)　T フリップフロップ

最後に RS フリップフロップを用いて T フリップフロップを構成します．T フリップフロップは入力信号 T が入るたびに状態が反転する回路です．

図 30.20 に T フリップフロップの記号と真理値表を示します．そして，状態遷移図を**図 30.21** に示します．

次に RS フリップフロップで T フリップフロップを構成するために必要な *RS* 入力を励起表に求めます(**表 30.6**)．T フリップフロップでは現在の状態の反転が次の状態になります．その状態の変化を RS フリップフロップで実現するための *RS* 入力を記入します．これより *R*, *S* のカルノーマップを求めると**図 30.22** のようになります．

これをもとに回路構成は**図 30.23** のようになります．

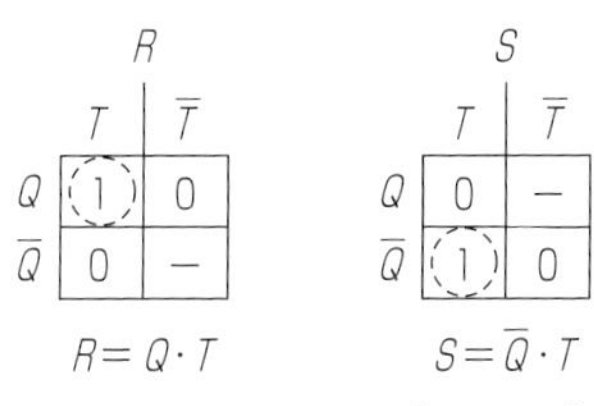

図 30.22　T フリップフロップの動作に必要な *RS* 入力

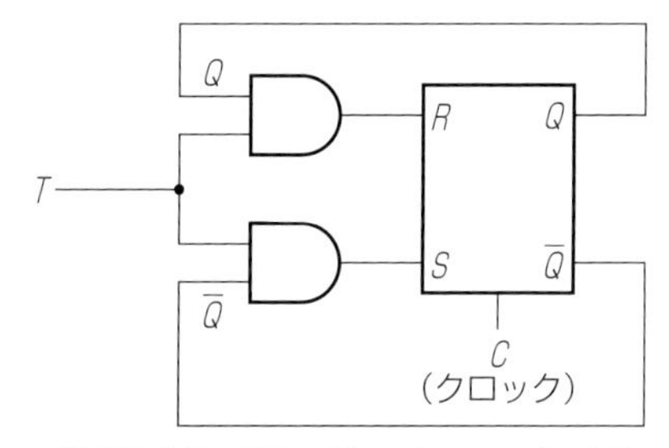

図 30.23　RS フリップフロップによる T フリップフロップの構成

【参考文献】

(1) 大谷隆彦，雨谷昭弘，藤田一郎：電気回路学．昭晃堂，1989 年．

(2) 若井修造，藤田泰弘，出口昌宏，難波江光男：電気・電子回路基礎 1，2，3．松下電器技術研修所，1996 年．

(3) 玉井徳迪監修，長島 厚，藤田泰弘，若井修造：ディジタル信号処理技術．日経 BP 社，1988 年．

(4) 鎌倉友男，上 芳夫，渡辺好章：電気回路．培風館，1998 年．

(5) 後藤尚久：電磁気学の直感的理解法．コロナ社，1990 年．

(6) 梅沢敏夫：やさしい線形代数．培風館，1981 年．

(7) 藤本一夫 監修，国枝 雄，正田耕一郎：初等トランジスタ教科書．オーム社，1975 年．

(8) 玉井徳迪 監修，藤田泰弘，角 辰巳，勝山 隆，若井修造：半導体回路設計技術．日経 BP 社，1986 年．

(9) Robert F.Pierret：Semiconductor Device Fundamentals. Addison Wesley Publishing Company, 1996.

(10) 米国半導体電子工学教育委員会編，青木昌治 他 訳：SEEC シリーズ全 7 巻．産業図書，1969 年．

(11) P.R.Grey, R. G. Meyer：Analysis and Design of Analog Integrated Circuits. John Wiley & Sons, Inc, 1984.

(12) D.A.Hodges, H.G.Jackson：Analysis and Design of Digital Integrated Circuits. McGraw - Hill,Inc, 1983.

(13) 水野博之 監修，若井修造，藤田泰弘，難波江光男，角 辰巳，勝山 隆：アナログ信号処理技術．日経 BP 社，1991 年．

(14) 加藤清史：デジタルシステムの基礎．オーム社，1981 年．

(15) 室賀三郎 著，笹尾 勤 訳：論理設計とスイッチング理論．共立出版，1981 年．

索　引

【五十音順】

あとがき

大学を出て会社に入り仕事を始めた頃，学生時代にもっと勉強しておけばよかったと痛切に後悔した．困って書店に行って参考書を探しても，知りたい特定のテーマに関してはほとんど扱っていなかった．あってもほんの数行しか言及していない．結局，基本をしっかりマスターして自力で解決するしかないと観念した．そこで，基本を勉強し直おそうとしたが，難しい本ばかりで実に難儀した．期限が迫り，要求が実現できないまま試行錯誤の連続で回路設計を進めるのは本当に地獄の苦しみであった．

今でも多くの人たちが同じような苦しみを背負いながら新製品の開発に取り組んでいると思われる．せめて基本のところだけでもやさしく理解できる本があれば，それを土台にして上級のテーマに取り組めるようになるだろう．

上司であった玉井徳迪や若井修造も「世の中の本は難しく書いてある．やさしい本を書こう．基本が大切だ」と言っていた．実際，そういう本の執筆にも参加した．やさしい本というのが執筆の一つの動機である．また，専門外の人でもやさしく楽しく学べるような本にしたいというのがもう一つの動機である．

化学系の学生諸君に講義したプリントを元に，加筆修正して少しでも楽しめるようにしたつもりである．楽しく学ぶことができれば趣味になり得ると考える．趣味は教養になる可能性がある．西欧の中世にはリベラルアーツ科目として文法，論理，修辞学，算術，音楽，幾何学，天文学があったという．これは他人に隷属することなく自由に生きていくための学問であったらしい．この中には数学や天文学のような理系の学問もあったのである．

したがって，現代の教養人の方たち，あるいは我こそは教養人を目指したいという方たちは是非，理系の基本をマスターして，新しい視野で世の中を観察して楽しみを増されたらいかがであろうか．またご家族の小学生たちとの話題がエレクトロニクスに及べば，将来理系を目指す小学生が増加する可能性がある．それにあやかり，エレクトロニクスも教養の一つになってくれることを願っている．

最後に本書の刊行にあたって大変お世話くださった誠文堂新光社の渡辺真人氏，著者が会社や大学在職中にご指導やお世話いただいた多くの方々，本書の原稿や校正刷りを精読し，誤りを指摘していただいた勉強会の丹羽弘，小笹正之，土田真由美，渡部尚数，および望月正明の各氏，さらに本書のレイアウト，校正に多大なお力をいただいたテクマックの川名昭治氏に感謝申し上げる次第である．

2008 年 9 月　藤田 泰弘

著者紹介
藤田泰弘（ふじた　やすひろ）
1960 年，京都大学工学部電子工学科卒業，松下電器産業（株）に入社し，TV 用半導体素子の応用開発を経て TV，VTR，ビデオカメラなど映像用 IC 設計開発を行う．その後，社内技術者教育に携わり，半導体回路研修などのテキスト作成，研修の CD-ROM 版の開発に従事．同社定年退社後，同志社大学非常勤講師．IEEE Life Mem-ber 電子情報通信学会会員．
著書（いずれも共著）
『半導体回路設計技術』，『ディジタル信号処理技術』，『アナログ信号処理技術』以上，日経 BP 社．『知識資産の再構築』日刊工業新聞社など．

直感でマスター！
アナログ・デジタル　エレクトロニクスの基礎
基本 電気・電子回路

2008 年 10 月 20 日　発　行　　NDC549
2023 年 3 月 20 日　第 2 版第 2 刷

著　　者　藤田泰弘
発 行 者　小川雄一
発 行 所　株式会社 誠文堂新光社
〒113-0033 東京都文京区本郷 3-3-11
電話 03-5800-5780
https://www.seibundo-shinkosha.net/
印 刷 所　広研印刷 株式会社
製 本 所　和光堂 株式会社

ISBN978-4-416-52269-1